单片机原理与应用

主　编　周芝田　靳　越
副主编　李　岩　王桂荣

国防工业出版社

·北京·

内 容 简 介

本书强调实用性和可操作性,基本理论以必需、够用为原则,着重介绍单片机实用性技术及实际应用,采取由浅入深、循序渐进、层次清楚、步骤详尽的写作方式,突出实践技能和动手能力。

本书共 8 章,从单片机应用开发的角度出发,以 Intel 公司的 MCS-51 单片机为背景,介绍其内部结构组成、汇编语言程序设计、内部功能部件、系统接口技术、系统扩展、开发环境和单片机应用实例。列举大量例题和应用实例,每章末安排小结和大量可供选做的思考题与练习题,附录中还提供集成电路引脚图和 ASC II 码表等资料,以帮助读者拓展相关知识,帮助读者获得在检测和控制领域开展单片机应用的基本能力,使读者能够举一反三,很快地掌握单片机应用系统的开发技术。

本书可作为高职高专及大专电气电子类和机械类各专业的教材,也适用于自动控制和计算机类等专业专科、函授和培训班等相关课程的教材,同时可供工程技术人员参考使用。

图书在版编目(CIP)数据

单片机原理与应用/周芝田,靳越主编. —北京:
国防工业出版社,2010.8
ISBN 978-7-118-07019-4

Ⅰ.①单… Ⅱ.①周…②靳… Ⅲ.①单片微型
计算机 Ⅳ.①TP368.1

中国版本图书馆 CIP 数据核字(2010)第 152643 号

※

*国防工业出版社*出版发行

(北京市海淀区紫竹院南路 23 号 邮政编码 100048)
北京奥鑫印刷厂印刷
新华书店经售
*
开本 787×1092 1/16 印张 14 字数 320 千字
2010 年 8 月第 1 版第 1 次印刷 印数 1—4000 册 定价 28.00 元

前　言

　　单片机由于具有体积小、性价比高、使用方便、系统设计灵活等特点,被广泛应用于工业控制、智能化仪表、家用电器等各个领域。目前许多高等职业学校的电子信息、电气技术、机电一体化技术等专业均开设了"单片机原理与应用"课程。通过对本课程的学习,能使学习者掌握单片机原理与接口技术及程序设计方法,熟悉单片机的应用及开发技术。

　　本书立足于高等职业教育人才培养目标,遵循适应社会发展需要,突出应用性,加强实践能力培养的原则。在内容安排上,我们选择了具有代表性的80C51单片机为对象,介绍了单片机的结构与原理、指令系统与程序设计、单片机的中断系统、定时与计数原理、外围接口技术应用、单片机系统扩展和常用编译软件Keil C51,引入C51编程方式,丰富了单片机开发的手段。本书采用章节编写模式,在介绍单片机结构、指令等基础上,从实际出发,分析了很多典型实例,丰富了单片机的实际应用和开发的相关内容,在内容上力求循序渐进。本书在编写过程中,充分考虑了高职学生的学习特点,注重应用性和实施性。为了便于教学和自学,在每章前有导读类信息,章末安排有小结和可供选做的习题。

　　本书由张家口职业技术学院周芝田任第一主编,并编写第3章和第4章;张家口职业技术学院靳越任第二主编并编写第6章~第8章;张家口职业技术学院李岩编写第1章和第2章及附录;秦皇岛电力公司开发区供电分公司王桂荣编写第5章,并提供了相关的参考资料;冯宝换在整理书稿和文字处理方面做了大量的工作,在此表示感谢。本书的编写和出版过程中,参考了很多文献资料,在此向各文献资料的作者深表谢意。

　　由于编者水平有限,单片机新技术层出不穷,书中难免存在疏漏之处,热忱欢迎广大读者对本书提出宝贵意见,以利修订。

编　者

2010 年 2 月

目　录

第1章　单片机概述

知识目标:了解单片机的组成和发展概况;了解单片机的特点以及应用领域;熟悉单片机常用系列。

能力目标:让学生理解单片机概念及涵义,能够以通俗易懂的介绍加深认识。

单片微型计算机自 1976 年问世以来,以其极高的性价比,越来越受到人们的关注,目前单片微型计算机已成功运用到办公设备、机电设备、数据处理、自动检测、家用电器和军事等各个方面。

1.1　单片机的发展概况

1.1.1　单片机组成

单片微型计算机(Single-Chip Microcomputer)简称单片机,又称单片微型控制器(Single-Chip Microcontroller)或嵌入式控制器(Embedded Controller),就是将 CPU、ROM、RAM、定时器/计数器、中断控制、系统时钟及系统总线、多种接口电路等集成到一块电路芯片上构成的微型计算机。通常所说的和本书所介绍的单片机是指通用型单片机,按内部数据宽度,又分为 4 位、8 位、16 位、32 位单片机。一个最基本的单片机由以下几个部分组成:

- 中央处理器 CPU,包括运算器、控制器和寄存器组;
- 存储器,包括 ROM 和 RAM;
- 输入输出(I/O)接口,它与外部输入输出设备连接;
- 中断系统和定时器/计数器。

典型的单片机组成框图,如图 1 - 1 所示。

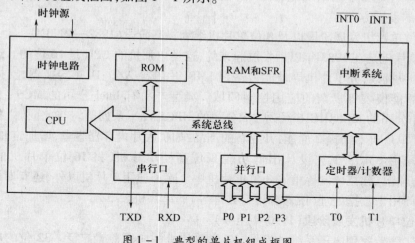

图 1 - 1　典型的单片机组成框图

1

1.1.2　单片机芯片技术的发展概况

从 1971 年美国德州仪器（Texas Instrument）公司首次推出 TMS－1000 单片机（4 位机）至今，单片技术已成长为计算机技术领域中的一个非常重要的分支。在不断发展和完善中，单片机技术已经建立了自己的技术特征、发展道路和独特的应用环境。按照单片机的生产技术水平，单片机的发展过程可以分为 4 个阶段。

1. 4 位单片机发展阶段（1971—1975）

1971 年美国德州仪器公司首次推出 4 位单片机 TMS－1000 后，各个计算机生产公司迅速跟进，相继推出了自己的 4 位单片机。如美国国家半导体公司（National Semiconductor，NS）的 COP4XX 系列，日本电气公司（NEC）的 μPD75XX 系列，日本东芝公司（Toshiba）的 TMP47XXX 系列以及日本松下公司（Panasonic）的 MN1400 系列等。4 位单片机的控制功能较弱，多用于家用电器、电子玩具等控制器。

2. 8 位单片机发展阶段（1976—1981）

从 1976 年 9 月美国 Intel 公司推出 MCS－48 系列单片机开始，单片机技术进入了 8 位单片机时代，这一系列的单片机集成了 8 位 CPU、并行 I/O 口、8 位定时/计数器、寻址范围不大于 4KB，不包括串行口。这期间的 8 位单片机因为功能有限，属于低档 8 位单片机。

随着半导体集成工艺的提高，从 1978 年起许多公司纷纷推出了一些高性能的 8 位单片机。如 Intel 公司 MCS－51 系列，摩托罗拉公司（Motorola）的 MC6801 系列，齐洛格公司（Zilog）的 Z8 系列，NEC 公司的 μPD78XX 系列，ATMEL 的 AT89 等，这类单片机的寻址能力达到 64KB，具备更大的片内 RAM 和 ROM，提供全双工的串口，有的产品还增加了片内 A/D、D/A 转换器。其中 Intel 公司的 MCS－51 系列单片机以其出色的性价比和良好的兼容性获得了良好的市场声誉。

8 位单片机的控制功能较为出色，且品种繁多，因此得到了最为广泛的应用，其技术不断得到完善和发展。近年来，在高档 8 位机基础上，单片机功能进一步得到提高，如 Zilog 公司的 Super8、Motorola 公司的 MC68HC 等，各公司不但进一步扩大了片内 ROM 和 RAM 的容量，还增加了通信功能、DMA 传输功能以及高速 I/O 功能等。这些产品代表了 8 位单片机的发展方向。

3. 16 位单片机发展阶段以及 8 位单片机继续提高阶段（1982—1990）

16 位单片机是在 1983 年以后发展起来的，这类单片机的 CPU 是 16 位的。运算速度普遍高于 8 位机，部分单片机寻址能力达到 1MB，片内含 A/D、D/A 转换器，支持高级语言，多用于智能仪表等复杂的应用控制领域。典型产品有 Intel 公司的 MCS－96/98 系列、Motorola 公司的 MC68HC16 系列、NS 公司的 HPCXXXX 系列等。与此同时，各计算机公司对 8 位单片机不断提高性能，开发新的产品，如扩大片内存器容量，增加定时器，加强中断功能，采用 CMOS 工艺设计出低功耗 8 位高档单片机，将 16 位单片机的某些功能——高速输出、脉宽调制等植入 8 位单片机中。除了通用单片机以外，还有专用单片机产品，如专门用于数据处理（图像和语言处理等）的单片机。

4. 32 位单片机发展阶段（1990 年至今）

近年来，随着家用电子系统的发展，32 位单片机的应用前景广泛。32 位的单片机字长为 32 位,是单片机中的顶端产品,具有极高的运算速度,部分产品还集成了 MMU,多用于嵌入式系统。这类产品包括 Motorola 公司 M688300 系列、日本 Hitachi 公司的 SH 系列等。

从市场需要情况看,目前 8 位机的市场最大,因此,熟悉 8 位机的新发展十分必要。8 位单片机的发展主要体现在以下几个方面。

1)CPU 功能增强

提高 CPU 的功能主要体现在提高 CPU 的运算速度和运算精度上。传统的 MCS - 51 系列单片机的最高频率为 12MHz,而新的 51 系列兼容机使用的时钟频率,如 AT-MEL 的 AT89 系列最高频率为 24MHz, Philips 公司的 51 系列产品最高频率可以达到 33MHz。

2)增加内部资源

单片机的内部资源越丰富,在单片机硬件系统中需要的外部硬件开销就越小,这样就可以有效地减小产品的体积,提高产品可靠性。因此,世界各大计算机厂商都热衷于开发增强型 8 位单片机。这类单片机集成了 A/D 及 D/A 转换器、看门狗电路、DMA 通道和总线接口等,有些厂商还在单片机中集成了晶振和 LCD 驱动。

3)低电压和低功耗

在实际的工业应用场合,对单片机系统的体积和功耗的要求是比较高的。因此,单片机制造商普遍采用 CMOS 工艺,并提供空闲和掉电两种工作方式。

1.2　单片机的特点及应用

1.2.1　单片机的特点

单片机芯片作为控制系统的核心部件,它除了具备通用微机 CPU 的数值计算功能外,还具有灵活、强大的控制功能,以便实时监测系统的输入量,控制系统的输出量,从而实现自动控制功能。单片机主要面向工业控制,工作环境比较恶劣,如高温、强电磁干扰,甚至含有腐蚀性气体,在太空中工作的单片机控制系统,还具有抗辐射功能,因而单片机与通用微机相比,具有以下不同的技术特征和发展方向。

1. 抗干扰性强,可靠性高,工作温度范围宽

CPU、存储器及 I/O 接口集成在同一芯片内,各部件间的连接紧凑,数据在传送时受干扰的影响较小,且不易受环境条件的影响,可靠性非常高。部分型号增加了定时复位(Watchdog)监控电路,提高了系统的抗干扰能力,适合于复杂、恶劣的工作环境。目前,单片机适用的环境温度划分为三个阶段:民用级、工业级、军用级。

2. 控制功能强

CPU 可以对 I/O 端口直接进行操作,其操作能力更是其他计算机所无法比拟的。近期推出的单片机产品,扩展了接口电路功能。如增加了高速 I/O 接口,扩展了 I/O 口引线数目,在部分型号中,集成了 A/D 转换器、脉冲宽度调制(PWM)输出接口、可编程计数阵列(PCA),并在低电压、低功耗、I^2C、SPI 或 CAN 总线及开发方式(如在系统编程 ISP)等方面的能力都有了进一步的提高,增强了单片机实时控制功能。

3. 电磁辐射量小,指令系统简单,兼容性强

系统由数字、模拟混合电路系统组成,即单片机芯片内集成了一定数量的模拟比较器、A/D 及 D/A 转换电路。

4. 开发周期短,性价比高,易于产品化

将不同功能的接口电路嵌入基本型单片机芯片后,用户就可以根据用途选择相应型号的单片机芯片,无须通过外部扩展,减少了芯片数目,从而减少了印制电路板的面积。接插件减少,安装简单方便,价格明显降低,开发周期短,在达到同样功能的条件下,具有很高的性价比。

1.2.2 单片机的应用

单片机体积小,成本低,可以方便地组成各种职能化的控制设备和仪器;另外其功耗低,速度快,效率高,可以完成各种控制任务;尤其是单片机的抗干扰能力强,性能可靠,可以用于各种恶劣的工作环境中。因此,单片机产品在智能仪器仪表、机电一体化、实时控制、民用电子产品等多领域的应用,主要有以下几个方面。

1. 智能化仪表

单片机用于各种仪器仪表,促使仪表向数字化、智能化、多功能化、综合化、柔性化方向发展,将监控、处理、控制等功能一体化。简化了仪器仪表的硬件结构,可以方便地完成仪器仪表产品的升级换代。如各种智能电气测量仪表、分析仪和智能传感器等。

2. 机电一体化产品

机电一体化产品集机械技术、微电子技术、自动化技术和计算机技术于一体,单片机与传统的机械产品相结合,使传统机械产品结构简化,控制智能化。典型产品如机器人、数控机床、可编程控制器等。

3. 实时工业控制

用单片机可以构成各种不太复杂的工业控制系统、数据采集系统等,达到测量与控制的目的。典型应用如电机转速控制、报警系统和生产过程自动控制等。

4. 智能接口

在计算机控制系统,特别是在较大型的工业测控系统中,经常要采用分布式测控系统完成大量的分布参数的采集。单片机作为分布式系统的前端采集模块,进行接口的控制与管理。

5. 办公自动化

大多数办公设备都采用了单片机进行控制,如打印机、复印机、传真机和考勤机等。

6. 商业营销

商业营销系统广泛使用单片机构成的专用系统,如电子秤、收款机、条形码阅读器、商场保安系统、空气调节系统和冷冻保鲜系统等。

7. 家用电器

家用电器是单片机的又一重要使用领域,前景十分广阔。如空调、电冰箱、微波炉、洗衣机、电饭煲、高档洗浴设备、DVD、录像机和手机等。

另外,单片机在交通、网络与通信及航天等领域中也有广泛应用。

1.3 单片机的常用系列

1.3.1 MCS-51 单片机

MCS-51 单片机是 Intel 公司 1980 年推出的高性能的 8 位单片机,MCS-51 单片机的典型产品为 8051。与 8048 系列相比,MCS-51 单片机无论是在片内 RAM/ROM 容量、I/O 功能、种类和数量,还是在系统扩展能力方面均有很大加强,其主要产品性能如表 1-1 所示。

MCS-51 单片机采用模块化设计,各种型号的单片机都是在 8051(基本型)的基础上通过增、减部件的方式获得的。8051 是片内 ROM 型单片机,内部具有 4KB 掩膜 ROM。在此基础上将掩膜 ROM 换成 EPROM 模块衍生出了 8751(EPROM 型),去除掩膜 ROM 模块衍生出了 8031(无 ROM 型)。上面 3 种类型称为 MCS-51 系列中子系列。在 8051、8751、8031 的基础上,增加 128B RAM 和一个定时器/计数器及其引出的中断源衍生出的 8052、8752、8032,称为 52 子系列。MCS-51 系列单片机有以下两种类型。

表 1-1   MCS-51 单片机性能

型 号	程序存储器	RAM	I/O	定时器	中断源	晶振频率/MHz
8051AH/BH 8751AH/BH 8031AH	4KB ROM 4KB EPROM 无	128B	32	2×16	5	2~12
8052AH 8752AH 8032AH	8KB ROM 8KB EPROM 无	256B	32	3×16	6	2~12
80C51BH 87C51BH 80C31BH	8KB ROM 8KB EPROM 无	128B	32	2×16	5	2~12
80C52 80C32	8KB ROM 无	256B	32	3×16	6	2~12
87C54 80C54	16KB ROM 16KB ROM	256B	32	3×16	6	2~20
87C58	32KB ROM	256B	32	3×16	6	2~20

1. 基本型

基本型主要有 8051、8031、8031AH、8751AH、8751BH、80C31BH、80C51BH。80C51BH(H 级程序存储器保密位,可防止非法拷贝程序)等。后缀有 AH 或 BH 型单片机采用 HMOS 工艺制造,中间有一个"C"字母的单片机是采用 CMOS 工艺制造的,具有低功耗的特点,支持节能模式。

2. 增强型

增大内部存储器型,该产品内部的程序存储器 ROM 和数据存储器 RAM 增加 1 倍。

如 8032AH、8052AH、8752BH 等,内部拥有 8KB ROM 和 256B RAM,属于 52 子系列。可编程计数阵列(PCA)型,型号中含有"F"的系列产品,如 80C51FA、83C51FA、87C51FA、83C51FB、87C51FB、83C51FC、87C51FC 等,均是采用 CHMOS 工艺制造,具有比较/捕捉模块及增强的多机通信接口。A/D 型,该型产品如 80C51GB,83C51GB、87C51GB 等具有下列新功能:8 路 8 位 A/D 转换模块,256B 内部 RAM,2 个 PCA 监视定时器,增加了 A/D 转换和串口中断,中断源达 7 个,具有振荡器失效检测功能。

1.3.2 其他单片机

1. Intel 公司单片机

MCS-48 单片机是 1976 年推出的 8 位单片机,典型产品为 8048。MCS-96 系列单片机是 Intel 公司 1983 年推出的 16 位单片机,典型产品为 8098。其功能更加强大,运算速度、能力大大提高,有的片内带 A/D、D/A 转换器。

2. Philips 公司单片机

Philips 公司单片机与 MCS-51 兼容的 80C51 系列单片机,片内具有 I^2C 总线、A/D 转换器、定时监视器、CRT 控制器(OSD)等丰富的外围部件。其主要产品有 80C51、80C52、80C31、80C32、80C528、80C552、80C562、80C571 等,其中 80C552 功能最强,80C571 体积最小。Philips 单片机独特的创造是具有 I^2C 总线,这是一种集成电路和集成电路之间的串行通信总线。可以通过总线对系统进行扩展,使单片机系统结构更简单,体积更小。IC 总线也可以用于多机通信。

3. Motorola 公司单片机

Motorola 公司的单片机从应用角度可以分成两类:高性能的通用型单片机和面向家用消费领域的专用型单片机。

通用型单片机具有代表性的是 MC68HC11 系列,有几十种型号。其典型产品为 MC68HC11A8,具有准 16 位的 CPU、8KB ROM、256B RAM、512B EPROM、16 位功能定时器、38 位 I/O 口线、2 个串行口、8 位脉冲累加器、8 路 8 位 A/D 转换器、Watch-dog、17 个中断向量等功能,可单片工作,也可以扩展方式工作。

专用型单片机性能价格比高,应用时一般采用"单片"形式,原则上一块单片机就是整个控制系统。这类单片机无法外接存储器,如 MC68HC05/MC68HC04 系列。

4. ATMEL 公司单片机

ATMEL 公司生产的 CMOS 型 51 系列单片机,具有 MCS-51 内核,用 Flash ROM 代替 ROM 作为程序存储器,具有价格低、编程方便等优点。例如 89C51 就是拥有 4KB Flash ROM 的单片机。ATMEL 公司生产的 CMOS 型 51 系列有 89C51、89F51、89C52、89LV52、89C55 等。

5. Microchip 公司单片机

Microchip 公司推出了 PIC16C5X 系列的单片机,它的典型产品 PIC16C57 具有 8 位 CPU、2KB×12 位 EPROM 程序存储器、80B×8 RAM、1 个 8 位定时器/计数器、21 根 I/O 口线等硬件资源。指令系统采用 RISC 指令、拥有 33 条基本指令,指令长度为 12 位,工作速度较高。主要产品有 PIC16C54、PIC16C55、PIC16C56 等。

6. Zilog 公司单片机

Zilog 公司推出的 Z8 系列单片机是一种中档 8 位单片机。它的典型产品为 Z8601,具有 8 位 CPU、2KB ROM、124B RAM、2 个 8 位定时器/计数器、32 位 I/O 口线、1 个异步串行通信口、6 个中断向量等。主要产品型号有 Z8600/10、Z8601/11、Z86C21、Z86C40、Z86C93 等。

本 章 小 结

单片机是集 CPU、存储器、I/O 口接口和定时/计数器于一块芯片上的微型处理器。单片机发展到今天,品种繁多,性能优良,MCS－51 单片机属高档 8 位机,在我国应用广泛,是众多半导体厂家和电器公司竞相选用的产品,有极好的兼容性和极强的生命力。单片机从研制、完善到微控器阶段,技术不断更新,位数也从 4 位发展到 8 位、16 位、32 位,它们以面向控制对象为目标,不断增强控制能力,减小体积,降低成本,在众多的领域得到了广泛的应用。

思考题与习题

1. 什么是单片机? 单片机由哪些部件组成? 它们各有什么特点?
2. Intel 公司的 MCS－51、MCS－96 单片机各有哪些主要特点和不同?
3. 举例说明单片机在日常生活中的几个主要应用领域。

第2章 MCS-51单片机的组成结构

知识目标：了解 MCS-51 单片机的结构；了解 MCS-51 单片机的存储器配置；掌握 MCS-51 单片机的并行输入/输出口；了解 MCS-51 单片机的时钟电路、复位电路及掉电处理；掌握 MCS-51 单片机 CPU 时序、指令执行过程。

能力目标：让学生理解单片机结构及涵义，能够由浅入深加深认识，为后续知识的应用做好铺垫。

本章介绍 MCS-51 单片机的组成结构，特别是面向用户的一些硬件。通过本章的学习，可以使读者对 MCS-51 单片机的硬件结构有较为详细的了解，能够从程序员和应用系统设计的角度分析 MCS-51 单片机的结构，其目的是为了更好地理解和掌握 MCS-51 单片机。

2.1 MCS-51 单片机的结构和引脚

2.1.1 MCS-51 单片机的内部结构

MCS-51 单片机的内部结构如图 2-1 所示。

分析图 2-1，并按其功能部件划分可以看出，MCS-51 系列单片机是由 8 大部分组成的。图 2-2 为按功能划分的 MCS-51 系列单片机内部结构简化框图。这 8 大部分具体如下。

（1）一个 8 位中央处理器（CPU）。CPU 的内部结构是由算术逻辑运算单元 ALU、累加器 Acc、程序状态字寄存器 PSW、堆栈指针 SP、寄存器 B、程序计数器（指令指针）PC、指令寄存器 IR、暂存器等部件组成，是单片机的核心部件。

（2）内部数据存储器（内部 RAM）。80C51 芯片中共有 256 个 RAM 单元，但其中后 128 单元被专用寄存器占用，能作为寄存器供用户使用的只是前 128 单元，用于存放可读写的数据。因此通常所说的内部数据存储器是指前 128 单元。

（3）4KB（MCS-52 子系列为 8KB）的片内程序存储器 ROM 或 EPROM。8XC5X 内部集成了不同容量（4KB ~ 32KB）的掩膜 ROM、EPROM、OTPROM 或 Flash ROM 作为程序存储器（常称为片内程序存储器）（8031 和 8032 无），用以存放程序、原始数据和表格。

（4）特殊功能寄存器（SFR）。MCS-51 CPU 内部包含了一些外围电路的控制寄存器、状态寄存器以及数据输入/输出寄存器，这些外围电路的寄存器构成了 MCS-51 CPU 内部的特殊功能寄存器。

（5）4 个 8 位并行 I/O 接口。P0 口、P1 口、P2 口、P3 口（共 32 位），用于并行输入或输出数据。

（6）1 个串行 I/O 接口。可以完成单片机与其他微机之间的全双工异步串行通信，也可以作为同步移位器使用。

（7）2 个（MCS-52 子系列为 3 个）16 位定时器/计数器 T0、T1。实现定时或计数功

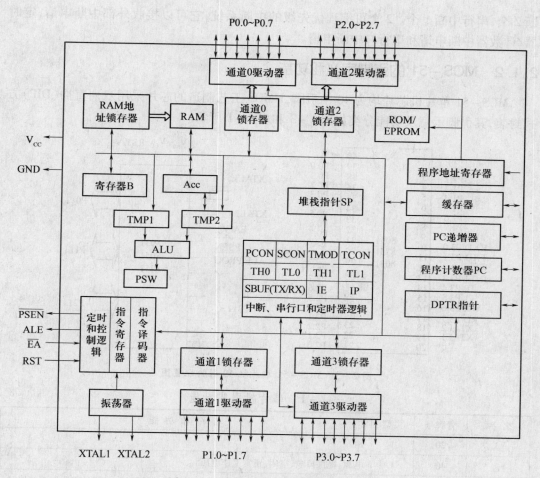

图 2-1 MCS-51 单片机的内部结构

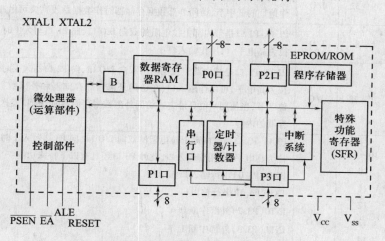

图 2-2 8051 单片机内部结构简化框图

能,并以其定时或计数结果对计算机进行控制。

(8) 具有 5 个(MCS-52 子系列为 6 个或 7 个)中断源。即外中断 2 个,定时/计数中断 2 个,串行中断 1 个。2 个可编程优先级的中断系统,它可以接收外部中断申请,定时器/计数器中断申请和串行口中断申请。

2.1.2 MCS-51 的引脚定义和功能

MCS-51 单片机芯片均为 40 个引脚,HMOS 工艺制造的芯片采用双列直插(DIP)方式封装,其引脚示意及功能分类如图 2-3 和表 2-1 所示。

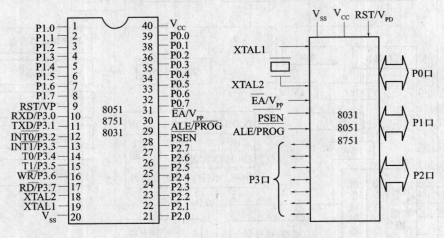

图 2-3 MCS-51 单片机 40 引脚配置图

表 2-1 单片机引脚功能

名　称	管脚号	类型	名　称　和　功　能
V_{SS}	20	I	地
V_{CC}	40	I	电源:提供掉电、空闲、正常工作电压
P0.0 ~ P0.7	39 ~ 32	I/O	P0 口:P0 口为三态双向口,既可做地址/数据总线使用(访问外部程序存储器时作地址的低字节,访问外部数据存储器时作数据总线),又可做通用 I/O 口使用
P1.0 ~ P1.7	1 ~ 8	I/O	P1 口:P1 口是带内部上拉电阻的双向 I/O 口,向 P1 口写入 1 时 P1 口被内部上拉为高电平,可用作输入口
P2.0 ~ P2.7	21 ~ 28	I/O	P2 口:P2 口是带内部上拉电阻的双向 I/O 口,向 P2 口写入 1 时 P2 口被内部上拉为高电平,可用作输入口;在访问外部程序存储器和外部数据时作为地址高位字节,当使用 8 位寻址方式访问外部数据存储器时,P2 口发送 P2 特殊功能寄存器的内容
P3.0 ~ P3.7	10 ~ 17 10 11 12 13 14 15 16 17	I/O	P3 口:P3 口是带内部上拉电阻的双向 I/O 口,向 P3 口写入 1 时 P3 口被内部上拉为高电平,可用作输入口,此外 P3 口还具有以下特殊功能: RXD(P3.0)串行输入口 TXD(P3.1)串行输出口 $\overline{INT0}$(P3.2)外部中断 0 $\overline{INT1}$(P3.3)外部中断 1 T0(P3.4)定时器 0 外部输入 T1(P3.5)定时器 1 外部输入 $\overline{WR}$(P3.6)外部数据存储器写信号 $\overline{RD}$(P3.7)外部数据存储器读信号

名　称	管脚号	类型	名　称　和　功　能
RST/V$_{PD}$	9	I	复位信号：单片机复位/备用电源引脚。RST 是复位信号输入端，高电平有效。时钟电路工作后，在此引脚上连续出现两个机器周期的高电平（24 个时钟振荡周期），就可以完成复位操作
ALE/$\overline{PROG}$	30	O	地址锁存允许信号：80C51 上电正常工作后，ALE 端以晶振频率 1/6 的频率，周期性地向外输出正脉冲信号。PO 口作为地址/数据复用口，用 ALE 来判别 PO 口的信息究竟是地址还是数据信号，当 ALE 为高电平期间，PO 口出现的是地址信息，ALE 下降沿到来时，PO 口上的地址信息被锁存，当 ALE 为低电平期间，PO 口上出现指令和数据信息。对片内带有 4KB 的 EPROM 8751 编写固化程序时，$\overline{PROG}$ 作为编程脉冲输入端
$\overline{PSEN}$	29	O	片外程序存储器读选通信号：除了执行外部程序存储器代码时 $\overline{PSEN}$ 每个机器周期被激活两次外，在访问外部数据存储器或在访问内部程序存储器时 $\overline{PSEN}$ 不被激活
$\overline{EA}$/V$_{PP}$	31	I	内部和外部程序存储器选择信号： 当 $\overline{EA}$ 引脚接高电平时，CPU 先访问片内 4KB 的 EPROM/ROM，执行内部程序存储器中的指令，但在程序计数器超过 0000H 时（即地址大于 4KB 时），将自动转向执行片外大于 4KB 程序存储器内的程序； 若 $\overline{EA}$ 引脚接低电平（接地）时，CPU 只访问外部程序存储器，而不管片内是否有程序存储器。对于 8031 单片机（片内无 ROM）需外扩 EPROM，故必须将 $\overline{EA}$ 引脚接地； 在对 EPROM 编写固化程序时，需对此引脚施加 21V 的编写电压 V$_{PP}$
XTAL1	19	I	接外部石英晶体的一端。在单片机的内部，它是一个反相放大器的输入端，这个放大器构成了片内振荡器。当采用外部时钟时，对于 HMOS 单片机，该引脚接地；对于 CHMOS 单片机，该引脚作为外部信号的输入端
XTAL2	18	O	接外部晶体的另一端。在单片机内部，接至片内振荡器的反相放大器的输出端。当采用外部时钟时，对于 HMOS 单片机，该引脚作为外部信号的输入端；对于 CHMOS 单片机，该引脚悬空

2.2　MCS-51 单片机的存储结构

　　CPU 将要存储的数据和指令分别存放在存储器的一个个"单元"中。为了区别这些不同的存储单元，通常对每一个单元编上一个号码，称为"地址"，这样就可以根据确定的地址，将所需的数据存入或读出。单片机在存储器的设计上，将程序存储器 ROM 和数据存储器 RAM 分开，它们有各自的寻址系统、控制信号和功能。程序存储器用来存放程序和需要保留的常数。数据存储器通常用来存放程序运行中所需的常数或变量。

　　MCS-51 单片机在片内集成了一定容量的程序存储器（8031/8032/80C31 除外）和数据存储器，此外，还具有强大的外存储器的扩展功能。所以，80C51 单片机的存储器从物理上分 4 个存储空间：片内程序存储器、片外程序存储器、片内数据存储器、片外数据存储器。从用户的角度考虑,80C51 单片机的存储器又可分 3 个逻辑空间,如图 2 - 4 所示。

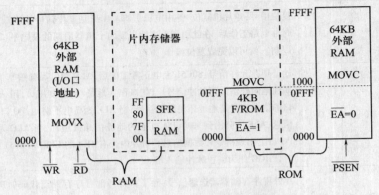

图 2 - 4　80C51 单片机存储器

（1）片内、片外统一编址的 64KB（0000H ~ FFFFH）程序存储器地址空间（使用 16 位地址线）。

（2）256B 的片内数据存储器地址空间（00H ~ FFH,其中 80H ~ FFH 内仅有 20 几个字节单元供特殊功能寄存器专用）。

（3）片外可扩展 64KB（0000H ~ FFFFH）数据存储器地址空间（使用 16 位地址线）。

尽管数据存储器地址空间与程序存储器地址空间重叠,但不会造成混乱,访问片内、片外程序存储器用 MOVC 指令,产生 $\overline{PSEN}$ 选通信号;访问片外数据存储器用 MOVX 指令,产生 $\overline{RD}$（读）和 $\overline{WR}$（写）选通信号。

数据存储器由片内数据存储器（内部 RAM）和外部数据存储器组成,地址空间也重叠,但不会造成混乱。因为内部数据存储器通过 MOV 指令读写,此时外部数据存储器读选通信号 $\overline{RD}$、写选通信号 $\overline{WR}$ 均无效,而外部数据存储器通过 MOVX 指令访问,并有 $\overline{RD}$ 或 $\overline{WR}$ 信号选通。

2.2.1　程序存储器 ROM

1. 片内 ROM 的配置形式

（1）无 ROM 型,应用时要在外扩展程序存储器。

（2）掩膜 ROM 型,用户程序由芯片生产厂写入。

（3）EPROM 型,用户程序通过写入装置写入,通过紫外线照射擦除。

（4）Flash ROM 型,用户程序可以电写入或擦除。

（5）OTPROM 型（一次性编程写入 ROM）,具有较高环境适应性和可靠性。

2. 程序存储器的编址

程序存储器用于存放编好的程序和表格常数。80C51 片内有 4KB ROM,片外 16 位地址线可扩展 64KB ROM,片内程序存储器和片外程序存储器是统一编址的。程序存储器以程序计数器 PC 作地址指针,通过 16 位地址总线,可寻址的地址空间共为 64KB。片内程序存储器和片外程序存储器的选择由 $\overline{EA}$ 引脚上的电平控制。当引脚 $\overline{EA}$ 接高电平时,80C51 的 PC 在 0000H ~ 0FFF 范围内执行片内 ROM 中的程序;当指令超过 0FFFH 时,就自动转向片外 ROM 取指令。当$\overline{EA}$接低电平时,80C51 片内 ROM 不起作用,CPU 只能从片外 ROM/EPROM 中取指令。对于 8031 芯片,因其片内无 ROM,故应使$\overline{EA}$接低电平,这样才能直接从外部扩展的 EPROM 中取指令。

3. 程序运行的入口地址

实际应用时,程序存储器的容量由用户根据需要扩展,而程序地址空间原则上也可由用户任意安排,但程序最初运行的入口地址是固定的,用户不能更改。程序存储器中有 7 个固定的入口地址,见表 2 - 2。

表 2 - 2　程序运行入口地址

存 储 单 元	保 留 目 的	存 储 单 元	保 留 目 的
0000H ~ 0002H	复位后初始化引导程序地址	001BH ~ 0022H	定时器 1 溢出中断
0003H ~ 000AH	外部中断 0	0023H ~ 002AH	串行口中断
000BH ~ 0012H	定时器 0 溢出中断	002BH	定时器 2 溢出中断(8052 才有)
0013H ~ 001AH	外部中断 1		

单片机复位后程序计数器 PC 的内容 0000H,故必须从 0000H 单元开始取指令来执行程序。0000H 单元是系统的起始地址,一般在该单元存放一条无条件转移指令,将 PC 转向主程序或初始化程序的入口地址。用户设计的程序是从转移后的地址开始存放,程序结构如下:

```
      ORG   0000H    ;用伪指令 ORG 指示随后的指令码从 0000H 单元开始存放
      LJMP  MAIN     ;在 0000H 单元放一条跳转指令,共 3B
      ORH   0003H
      LJMP  INTO     ;跳到外中断 INTO 服务程序的入口地址
      ……             ;其他中断入口地址初始化
      ORG   50H      ;主程序代码从 50H 单元开始存放
MAIN:                ;MAIN 是主程序入口地址标号,主程序开始
      ……
INTO:                ;中断 0 服务程序入口地址标号
      ……
      RETI
```

当中断响应后,系统能按中断种类,自动转到各中断区的首地址去执行程序。因此,虽然在中断地址区本应存放中断服务程序,但在通常情况下,8 个单元难以存下一个完整的中断服务程序,因此一般也是从终端地址区首地址开始存放一条无条件转移指令,以便中断响应后,通过中断地址区,再转到中断服务程序的实际入口。

2.2.2　数据存储器 RAM

数据存储器一般采用随机存取存储器(RAM)。这是一种在使用过程中利用程序随时可以写入信息,又可以随时读出信息的存储器,用于存放运算的中间结果和标志位等,实现数据暂存和缓冲。MCS - 51 单片机数据存储器有片内和片外之分。片内有 256B

RAM,地址范围为00H~FFH(如图2-5所示),用 MOV 指令来访问;片外数据存储器可扩展64KB 存储空间,地址范围为0000H~FFFFH,用 MOVX 指令来访问,但两者的地址空间是分开的,是各自独立的。

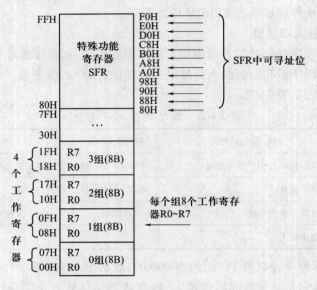

图2-5　片内数据存储器分布图

1. 片外 RAM

MCS-51 单片机具有扩展64KB 字节外部数据存储器和 I/O 口的能力。外部数据存储器用 MOVX 指令来访问,采用寄存器间接寻址方式,R0、R1 和 DPTR 均可作间接寄存器。单片机在执行 MOVX 指令时,将发出 $\overline{RD}$ 或 $\overline{WR}$ 信号来选通外部数据存储器。

2. 片内低 128B RAM

1)通用寄存器区

将内部 RAM 的00H~1FH 区,分为4组,每组有 8 个工作寄存器 R0~R7,共 32 个内部 RAM 单元。见表2-3。

表2-3　工作寄存器与内部 RAM 单元关系

工作寄存器 0 组		工作寄存器 1 组		工作寄存器 2 组		工作寄存器 3 组	
地址	寄存器	地址	寄存器	地址	寄存器	地址	寄存器
00H	R0	08H	R0	10H	R0	18H	R0
01H	R1	09H	R1	11H	R1	19H	R1
02H	R2	0AH	R2	12H	R2	20H	R2
03H	R3	0BH	R3	13H	R3	21H	R3
04H	R4	0CH	R4	14H	R4	21H	R4
05H	R5	0DH	R5	15H	R5	22H	R5
06H	R6	0EH	R6	16H	R6	23H	R6
07H	R7	0FH	R7	17H	R7	24H	R7

工作寄存器共有 4 组,但程序每次只用 1 组,没选用的工作寄存器组所对应的单元可以作为一般的数据缓冲区使用。选择哪一组寄存器工作由程序状态字 PSW 中的 PSW.3(RS0)和 PSW.4(RS1)两位来选择,其对应关系见表 2-3。CPU 通过软件修改 PSW 中 RS0 和 RS1 两位的状态,就可任选一个工作寄存器组工作,这个特点使 MCS-51 单片机具有快速现场保护功能,提高程序的效率和响应中断的速度。

2)位寻址区

20H～2FH 单元为位寻址区,这 16 个单元(共计 128 位)的每 1 位都有一个对应的位地址,位地址范围为 00H～7FH,见表 2-4。

表 2-4　位寻址区与位地址

单元地址	位 地 址							
	D_7	D_6	D_5	D_4	D_3	D_2	D_1	D_0
2FH	7FH	7EH	7DH	7CH	7BH	7AH	79H	78H
2EH	77H	76H	75H	74H	73H	72H	71H	70H
2DH	6FH	6EH	6DH	6CH	6BH	6AH	69H	68H
2CH	67H	66H	65H	64H	63H	62H	61H	60H
2BH	5FH	5EH	5DH	5CH	5BH	5AH	59H	58H
2AH	57H	56H	55H	54H	53H	52H	51H	50H
29H	4FH	4EH	4DH	4CH	4BH	4AH	49H	48H
28H	47H	46H	45H	44H	43H	42H	41H	40H
27H	3FH	3EH	3DH	3CH	3BH	3AH	39H	38H
26H	37H	36H	35H	34H	33H	32H	31H	30H
25H	2FH	2EH	2DH	2CH	2BH	2AH	29H	28H
24H	27H	26H	25H	24H	23H	22H	21H	20H
23H	1FH	1EH	1DH	1CH	1BH	1AH	19H	18H
22H	17H	16H	15H	14H	13H	12H	11H	10H
21H	0FH	0EH	0DH	0CH	0BH	0AH	09H	08H
20H	17H	06H	05H	04H	03H	02H	01H	10H

位寻址区的每 1 位都可当作软件触发器,由程序直接进行处理。通常可以把各种程序状态标志、位控制变量存于位寻址区内。同样,位寻址的 RAM 单元也可以按字节操作,作为一般的数据缓冲区使用。

3)用户 RAM 区

30H～7FH 是数据缓冲区,也是用户 RAM 区,共 80 个单元。

4)堆栈区

在片内 RAM 中,常常要指定一个专门的区域来存放某些特别的数据,它遵循后进先出或先进后出的原则按顺序存取,这个 RAM 区叫堆栈。堆栈功能有以下 3 点。

（1）子程序调用和中断服务时,CPU 自动将当前 PC 值入栈保存,返回时自动将 PC 值出栈。

（2）保护/恢复现场。

（3）数据传输。

堆栈区由特殊功能寄存器堆栈指针 SP 管理,堆栈区可以安排在 RAM 区任意位置,一般不安排在工作寄存器区和可按位寻址的 RAM 区,通常放在 RAM 区靠后的位置。单片机复位后堆栈指针的初始值为07H,通常需在程序初始化中修改 SP 的位置,例如,MOV SP,#30H,则栈底被确定为 30H 单元,避开通用寄存器区和位寻址区。

2.2.3　特殊功能寄存器

内部 RAM 的高 128 单元是特殊功能寄存器 SFR（Special Function Register）,其地址为 80H ~ FFH。MCS - 51 单片机内的锁存器、定时器、串行口缓存器及各种控制寄存器和状态寄存器都是以特殊功能寄存器的形式出现的。MCS - 51 共有 22 个专用寄存器,有 21 个是可字节寻址的。这些寄存器的名称、符号及单元地址见表 2 - 5。下面仅简单介绍部分寄存器,其中大部分寄存器的应用将在后面有关章节中详述。

表 2 - 5　特殊功能寄存器

名称	定义	地址	位功能和位地址								复位值
Acc	累加器	E0H	E7	E6	E5	E4	E3	E3	E2	E1	00H
B	B 寄存器	F0H	E7	E6	E5	E4	E3	E3	E2	E1	00H
DPTR	DPH 数据指针高位	83H									00H
	DPL 数据指针低位	82H									00H
IE	中断使能	A8H	AF	—	—	AC	AB	AA	A9	A8	0x000000B
			EA	—	—	ES	ET1	EX1	ET0	EX0	
IP	中断优先级	B8H	—	—	—	BC	BB	BA	B9	B8	xx000000B
			—	—	—	PS	PT1	PX1	PT0	PX0	
P0	P0 口	80H	87	86	85	84	83	82	81	80	FFH
			AD7	AD6	AD5	AD4	AD3	AD2	AD1	AD0	
P1	P1 口	90H	97	96	95	94	93	92	91	90	FFH
			P1. 7	P1. 6	P1. 5	P1. 4	P1. 3	P1. 2	P1. 1	P1. 0	
P2	P2 口	A0H	A7	A6	A5	A4	A3	A2	A1	A0	FFH
			AD15	AD14	AD13	AD12	AD11	AD10	AD9	AD8	
P3	P3 口	B0H	B7	B6	B5	B4	B3	B2	B1	B0	FFH
			RD	WR	T1	T0	INT1	INT2	TXD	RXD	
PCON	电源控制寄存器	87H	SMOD								00xxx000B
PSW	程序状态寄存器	D0H	D7	D6	D5	D4	D3	D2	D1	D0	000000x0B
			Cy	AC	F0	RS0	RS1	0V	—	P	
SBUF	串口数据缓冲区	99H									xxxxxxxxB

名称	定 义	地址	位功能和位地址								复位值
SCON	串行口控制寄存器	98H	9F	9E	9D	9C	9B	9A	99	98	00H
			SM0	SM1	SM2	REN	TB8	RB8	TI	RI	
SP	堆栈指针	81H									07H
TCON	定时器控制寄存器	88H	8F	8E	8D	8C	8B	8A	89	88	00H
			TF1	TR1	TF0	TR0	IE1	IT1	IE0	IT0	
TH0	定时器0高字节	8CH									00H
TH1	定时器1高字节	8DH									00H
TL0	定时器0低字节	8AH									00H
TL1	定时器1低字节	8BH									00H
TMOD	定时器模式寄存器	89H	GATE	C/T	M1	M0	GATE	C/T	M1	M0	00H

1. 程序计数器 PC（Program Counter）

PC 是 16 位的计数器,其内容为将要执行的指令地址,寻址范围达 64KB。PC 有自动加 1 功能,从而实现程序的顺序执行。PC 没有地址,是不可寻址的,不属于专用寄存器,因此无法对它进行读写。但可以通过转移、调用、返回等指令改变其内容,以实现程序的转移。

2. 累加器 Acc（Accumlator）

累加器 Acc 是 MCS - 51 单片机中最常用、最繁忙的 8 位特殊功能寄存器。许多指令的操作数从 Acc 取出,许多运算结果也存放于 Acc。指令系统中用 A 作为累加器 Acc 的助记符。

3. B 寄存器

B 寄存器是个 8 位寄存器,主要用于乘除运算。乘法运算时,B 是乘数。乘法操作后,乘积的高 8 位存于 B 中。除法运算时,B 是除数。除法操作后,余数存于 B 中。此外,B 寄存器也可以作为一般数据寄存器使用。

4. 程序状态字 PSW（Program Status Word）

程序状态寄存器(8 位)是一个标志寄存器,它保存指令执行结果的特征信息,以供程序查询和判断,例如作为程序转移的条件,其中有些位是在指令执行中由硬件自动设置的,而有些位则是用户设定。其程序状态字格式及含义如下:

位 序	PSW. 7	PSW. 6	PSW. 5	PSW. 4	PSW. 3	PSW. 2	PSW. 1	PSW. 0
位标志	CY	AC	FO	RS1	RS0	OV	—	P

（1）CY(PSW. 7)——进位标志位。在执行加、减法指令时,如果运算结果的最高位（D7 位)有进位或借位,CY 位被置"1",否则清"0"。

（2）AC(PSW. 6)——辅助进位(或称半进位)标志位。在执行加、减法指令时,其低半字节向高半字节有进位或借位时(D3 位向 D4 位),AC 位被置"1",否则清"0"。AC 位主要被用于 BCD 码加法调整。

（3）F0（PSW.5）——由用户定义的标志位。是用户定义的一个状态标志位,根据需要可以用软件来使它置位或清除。

（4）RS1（PSW.4）、RS0（PSW.3）——工作寄存器组选择位。80C51 单片机共有 4 组工作寄存器组,每组 8 个工作寄存器 R0～R7。既可用于存放数据或地址,也可用于数据传送指令。用指令设定 RS1、RS0 的值,确定所选的工作寄存器组。

（5）OV——溢出标志位。在计算机内,带符号数一律用补码表示。在 8 位二进制中,补码所能表示的范围是 －128～＋127,而当运算结果超出这一范围时,OV 标志位为 1,即溢出;反之为 0。

（6）PSW.1——未定义位。

（7）P（PSW.0）——奇偶标志位。用于指示运算结果中 1 的个数的奇偶性,若累加器中 1 的个数为奇数,则 P＝1;若 1 的个数为偶数,则 P＝0。该标志位在串行通信中应用,常用于奇偶校验。

5. 数据指针 DPTR（Data Pointer,83H,82H）

DPTR 是一个 16 位的特殊功能寄存器,其高位字节寄存器用 DPH 表示（地址 83H）,低位字节寄存器用 DPL 表示（地址 82H）。DPTR 既可作为一个 16 位寄存器来处理,也可作为两个独立的 8 位寄存器 DPH 和 DPL 使用。DPTR 是 MCS－51 中唯一的一个可寻址的 16 位寄存器。DPTR 主要用于存放 16 位地址,以便对 64KB 片外 RAM 作间接寻址。

6. 堆栈指针 SP（Stack Pointer）

所谓堆栈就是只允许在某一端进行数据插入和数据删除操作的线性表,是一个特殊的存储区。它是为子程序调用和中断操作而设立的,其主要功能是暂时存放数据（现场）和地址（断点）。它的特点是按照"先进后出"的原则存放数据,这里的"进"和"出"是指进栈和出栈操作。在 MCS－51 单片机中通常是指定内部数据存储器 08H～7FH 中的一部分作为堆栈区。如图 2－6 所示,堆栈有栈底和栈顶之分,栈底由栈底地址标识且固定不变,它决定了堆栈在 RAM 中的物理位置。第一个进栈的数据所在的存储单元就在栈顶之上,然后逐次进栈,最后进栈的数据所在的存储单元称为栈顶。随着存放数据的增减,栈顶是变化的。从栈中取数,总是先取栈顶的数据,即最后进栈的数据先取出。在图 2－6 中,最先取出 60H 单元的 34H。而最先进栈的数据最后取出,即图中 40H 单元中的 57H 最后取出。

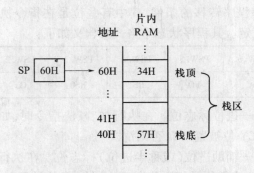

图 2－6　堆栈和堆栈指针示意图

18

SP 是一个 8 位寄存器,用于存放栈顶地址。每存入(或取出)1 个字节数据,SP 就自动加 1(或减 1)。SP 始终指向新的栈顶。

堆栈的操作有两种方式,一种是自动方式,即在调用子程序或产生中断时,返回地址(断点)自动进栈。程序返回时,断点地址再自动弹回 PC。这种堆栈操作不需用户干预,是通过硬件自动实现的。另一种是指令方式,即用进出栈操作指令完成。其进栈指令为 PUSH,出栈指令为 POP。例如现场保护为一系列进栈操作指令;现场恢复为一系列出栈操作指令。

系统复位后 SP 初始化为 07H,使得堆栈事实上由 08H 开始。因为 08H ~ 1FH 单元为工作寄存器区 1 ~ 3,20H ~ 2FH 为位寻址区,在程序设计中很可能要用到这些区,所以用户在编程时最好把 SP 初始值设为 2FH 或更大值,当然同时还要顾及其允许的深度。一般 SP 的初值越小,堆栈就越深。在使用堆栈时要注意,由于堆栈的占用,会减少内部 RAM 的可利用单元,如设置不当,可能引起内部 RAM 单元冲突。

7. I/O 端口 P0 ~ P3

P0 ~ P3 为 4 个 8 位特殊功能寄存器,分别是 4 个并行 I/O 端口的锁存器。它们都有字节地址,每一个口锁存器还有位地址,所以当每一条 I/O 线独立地用作输出时,数据可以锁存;作输入时,数据可以缓冲。当 I/O 端口某一位用于输入信号时,对应的锁存器必须先置"1"。

对特殊功能寄存器的几点说明如下:

(1) 21 个可字节寻址的专用寄存器不连续地分散在内部 RAM 高 128 单元之中,尽管还余有许多空闲地址,但用户并不能使用。

(2) 在 22 个专用寄存器中,唯一一个不可寻址的专用寄存器就是程序计数器(PC)。PC 不占据 RAM 单元,因此是不可寻址的寄存器。

(3) 对专用寄存器只能使用直接寻址方式,书写时既可以使用寄存器符号,也可使用寄存器单元地址。

(4) 在 21 个可寻址的专用寄存器中,有 11 个寄存器是可以位寻址的(其特点是字节地址是 8 的倍数),见表 2 - 5。全部专用寄存器可寻址的位为 83 位,而内部 RAM 的低 128 单元中有 128 个可寻址位。故 MCS - 51 共有 211 个可寻址位。

2.3 并行 I/O 口

MCS - 51 单片机共有 4 个 8 位双向并行输入/输出(I/O)口,分别记作 P0、P1、P2、P3。P0 为双向三态数据口,P1 口、P2 口和 P3 口为准双向口(在用作输入线时,口锁存器必须先写"1",故称准双向口)。实际上它们已被归入专用寄存器之列,且具有字节寻址和位寻址的功能。这些口在结构和特性上是基本相同的,但又各具有特点。下面分别介绍这些口的特性和功能。

2.3.1 P0 端口

1. 端口结构

P0 口是一个三态门,其 1 位的结构原理如图 2 - 7 所示。P0 口由 8 个同样的电路组成。锁存器起锁存作用,8 个锁存器构成了特殊功能寄存器 P0;场效应管 T1、T2 组成输出驱动器,以增大带负载能力;三态门 1 是读引脚输入缓存器;三态门 2 是用于读锁存器端口;与门 3、反向器 4 及模拟转换开关 MUX 构成输出控制电路。

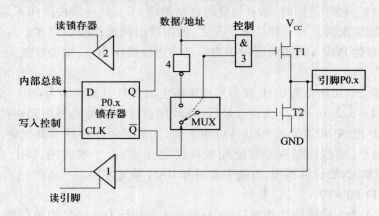

图 2-7　P0 口结构图

2. 通用 I/O 接口功能

当系统不进行片外的 ROM 扩展,也不进行片外 RAM 扩展时,P0 用作通用 I/O 口。在这种情况下,单片机硬件自动使多路开关"控制"信号为"0"(低电平),MUX 开关接锁存器的 Q 输出端。另外,与门输出的"0"使输出驱动器的上拉场效应管 T1 处于截止状态。此时,输出级是漏极开路。

1)P0 作为输出口

作输出口时,CPU 执行的输出指令,内部数据总线上的数据在"写锁存器"信号的作用下由 D 端进入锁存器,经锁存器的反向器的反相端送至场效应管 T2,再经 T2 反相,在 P0. x 引脚出现的数据正好是内部总线的数据。输出级是漏极开路,类似于 OC 门,当驱动电流负载时,需要外接上拉电阻,P0 口带有锁存器,具有输出所存功能。

2)P0 作为输入口

作输入口时,数据可以读自口的锁存器,也可以读自口的引脚。这要根据输入操作采用的是"读锁存器"指令还是"读引脚"指令来决定。

CPU 在执行"读—修改—写"类输入指令时(如:ANL P0,A),内部产生的"读锁存器"操作信号,使锁存器 Q 端数据进入内部数据总线,与累加器 A 进行逻辑运算之后,结果又送回 P0 口的锁存器并出现在引脚。读口锁存器可以避免因外部电路原因使原口引脚状态发生变化造成的误读。

CPU 在执行"MOV"类输入指令时(如:MOV A,P0),内部产生的操作信号是"读引脚"。注意,在执行该类输入指令前要先把锁存器写入"1",使场效应管 T2 截止,引脚处于悬浮状态,可以作为高阻抗输入。否则,在作为输入方式之前曾向锁存器输出过"0",则 T2 导通会使引脚钳位在"0"电平,使输入高电平"1"无法读入。

3. 地址/数据分时复用功能

当系统进行片外的 ROM 扩展或进行片外 RAM 扩展时,P0 用作地址/数据总线。

在这种情况下,单片机内硬件自动使多路开关"控制"信号为"1"(高电平),MUX开关接反相器的输入端,这时与门的输出由地址/数据线的状态决定。CPU在执行输出指令时,低8位地址信息和数据信息分时地出现在地址/数据总线上,P0.x引脚的状态与地址/数据线的信息相同。CPU在执行输入指令时,首先低8位地址信息出现在地址/数据总线上,P0.x引脚的状态与地址/数据总线的地址信息相同。然后,CPU自动使转换开关MUX拨向锁存器,并向P0口写入FFH,同时"读引脚"信号有效,数据经缓冲进入内部数据总线。此时P0口作为地址/数据总线使用时是一个真正的双向口。

4. 端口操作

在MCS-51单片机,没有专门的输入输出指令,而是将I/O接口与锁存器一样看待,使用和读写RAM一样的指令实现输入输出功能。当向端口写入数据时,即通过相应引脚向外输出;而当从I/O读入数据时,则将通过引脚将外设状态信号输入到单片机内。单片机I/O口既可以按字节寻址,也可以按位寻址。MCS-51单片机有不少指令可直接进行端口操作。

(1)使用数据传送指令输入输出字节数据,例如:

MOV A,P0

MOV P0,A

(2)使用位操作指令输出各位数据,例如:

SETB P0.0

MOV   C,P0.0

2.3.2 P1端口

P1口是一个准双向口,作一般I/O口使用。P1口位结构如图2-8所示。

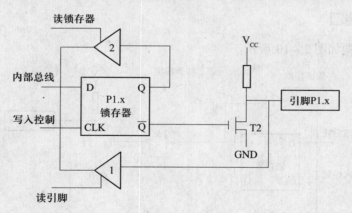

图2-8 P1口结构图

在结构上,与P0相比,主要有两个不同:一是不需要多路开关;二是本身具备上拉电阻。当用作输出线时,将1写入锁存器,使输出驱动器T2管截止,输出线由上拉电阻拉成高电平(输出1);将0写入锁存器时,T2管导通,输出0。当P1口作为输入线时,必须先将1写入锁存器,使T2管截止,把该口线由上拉电阻拉成高电平。于是,当外部输入为高电平时,该口线为1。外部输入为低电平时,该口线为0,从而使输入端的电平随输入信号而变,读入正确的数据信息。P1 口作为输入时,可被任何 TTL 电路和 MOS 电路所驱动。由于具有内部上拉电阻,也可以直接被集电极开路或漏极开路的电路驱动而不必外加上拉电阻。

2.3.3　P2 端口

P2 口为准双向口,其某一位 P2 口位结构如图 2 –9 所示。

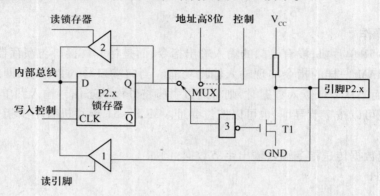

图 2 –9　P2 口结构图

在结构上,与 P0 口相比有两个不同:一是多路开关 MUX 的一个输入端只是"地址",而不是"地址/数据";二是 P2 口自身具备上拉电阻。P2 口可作一般 I/O 口使用,但经常作为扩展系统时地址总线的高 8 位使用,由控制信号控制转换开关来实现。当转换开关 MUX 倒向左边时,P2 作通用的 I/O 口使用,作用与 P1 口相同。当作为地址总线口使用时,MUX 倒向右边,从而在 P2 口的引脚上输出地址(A8 ~ A15)。

2.3.4　P3 端口

P3 口位结构如图 2 –10 所示。

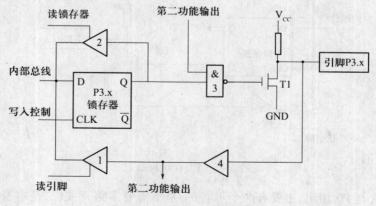

图 2 –10　P3 口结构图

与 P1 口结构相比,多了一个与非门 3 和一个输入缓冲器 4,当 CPU 不对 P3 口进行字节或位寻址时,内部硬件自动将口锁存器的 Q 端置 1。这时,P3 口作为第二功能使用,引

22

脚的第二功能见表 2 - 6。

1. P3 口用作第二功能使用

（1）输入第二功能信号时,此时锁存器输出端及"第二输出功能"信号端均应保持高电平。第二功能输入信号通过 P3. x 引脚通过缓存器 4 的输出端输入到单片机内部。

（2）输出第二功能信号时,此时锁存器应预先置"1",以保持与非门对第二功能信号的输出能顺利进行。

表 2 - 6　P3 口 8 位口线第二功能

口 线	第 二 功 能	口 线	第 二 功 能
P3. 0	RXD（串行口输入）	P3. 4	T0（定时器 0 的外部输入）
P3. 1	TXD（串行口输出）	P3. 5	T1（定时器 1 的外部输入）
P3. 2	$\overline{\text{INT0}}$（外部中断 0 输入）	P3. 6	$\overline{\text{WR}}$（片外数据存储器写选通）
P3. 3	$\overline{\text{INT1}}$（外部中断 1 输入）	P3. 7	$\overline{\text{RD}}$（片外数据存储器读选通）

2. P3 口作为一般的 I/O 口使用

当 CPU 对 P3 口进行字节或位寻址时,单片机内部的硬件自动将第二功能输出线置 1。这时,对应的口线为通用 I/O 口方式,其应用特点与注意事项与 P0 相同。

2.4　时钟电路、复位电路及掉电处理

时钟电路用于产生单片机工作所需要的时钟信号,而时序研究的是指令执行中各信号之间的相互关系。单片机本身就如同一个复杂的同步时序电路,为了保证同步工作方式的实现,电路应在唯一的时钟信号控制下严格地按时序进行工作。

1. 时钟电路

MCS - 51 单片机内部有一个高增益的反相放大器,但要形成时钟,外部还需要附加电路。MCS - 51 单片机的时钟信号的产生有两种方式:内部振荡器方式和外部引入方式。

1）内部振荡器方式

利用芯片内部的振荡器,然后在引脚 XTAL1 和 XTAL2 两端跨接晶体振荡器和微调电容,就构成了一个稳定的自激振荡器,其发出的脉冲直接输入单片机的内部时钟电路。如图 2 - 11（a）所示。时钟电路产生的振荡脉冲经过触发器进行二分频之后,才成为单片机的时钟脉冲信号。需要注意时钟脉冲与振荡脉冲之间的二分频关系,否则会造成概念上的错误。

外接晶振时,电容 C1 和 C2 一般为 30pF 左右。晶体的振荡频率范围是 1. 2MHz ~ 12MHz。晶体的振荡频率高,则系统的时钟频率也高,单片机运行速度也就快。但反过来运行速度快对存储器的速度要求就高,对印制电路板的工艺要求也高。MCS - 51 单片机在通常情况下,使用振荡频率为 6MHz 的石英晶体,而 12MHz 主要在高速串行通信中使用。

2）外部时钟方式

在由多片单片机组成的系统中,为了各单片机之间时钟信号的同步,应当引入唯一的

共用外部脉冲信号作为各单片机的振荡脉冲。这时,外部的脉冲信号是由 XTAL2 引脚输入,送至内部时钟电路,如图 2-11(b)所示。

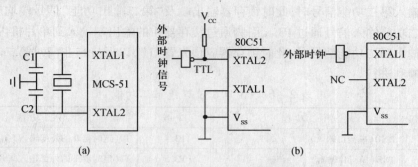

图 2-11 MCS-51 单片机时钟方式
(a)内部时钟方式;(b)80C51 外部时钟接法。

2. 复位电路

复位是单片机的初始化操作,其主要功能是把 PC 初始化为 0000H,使单片机从 0000H 单元开始执行程序。除了进入系统的正常初始化之外,由于程序运行出错或操作错误使系统处于死锁状态,为摆脱困境,按复位键可以重新启动。

1)复位信号的产生

MCS-51 单片机的 RST 引脚是复位信号输入端,复位信号是高电平有效,其有效时间应持续 24 个振荡周期(即两个机器周期以上)。若使用频率为 6MHz 的晶振,则复位信号持续时间应超过 4μs 才能完成复位操作。产生复位信号的电路逻辑如图 2-12 所示。

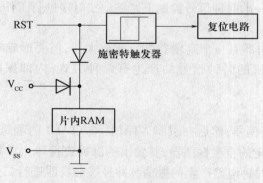

图 2-12 复位信号的电路逻辑图

整个复位电路包括芯片内、外两部分。外部电路产生的复位信号(RST)送施密特触发器,再由片内复位电路在每个机器周期的 S5P2 时刻对施密特触发器的输出进行采样,然后才得到内部复位操作所需要的信号。

单片机在开机时或在工作中因干扰而使程序失控,或工作中程序处于某种死循环状态等情况下都需要复位。复位的作用是使中央处理器 CPU 以及其他功能部件都恢复到一个确定的初始状态,并从这个状态开始工作。

2)复位方式

MCS-51 单片机的复位靠外部电路实现,信号由 RST(RESET)引脚输入,高电平有效(一般复位正脉冲宽度大于10ms)。复位分为上电复位和按钮复位两种,上电复位电路如图2-13(a)所示;按钮复位有电平方式和脉冲方式,电路如图2-13(b)、图2-13(c)所示。

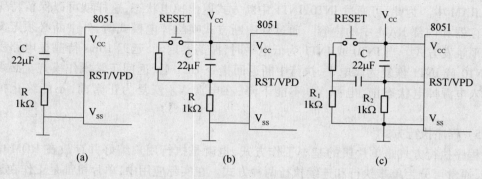

图2-13 复位电路
(a)上电复位;(b)按键电平复位;(c)按键脉冲复位。

3)复位状态

MCS-51单片机复位后,程序计数器PC和特殊功能寄存器复位的状态见表2-7。复位不影响片内RAM存放的内容。

由表2-7可看出:

(1)(PC)=0000H表示复位后程序的入口地址为0000H;

(2)(PSW)=00H,其中RS1(PEW.4)=0,RS0(PSW.3)=0,表示复位后单片机选择工作寄存器0组;

表2-7 复位后内部寄存器的状态

寄存器	内 容	寄存器	内 容	寄存器	内 容
PC	0000H	P0~P3	FFH	TH0	00H
Acc	00H	IP	xxx00000B	TL1	00H
B	00H	IE	0xx00000B	TH1	00H
PSW	00H	TMOD	00H	SCON	00H
SP	07H	TCON	00H	SBUF	00H
DPTR	0000H	TL0	00H	PCON	0xxxxxxB

(3)(SP)=07H表示复位后堆栈在芯片内RAM的08H单元处建立;

(4)P0口~P3口锁存器为全"1"状态,说明复位后这些并行接口可以直接作输入口,无须向端口写"1";

(5)定时器/计数器、串行口、中断系统等特殊功能寄存器复位后的状态对各功能部件工作状态的影响,将在后续有关章节介绍。

4)掉电方式

CPU进入掉电运行方式,CPU内振荡电路停止工作,但片内RAM和特殊功能寄存器内容保持不变;片内所有操作均处于停止状态。进入掉电方式后,功耗降到最低,电源电压V_{CC}只要大于2V即可保持片内RAM和特殊功能寄存器内的信息。掉电状态可通过硬件复位强迫 CPU 退出掉电方式或中断 INT0、INT1 来唤醒,但必须注意通过复位终止掉电状态时,特殊功能寄存器将重新定义。可见,掉电前特殊功能寄存器内的数据并不能保存,因此,对于需要保护的特殊功能寄存器必须放在内部 RAM 中,或有后备电池供电的外部 RAM 中。为此,可通过 INT0、INT1 中断方式退出掉电状态,这样就可以保留特殊功能寄存器和内部 RAM 中的内容。通过外中断方式唤醒掉电模式时,外中断必须定义为低电平触发方式。当 INT0 或 INT1 为低电平时,振荡器启动,延迟 10ms 待晶振电路稳定后,INT0 或 INT1 恢复为高电平,执行中断返回指令 RET 后,返回正常操作模式。必须注意进入电源掉电状态前,电源 V_{CC} 不能下降;在电源 V_{CC} 恢复为正常前,不能终止掉电状态。

5)程序执行方式

程序执行方式是单片机的基本工作方式,也就是执行用户编好并存放在 ROM 中的程序,通常可分为单步执行和连续执行两种方式。在实际应用中,单片机都是工作在连续执行程序的方式下,复位后 PC = 0000H,程序执行从地址 0000H 开始,在 0000H 处预先存放一条转移指令,以便跳转到 0000H ~ FFFFH 中的用户需要的地方执行程序;单步执行方式是指单片机在控制面板上单步执行键控制下逐条执行程序的指令方式,利用单片机外中断功能实现的,通常用于程序调试。

2.5 MCS–51 单片机 CPU 时序、指令执行过程

单片机与其他计算机的工作方式相同,即采用“存储程序”的方式,事先把程序加载到单片机的存储器中,CPU 再按程序中的指令一条一条地执行。单片机在执行指令时,通常将一条指令分解为若干基本的微操作,这些微操作所对应的脉冲信号在时间上的先后次序称为时序。

1. 时序的相关概念

1)拍节与状态

振荡周期:为单片机提供定时信号的振荡源的周期(晶振周期或外加振荡源周期)。振荡脉冲的周期也称为拍节,用 P 表示。振荡周期又称为时钟周期。

状态周期:CPU 从一个状态转换到另一个状态所需的时间。一个状态周期由一个或一个以上的时钟周期组成。在 MCS–51 单片机中,一个状态周期由两个时钟周期组成。2 个振荡周期为 1 个状态周期,用 S 表示,这样一个状态包含两个拍节,分别用 P1 和 P2 表示。

2)机器周期

机器周期:计算机完成一次完整的、基本的操作所需的时间。MCS–51 单片机一个机器周期由 6 个状态周期组成,用 S1,S2,…,S6 表示,共 12 个振荡周期。

1 个机器周期 = 6 个状态周期 = 12 个振荡周期

指令周期:执行一条指令所需的时间,指令周期往往由一个或一个以上的机器周期组成。指令周期的长短与指令所执行的操作无关。系列单片机的指令周期通常为 1 个 ~ 4 个机器周期。MCS–51 单片机一个机器周期由 12 个振荡周期组成,分为 6 个状态,分别称为 S1、S2、S3、S4、S5、S6,每个状态都包含 P1、P2 两相。振荡周期、状态周期、机器周期

和指令周期的关系如图 2 - 14 所示。

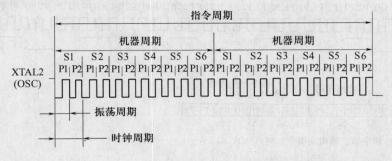

图 2 - 14　MCS - 51 单片机各种周期的关系

例如：外接晶振为 12MHz 时，MCS - 51 单片机的 4 个时间周期的具体值为：

振荡周期 = $1/12 \mu s$

状态周期 = $1/6 \mu s$

机器周期 = $1 \mu s$

指令周期 = $1 \mu s \sim 4 \mu s$

2. MCS - 51 单片机指令时序

MCS - 51 单片机共有 111 条指令，全部指令按其长度可分为单字节、双字节和三字节指令。执行这些指令所需要的机器周期是不同的，包括以下几种情况：单字节单机机器周期、单字节双机器周期、双字节单机器周期和双字节双机器周期。三字节指令均为双机器周期，单字节乘除指令为四机器周期。图 2 - 15 是典型指令的时序图。

图中 ALE 是地址锁存信号，用于选通低 8 位地址锁存器，该信号每有效一次，单片机进行一次读操作。在一个机器周期内，ALE 两次有效，一次在 S1 P2 和 S2 P1 期间，一次在 S4 P2 和 S5 P1 期间，宽度为一个时钟周期。

1）单字节单周期指令（如：INC A 指令）

由于是单字节指令，只需进行一次读指令操作，指令读取后即可执行。当第二次 ALE 有效时，PC 不加 1，此次操作无效。

2）双字节单周期指令（如：ADD A，#data 指令）

在两次 ALE 有效时，分别读取两个字节的内容。

3）单字节双周期指令（如：INC DPTR 指令）

两个机器周期的 4 次 ALE 有效，只有 1 次读指令有效，后 3 次无效。

4）双字节双周期指令（如：MOVX 类指令）

这类指令在第一个机器周期的第一次 ALE 有效期间读操作码送入指令寄存器，第二次 ALE 有效，PC 不加 1，而在 S5 期间送出外部 RAM 的地址，随后在 S6 到下一个周期的 S3 期间送出或读入数据。读写数据期间 ALE 端不输出有效信号。

3. 单片机工作过程

单片机工作过程是从程序存储器 0000H 单元开始逐条执行已编好并存储在程序存储器中的指令的过程。

一条指令的执行过程为：取操作码（取指令第一字节）→译码（对指令操作码进行翻译，指示控制器给出相应的控制信号）→取操作数（取出剩余的指令字节，指令第一字节，

27

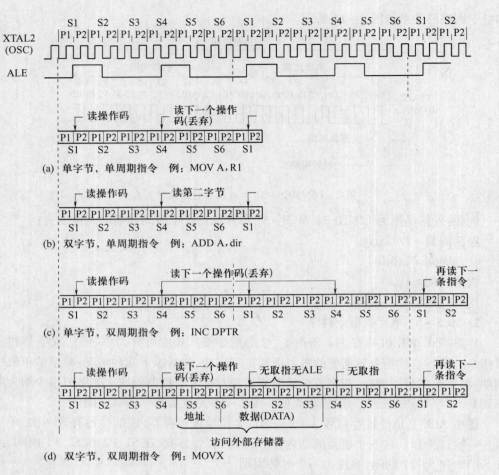

XTAL2 (OSC)

ALE

读操作码　读下一个操作码(丢弃)

(a) 单字节，单周期指令　例：MOV A,R1

读操作码　读第二字节

(b) 双字节，单周期指令　例：ADD A,dir

读操作码　读下一个操作码(丢弃)　再读下一条指令

(c) 单字节，双周期指令　例：INC DPTR

读操作码　读下一个操作码(丢弃)　无取指无ALE　无取指　再读下一条指令

地址　数据(DATA)

访问外部存储器

(d) 双字节，双周期指令　例：MOVX

图 2-15　8051 典型指令的取指时序

即操作码字节将告诉 CPU 该指令的长短)→执行指令规定的操作。单片机执行程序是执行完一条指令接着执行下一条指令，所以单片机工作过程是不断重复"取操作码→译码→取操作数→执行"的过程，直到程序结束。下面以 MOV A,50H 指令的执行过程为例，结合指令执行过程示意图(图 2-16)来说明单片机的工作过程。

执行 MOV A,50H 指令，将程序存储器 50H 存储单元中的内容传送到累加器 A 中。该指令是二字节指令，指令的机器码为 E550，假定从 0000H 按顺序存放。单片机开机时，PC = 0000H，即从 0000H 开始执行指令。

1）取操作码

（1）将程序计数器 PC 中的内容，即第一条指令所在的存储单元地址 0000H 通过地址总线送到地址寄存器 AR 中。

（2）PC 内容自动加 1，指向下一存储单元。

（3）地址存储器 AR 中的内容通过地址总线 AB 将地址信息 0000H 送到存储器地址线上。

（4）存储器芯片内的地址译码器对地址信号进行译码，并选中存储器芯片内的 0000H 单元。

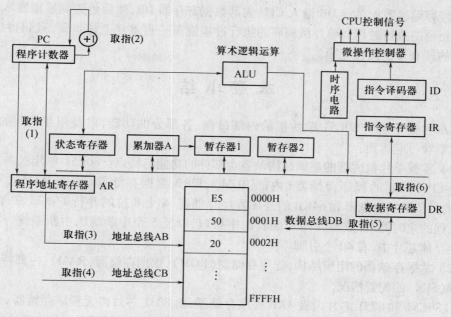

图 2-16　指令执行过程示意图

（5）CPU 给出存储器读控制信号,被选中 0000H 单元中的内容"E5"经数据总线 DB 送到 CPU 内部的数据存储器 DR 中。

（6）将数据寄存器 DR 中的 E5H 送入指令寄存器 IR 中保存,完成了第一条指令操作码的读出过程。

2）译码

指令译码器 ID 对指令寄存器 IR 中的内容(即操作码)进行译码,以确定指令所要执行的操作,指示 CPU 内的控制器给出相应的控制信号,完成指令的译码。译码后,能确定该指令有无操作数,如果有操作数,根据操作数个数以及存放位置取操作数;如果无操作数,则进入执行指令阶段,执行指令。

3）取操作数

译码后,得知指令的字节数,取出操作码随后的相应操作数。

（1）将程序计数器 PC 内容(当前为 0001H)传送到寄存器 AR 中,同时程序计数器 PC 自动加 1,指向下一存储单元,即 0002H 单元。

（2）地址寄存器 AR 内容(目前为 0001H)通过地址总线 AB 输出到存储器地址总线上。存储器芯片内的地址译码器对地址信号进行译码,并选中存储器芯片内的 0001H 单元。

（3）CPU 给出存储器读控制信号,将 0001H 存储单元中的内容"50"经数据总线 DB 送到 CPU 内部的数据寄存器 DR 中。由于第二字节是指令操作数所在存储单元地址的低 8 位,因此数据寄存器 DR 中的内容通过内部数据总线送入暂存器中。

4）执行指令

由于这条指令的第二字节是操作数所在存储单元地址,因此,在执行阶段将存放在 DR 中的内容送 AR 的低 8 位,形成操作数 16 位地址码,经 AR 输出。AR 输出的地址信号经存储器芯片内的地址译码器译码后,在存储器读信号的控制下,即可将 50H 单元中的内容经存储器数据总线 DB 输入 CPU 内部数据寄存器 DR,然后传送到累加器 A 中,完成了该指令的执行过程。单片机程序的执行过程就是一直重复上述步骤,直到特定任务程序中的所有指令执行完毕。

本 章 小 结

本章主要介绍了 80C51 单片机的内部结构、各部分的功能,以及相互之间的关系。通过本章学习应达到:

(1)掌握单片机内部的逻辑结构及各个部件的功能与特点。80C51 单片机内部有一个 8 位 CPU、4KB 的程序存储器(内部 ROM)、128B 数据存储器(内部 RAM)、可寻址 64KB 的外部数据存储器和 64KB 的外部程序存储器、4 个 8 位的并行 I/O 口、2 个 16 位的可编程的定时器/计数器、1 个可编程的串行口,以及 5 个中断源的中断系统。它们封装在半导体芯片中,有 40 个引脚。

(2)掌握存储器的组织结构,程序存储器(ROM)、数据存储器(RAM)、内部特殊功能寄存器(SFR)的配置情况。

① 80C51 和 8751 芯片内有 4KB 程序存储器,而 8031 芯片内无程序存储器。MCS - 51 程序存储器的地址空间为 64KB,若芯片内占用了 0000H ~ 0FFFFH(4KB)地址空间,则外部程序存储器的地址空间为 1000H ~ FFFFH(60KB)。

② 128B 数据存储器分为 3 个区:00H ~ 1F 是工作寄存器区,共包含 4 个寄存器,每组有 8 个寄存器 R0 ~ R7;20H ~ 2FH 为位寻址区,这 16 个单元的每一位都有一个位地址,位地址范围为 00H ~ 7FH;其余作数据缓冲区或堆栈区。

③ 特殊功能寄存器(SFR)是指单片机内的并行 I/O 口锁存器、定时器/计数器、串行口、中断系统等的数据和控制寄存器,它们的地址分布在 80H ~ FFH 空间内。凡字节地址能被 8 整除的 SFR 都可以位寻址,位地址范围是 80H ~ FFH。

(3)重点掌握内部数据存储器的结构、用途、地址分配和使用特点。

① 内部数据存储器的低 128 单元,它包括了寄存器区、位寻址区、用户 RAM 区,要掌握这些单元的地址分配、作用等。

② 内部数据存储器高 128 单元,这是为专用寄存器提供的,地址范围为 80H ~ FFH,用于存放单片机相应部件的控制命令、状态或数据等。

(4)掌握单片机各个端口的用途。4 个并行 I/O 口除具有输入/输出功能外,还可以作为地址线、数据线、控制线用。P0 作为低 8 位地址、8 位数据总线分时复用,P2 作为高 8 位地址总线用,P3 的第二功能使它作为控制线用。

(5)掌握单片机振荡周期、机器周期、指令周期的概念以及它们之间的关系。

(6)复位是单片机的初始化操作,其主要是把 PC 初始化为 0000H,使单片机从 0000H 单元开始执行程序。该操作还对其他一些专用寄存器有影响。

思考题与习题

1. MCS - 51 单片机内部包括哪些逻辑功能部件?

2. MCS – 51 单片机内 128B 的数据存储器可分为几个区？分别有什么作用？

3. MCS – 51 单片机程序存储器和数据存储器共处同一地址空间为什么不会发生总线冲突？

4. 80C51 单片机最多可配置多大容量的 ROM 和 RAM？80C51 单片机和片外 ROM/RAM 连接时，P0 口和 P2 口各用来送什么信号？

5. $\overline{EA}$ 引脚的作用是什么？在下面 3 种情况下，$\overline{EA}$ 引脚应分别接何电平？

（1）只有片内 ROM；

（2）只有片外 ROM；

（3）同时有片内 ROM 和片外 ROM。

6. 在 MCS – 51 单片机中，能决定程序执行顺序的寄存器是哪一个？它由几位二进制数组成？它有没有地址？是不是属于 SFR 寄存器？

7. 程序状态字 PSW 的作用是什么？各位的定义及作用是什么？

8. 什么是堆栈？专用功能寄存器 SP 的作用是什么？MCS – 51 单片机的 SP 有多少位？系统复位后，它指向何处？如何调整它的位置？

9. MCS – 51 单片机片内 RAM 中"位寻址区"的字节区间是什么？位地址区间又是什么？试说明位地址 56H 具体在片内 RAM 的什么位置。

10. 80C51 单片机的专用功能寄存器 SFR 有多少个？可以位寻址的有哪些？它们有什么特点？

11. MCS – 51 单片机有几个并行 I/O 口？为什么说它们是"准双向"I/O 口？其中 P0 口在用作一般 I/O 口时，如果带有"拉电流"负载就必须外接"上拉电阻"，为什么？

12. 80C51 单片机的 $\overline{PSEN}$ 线的作用是什么？$\overline{RD}$ 和 $\overline{WR}$ 的作用是什么？

13. MCS – 51 单片机的指令周期、机器周期和振荡周期有什么关系？

14. MCS – 51 单片机有几种复位方式？系统复位后，对各专用功能寄存器有何影响？对片内 RAM 有何影响？

第3章 MCS-51单片机的指令系统

知识目标：了解 MCS-51 单片机的指令格式、寻址方式和指令系统。

能力目标：让学生理解 MCS-51 单片机的指令格式，掌握寻址方式，能够运用指令系统编写简单程序语句。

MCS-51 单片机的一大特点是在硬件中有一个布尔处理机，对应这个布尔处理机，指令系统中相应地设计了一个处理布尔变量的指令子集——位操作指令，这个子集在程序设计时十分有效、方便。

3.1 概 述

单片机每一种功能的实现，都是通过执行一系列相应操作完成的。单片机所能执行的每一种操作称为一条指令，全部指令的集合称为指令系统。MCS-51 单片机的指令系统具有节省存储空间、执行速度快、功能强等特点，其指令系统由 111 条指令组成。在 111 条指令中，单字节指令为 49 条，双字节指令为 45 条，三字节指令为 17 条。从指令的执行时间来看，单机器周期指令共有 64 条，双机器周期指令为 45 条，只有乘法和除法指令需要 4 个机器周期。

MCS-51 单片机的指令系统共有 33 个功能，用汇编语言编程时，只需要 42 个助记符就能指明这 33 个功能操作。

3.1.1 汇编语言的指令格式

1. 汇编指令格式

汇编指令是指令系统最基本的书写方式，它由操作码、目的操作数、源操作数构成。标准的书写格式如下：

[标号:]操作码[目的操作数][,源操作数][;注释]

- [ ]表示该项为可选项。
- 标号，又称指令地址符号。它是用户设定的符号，代表着该条指令所在的地址。标号必须以字母开头，其后跟 1~8 个字母或数字，并以"："结尾。
- 操作码是用英文缩写的指令助记符，它规定了指令的操作功能。任何一条指令都必须有该项，不得省略。
- 目的操作数提供操作的对象，并指出一个目的地址，表示操作结果存放单元的地址。目的操作数与操作码之间必须以一个或几个空格分隔。
- 源操作数指出的是一个源地址（或立即数），表示操作的对象或操作数来自何处。它与目的操作数之间要用"，"号隔开。MCS-51 单片机指令系统的大多数指令中有两个操作数，即目的操作数和源操作数，少数为一个操作数，在 CJNE 指令中必须有第三个操作数来表示程序转移的目的地。而个别指令则不需要操作数,如子程序返回 RET、中断返回 RETI 及空操作 NOP 等。

- 注释部分是在编写程序时,为增加程序的可读性,由用户对该条指令所加的说明。它以";"号开头,可以是英文、中文或其他文字形式。

下面以几条指令对 MCS – 51 单片机的指令格式作出更直观的说明:

```
MOV  A, #40H        ;将立即数 40H 送入累加器 A 中
MOV  A, 40H         ;将内部 RAM 中 40H 单元中的内容送累加器 A
ANL  A, #40H        ;将 40H 和 A 中的数进行"与"操作,结果放在 A 中
CJNE A, #40H, JP1   ;将立即数 40H 和 A 中的数比较,不相等则跳到标号 JP1 处
INC  A              ;累加器 A 中的数加 1,结果放在 A 中
DIV  AB             ;寄存器 A 中的数被寄存器 B 中的数除,商存于 A,余数存于 B
```

2. 指令代码格式

指令代码是程序指令的二进制表示方法,是在程序存储器中存放程序的数据格式。根据指令的代码长度,MCS – 51 单片机的指令有单字节、双字节和三字节指令。但无论是哪种指令,指令代码中的第一个字节都是操作码,第二、三字节为操作数,可以是地址或立即数。表 3 – 1 中列举了上面几条指令相对应的指令代码。

表 3 – 1　汇编指令与指令代码

代 码 字 节	指令代码	汇编指令	指令周期
双字节	7440	MOV A, #40H	单周期
双字节	E540	MOV A, 40H	单周期
双字节	5440	ANL A, #40H	单周期
三字节	B440rel	CJNE A, #40H, JP1	双周期
单字节	04	INC A	单周期
单字节	A3	INC DPTR	双周期
单字节	84	DIV AB	四周期

3.1.2　汇编语言的符号约定

在介绍汇编指令系统时,常采用符号表示指令中的寄存器、存储器单元、立即数以及数据传送方向等。在分类介绍指令之前,先将这些符号约定作一简单介绍。

- Rn(n = 0 ~ 7):当前选中的工作寄存器 R0 ~ R7;
- Ri(i = 1, 0):当前选中的用于间接寻址的两个工作寄存器 R0、R1;
- Direct:8 位直接地址,可以是内部 RAM 单元地址(00H ~ 7FH),或专用寄存器(SFR)地址(80H ~ FFH);
- #data:#表示立即数,data 为 8 位常数,#data 表示包含在指令中的 8 位立即数;
- #data16:包含在指令中的 16 位立即数;
- addr16:16 位地址;
- addr11:11 位地址;
- rel:相对地址,以补码形式表示的地址偏移量。它表示程序相对跳转的偏移字节,按下一条指令的第一个字节计算,在 – 128 ~ + 127 取值;

- DPTR:16 位数据指针；
- Bit:位地址，内部 RAM 20H ~ 2FH 中可寻址位和 SFR 中的可寻址位；
- A:累加器 A；
- B:寄存器 B，用于乘除指令中；
- @:间接寻址寄存器的前缀，如@ R0,@ DPTR 等；
- /:位操作数的取反操作前缀；
- (X):表示 X 中的内容；
- ((Ri)):表示由 Ri 寻址的单元中的内容。

3.2 寻 址 方 式

所谓寻址方式是指计算机以怎样的方式获得参与指令规定运算的操作数本身或操作数所在的地址。寻址方式的多少是衡量单片机功能强弱的重要标志。MCS – 51 单片机有 7 种寻址方式:寄存器寻址、立即寻址、寄存器间接寻址、直接寻址、基址加变址寻址、相对寻址和位寻址。

1. 寄存器寻址

选定某寄存器，自该寄存器中读取或存放操作数，以完成指令规定的操作，称为寄存器寻址方式。MCS – 51 单片机中所有的工作寄存器 R0 ~ R7 和特殊功能寄存器 SFR 都可作为寄存器寻址方式的寄存器。例如:MOV A,R0;A←(R0)。

该指令的功能是把工作寄存器 R0 中的内容传送到累加器 A 中，该指令执行后，累加器 A 中的内容为 R0 中的内容，但 R0 中内容不变。在寄存器寻址方式的操作指令中，寄存器中内容作为操作数，可以是源操作数或目的操作数。

再如:INC DPTR;DPTR←DPTR + 1,指令的功能是将 DPTR 寄存器内容加 1,指令中的源操作数和目的操作数都在 DPTR 中。

2. 立即寻址

操作数直接出现在指令中，它紧跟在操作码的后面，作为指令的一部分与操作码一起存放在程序存储器中，可以立即得到并执行，不需要另去寄存器或存储器等处寻找和取数，故称为立即寻址。该操作数称为立即数，在其前面必须加"#"号标记，以示其与地址的区别。由于立即数是一个常数，不是物理空间，因此立即数在寻址操作中只能作为源操作数，它可以是 8 位或 16 位。如:MOV A,#0FH;A←0FH。该指令的功能是将立即数 0FH 传送到累加器 A 中。

立即寻址方式主要用来给寄存器或存储单元赋值。

3. 寄存器间接寻址

由指令指出某一个寄存器的内容作为操作数地址的寻址方式，称为寄存器间接寻址。在这一寻址方式中，寄存器的内容并不是操作数本身，而是操作数的存放地址。可用于间接寻址的寄存器包括 R1、R0 和 DPTR,但在间接寻址时，它们前面必须加@ 符号。

寄存器间接寻址主要用于访问片内或片外数据存储器，当访问片内 RAM 或片外 RAM 中低 256B 空间时，可用 R1 或 R0 作为间址寄存器;当访问片外 RAM 时，使用 DPTR 作为间址寄存器，由于 DPTR 为 16 位，故可访问片外整个 64KB 的地址空间。

使用 R1 或 R0 作为间址寄存器对片内 RAM 进行间接寻址,如:

MOV R1,#40H;R1←40H

MOV A,@ R1;A←((R1))

上面两条指令的功能是将内部 RAM 中 40H 单元的内容传送到累加器 A,第一条指令是将 R1 作为地址指针指在内部 RAM 的 40H 单元,而第二条指令即是采用寄存器间接寻址方式,将 R1 指定单元的内容传送到累加器 A。图 3 – 1 给出了这一寻址方式的具体示意图。

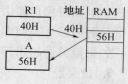

图 3 – 1　寄存器间接寻址方式示意图

4. 直接寻址

指令中直接给出操作数所在的存储器地址,以供寻址取数或存数的寻址方式称为直接寻址。例如:MOV A,40H;A←(40H)。

直接寻址指令可访问内部 RAM 的低 128 个单元(00H ~ 7FH),同时也是访问高 128 个单元的专用寄存器 SFR 的唯一方法。SFR 占用片内 RAM 80H ~ FFH 间的地址。对于 MCS – 51 系列中的 51 子系列,片内 RAM 只有 128 个单元,它与 SFR 的地址没有重叠;对于 52 子系列,片内 256 个 RAM 单元,其中高 128 个单元与 SFR 的地址是重叠的。为避免混乱,规定:直接寻址的指令不能访问片内 RAM 中的高 128 单元(80H ~ FFH),若要访问这些单元,只能使用寄存器间接寻址指令,而要访问 SFR,只能使用直接寻址指令。另外,在访问 SFR 时,也可以在直接寻址指令中使用该专用寄存器的名字来代替直接地址,如:MOV A,80H 也可以写成 MOV A,P0,因为 P0 口的地址是 80H。

直接寻址也可以用于访问程序存储器。其访问指令有长转移指令 LJMP addr16 与绝对转移指令 AJMP addr11、长调用指令 LCALL addr16 与绝对调用指令 ACALL addr11。它们都直接给出了程序存储器的 16 位地址或 11 位地址,执行这些指令后,程序计数器 PC 整个 16 位或低 11 位地址将更换为指令直接给出的地址,机器将改为访问以所给地址为起始地址的存储器空间,取指令或取数,并依次执行。

5. 基址加变址寻址

基址寄存器加变址寄存器间接寻址,简称变址寻址。它以数据指针 DPTR 或程序计数器 PC 作为基址寄存器,累加器 A 作为变址寄存器,两者的内容相加形成 16 位程序存储器地址,该地址即是操作数所在的地址。

例如:MOVC A,@ A + DPTR;A←(A + DPTR)。

编址寻址指令常用于访问程序存储器中的常数表。

6. 相对寻址

相对寻址是将程序转移到相对地址的寻址转移操作。它以当前程序计数器 PC 值加上指令规定的偏移量 rel,而构成实际操作数地址的寻址方法。偏移量 rel 是一个 8 位的地址偏移量,是相对于相对转移指令下一条指令第一个指令代码的地址偏移量。程序转移的范围为 – 128 ~ + 127,即向前(PC 值加大)转移最大为 127B,向后转移(PC 减小)可转移 128B。

在使用相对寻址时,要注意以下几点:

(1) 当前 PC 值是相对于转移指令下一条指令第一个指令代码的地址,也就是相对转移指令所在地址(源地址)加上转移指令字节数。即:当前 PC = 源地址 + 转移指令字节数。例如:JZ rel 是一条累加器 A 为零就转移的双字节指令,如果该条指令的地址(源地址)为 2020H,则执行该指令时的当前 PC 值为 2022H。

（2）rel 是以补码表示的 8 位地址偏移量。

（3）如果用户使用汇编软件对程序进行汇编,则编程中使用相对寻址指令时,地址偏移量只需用标号表明即可。汇编时,汇编软件会将地址偏移量在计算后用确定的地址表示。如果偏移量超出转移范围,将会给出出错提示。

7. 位寻址

在指令中直接给出位地址,通过指令对其进行传送或逻辑操作,这种寻址方式称为位寻址。MCS - 51 单片机中的位地址集中在内部 RAM 的 20H ~ 2FH 单元的 128 位和 SFR 中的可位寻址的位单元。例如:SETB PSW. 3;(PSW. 3)←1。

3.3 指 令 系 统

MCS - 51 单片机指令系统分为数据传送类指令、算术运算类指令、逻辑运算类指令、控制转移类指令和位操作类指令 5 大类,共计 111 条指令。

3.3.1 数据传送类指令

数据传送类指令共 29 条,它是指令系统中最活跃、使用最多的一类指令。一般的操作是将源操作数传送到目的操作数,即指令执行后目的操作数改为源操作数,而源操作数保持不变。若要求在进行数据传送时,不丢失目的操作数,可以采用交换型传送指令。

数据传送类指令在执行时,不影响进位标志 CY、半进位标志 AC 和溢出标志 OV,但当传送或交换数据后影响累加器 A 的值时,奇偶标志 P 的值将按 A 的值重新设定。

按数据传送类指令的操作方式,又可把传送类指令分为 3 种类型:数据传送、数据交换和堆栈操作,并使用 8 种助记符:MOV、MOVX、MOVC、XCH、XCHD、SWAP、PUSH 及 POP。表 3 - 2 给出了各种数据传送指令的操作码助记符和对应的操作数。

表 3 - 2 数据传送类指令功能及操作一览表

功　　能		助记符	操作数与传送方向
数据传送	内部数据存储器间传送	MOV	A、Rn、@ Ri、direct←#data DPTR←#data16 A⇔Rn、@ Ri、direct Direct⇔direct、Rn、@ Ri
	外部数据存储器传送	MOVX	A⇔@ Ri、@ DPTR
	程序存储器传送	MOVC	A←@ A + DPTR、@ A + PC
数据交换	字节交换	XCH	A⇔Rn、@ Ri、Direct
	半字节交换	XCHD	A 低四位⇔@ Ri 低四位
	A 高、低四位互换	SWAP	A 低四位⇔A 高四位
堆栈操作	压栈	PUSH	SP⇔direct
	弹栈	POP	

1. 内部数据存储器间数据传送指令

内部数据存储器 RAM 区是数据传送最活跃的区域,可用的指令数也最多,共有 16 条指令,指令操作码助记符为 MOV。为了便于理解,下面按源操作数的寻址方式予以介绍。

1)立即寻址

在该寻址方式下,内部 RAM 区数据传送指令有以下 5 条。

```
MOV A,#data        ;A←#data
MOV direct,#data   ;A←#data
MOV @Ri,#data      ;(Ri)←#data
MOV Rn,#data       ;Rn←#data
MOV DPTR,#data16   ;DPTR←#data
```

上述指令表明:可以将立即数直接传送到内部数据存储器 RAM 的各个地方,并可将 16 位立即数直接装入数据指针寄存器 DPTR。数据传送的目的地址可以是内部 RAM 的各个单元(通过直接地址 direct 指出);所有的专用寄存器(SFR)(通过字节地址或 SFR 的名称指出);内部 RAM 中的工作寄存器(通过 Rn 指出)。但必须注意的是:由于在内部 RAM 中的工作寄存器分为 4 组,因此同样的 Rn,在专用寄存器 PSW 中的 RS1、RS0 两位取值不同时,所指出的单元是不同的,例如上电后执行以下操作指令:

```
MOV R4,#40H;    R4 位于工作寄存器第 0 组
MOV PSW,#10H;   选择第 2 组工作寄存器为当前工作寄存器
MOV R4,#40H;    立即数 40H 传送到第 2 组工作寄存器的 R4 中
```

第一条指令和第三条指令的执行结果不同,是因为 MCS - 51 单片机在上电或复位后,PSW 的初始值为 00H,第 0 组工作寄存器为当前工作寄存器。

2)寄存器寻址

在寄存器寻址方式下,内部数据存储器 RAM 的数据传送指令有 5 条,即:

```
MOV direct,A    ;(direct)←(A)
MOV @Ri,A       ;((Ri))←(A)
MOV Rn,A        ;(Rn)←(A)
MOV A,Rn        ;(A)← (Rn)
MOV direct,Rn   ;(direct)←(Rn)
```

使用这组指令,可以将累加器 A 的内容传送到内部 RAM 的各个单元,或者将指定工作寄存器 R0 ~ R7 中的数据传送到累加器 A、direct 指定的片内 RAM 以及专用寄存器 SFR 中。但不能使用这类指令在工作寄存器间进行数据传送。也即不存在 MOV R1,R0 这样的指令。

3)直接寻址

在直接寻址方式下,内部数据存储器 RAM 的数据传送指令有 4 条,即:

```
MOV A,direct        ;(A)←(direct)
MOV @Ri,direct      ;((Ri))←(direct)
MOV Rn,direct       ;(Rn)←(direct)
MOV direct1,direct2 ;(direct1)←(direct2)
```

这组指令的功能,是将直接地址 direct 所指定的内部 RAM 单元(包括 00H ~ 7FH 和

80H ~ FFH 的 SFR)的内容传送到累加器 A、工作寄存器 Rn,并能实现内部 RAM 之间、SFR 之间或 SFR 与内部 RAM 之间的直接数据传送。这种方式下,数据传送不需借助累加器 A 过渡,提高了 CPU 的数据传送效率。但应注意的是,在 52 系列单片机中,由于内部 RAM 为 256B,其中高 128B 的 RAM 单元与 SFR 地址重叠,因此内部 RAM 高 128B 不能使用直接寻址的方法进行数据传送,只能使用间接寻址方式传送。另外,由于 21 个 SFR 不连续地分布于 80H ~ FFH 区域,访问 80H ~ FFH 区域中没有定义的单元是没有意义的,读出的将是随机数据。

4)寄存器间接寻址

在寄存器间接寻址方式下,内部数据存储器 RAM 的数据传送指令有 2 条,即:

```
MOV A,@Ri        ;(A)←((Ri))
MOV direct,@Ri   ;(direct)←((Ri))
```

这组指令的功能是将 Ri 中的内容作为地址,将这一地址单元的内容送到累加器 A 或直接地址指出的片内 RAM 单元。必须注意的是:使用寄存器间接寻址方式不能访问专用寄存器 SFR。

下面的一组指令,将有助于更好地理解寄存器间接寻址方式下的数据传送过程。

设内部 RAM(30H)=40H,(40H)=10H,(10H)=00H,(P1)=0CAH,分析以下程序执行后,各单元及寄存器、P2 口的内容。

```
MOV R0,#30H      ;(R0)←30H
MOV A,@R0        ;(A)←((R0))
MOV R1,A         ;(R1)←(A)
MOV B,@R1        ;(B)←((R1))
MOV @R1,P1       ;((R1))←(P1)
MOV P2,P1        ;(P2)←(P1)
MOV 10H,#20H     ;(10H)←20H
```

执行上述指令后,(R0)=30H;(R1)=(A)=40H;(B)=10H;(40H)=(P1)=(P2)=0CAH;(10H)=20H。

2. 外部数据存储器数据传送指令

MCS-51 单片机在访问外部数据存储器时,所使用的指令有如下特点:其一,对外部数据存储器的寻址方式只能是寄存器间接寻址方式,所用的寄存器为 DPTR 或 Ri。其二,外部数据存储器中的数据只能与累加器 A 相互传送。这类指令共有以下 4 条,指令操作码助记符为 MOVX。

```
MOVX A,@DPTR     ;(A)←((DPTR))
MOVX A,@Ri       ;(A)←((Ri))
MOVX @DPTR,A     ;((DPTR))←(A)
MOVX @Ri,A       ;((Ri))←(A)
```

上述指令的前两条为输入(读)指令,后两条为输出(写)指令,使用时,外部数据存储器的地址由 P0 口(低 8 位)和 P2 口(高 8 位)送出,并由 $\overline{RD}$(读)或 $\overline{WR}$(写)有效来选通外部数据存储器。数据由 P0 口输入或输出,由于数据和低 8 位地址是分时传送的,故不会引起冲突。

使用 @Ri 方式可访问外部数据存储器(或 I/O 口)的 00H ~ FFH 共 256 个单元,使用

@DPTR 方式可访问外部数据存储器 0000H ~ FFFFH 共 64KB 单元。

例如:设外部 RAM(2023H) = 0FH,执行以下指令:

```
MOV DPTR,#2023H      ;(DPTR)←2023H
MOVX A,@DPTR         ;(A)←((DPTR))
MOV 30H,A            ;(30H)←(A)
MOV A,#00H           ;(A)←00H
MOVX @DPTR,A         ;((DPTR))←(A)
```

指令执行后,(DPTR) = 2023H;(30H) = 0FH;(2023H) = 00H;(A) = 00H。

3. 程序存储器向累加器 A 传送数据指令

程序存储器向累加器 A 传送数据指令,又称查表指令,是单片机程序设计中的重要指令之一。它采用变址寻址方式,将程序存储器中存放的表格数据读出,传送到累加器 A。

查表指令共有 2 条,指令操作码助记符为 MOVC。

```
MOVC A,@A + DPTR     ;(A)←((A) + (DPTR))
MOVC A,@A + PC       ;(A)←((A) + (PC))
```

在上述 2 条指令中,将 A 称为变址寄存器,而将 DPTR 和 PC 称为基址寄存器。指令的功能是把 A 中的内容与基址寄存器的内容进行 16 位无符号数加法操作,从而获得操作数的地址,再将该地址单元的内容传送到累加器 A。

使用 DPTR 作为基址寄存器完成查表操作时,只需将要查表的数据先传送到编址寄存器 A 中,然后将基址寄存器 DPTR 指在表格的表头,执行 MOVC A,@A + DPTR,即可完成查表操作。在指令的执行过程中,基址寄存器 DPTR 的内容保持不变。

【例 3 - 1】 在外部程序存储器(ROM 或 EPROM)中,从 3000H 单元开始依次存放 0 ~ 9 十个数的平方值:0,1,4,…,81。要求将存放在内部 RAM 40H 单元的一个数据(0 ~ 9)的平方值查表求出,并存放在内部 RAM 的 50H 单元。参考程序如下:

```
MOV A,40H            ;将内部 RAM 40H 单元的数据传送到累加器 A 中
MOV DPTR,#3000H      ;DPTR 指向表头
MOVC A,@A + DPTR     ;查表并将结果存于 A 中
MOV 50H,A            ;存平方值
其他程序
……
```

若(40H) = 09H,则程序执行后,(A) = (50H) = 51H(81 的十六进制表示)。

通常,在程序设计中,直接计算出"表头"的地址是很烦琐的,而且程序调试过程中经常要增、减指令,表头的地址也将是不确定的。因此,实际使用以 DPTR 为基址寄存器的查表指令时,一般将"表头"处赋予一个标号,将 DPTR 直接指在这一标号上即可。参考程序如下:

```
MOV A,40H            ;将内部 RAM 40H 单元的数据传送到累加器 A 中
MOV DPTR,#TAB        ;DPTR 指向表头
MOVC A,@A + DPTR     ;查表并将结果存于 A 中
MOV 50H,A            ;存平方值
其他程序
……
```

TAB:DB 00H,01H,04H,09H,……

使用 PC 作为基址寄存器的查表指令较为复杂,在执行查表指令前,一般需要将要查表的数据(存放在 A 中)加地址偏移量 rel 进行调整。地址偏移量的计算方法如下:

$$rel = 表首地址 - (MOVC 指令所在地址 + 1)$$

加 1 的原因是 MOVC 指令为单字节指令。由于地址偏移量为 8 位,故查表范围只能在 MOVC 指令开始后的 256B 范围内。

【例 3 - 2】 在例 3 - 1 的条件下,使用以 PC 为基址寄存器的查表指令编程,设表首地址为 2FF0H,MOVC 指令所在地址为 2FF0H。参考程序如下:

```
地址偏移量 = 3000H - (2FF0 + 1) = 0FH
MOV A,40H          ;将内部 RAM 40H 单元的数据传送到累加器 A 中
ADD A,#0FH         ;加地址偏移量调整
MOVC A,@A + PC     ;查表
MOV 50H,A          ;存平方值
```

4. 数据交换指令

数据交换指令与数据传送指令不同,它的功能是将数据作双向传送,传送的双方互为源地址和目的地址,指令执行后,各方的操作数都修改为对方的操作数。因此,两个操作数都存在。数据交换类指令共有 5 条:

```
XCH A,direct       ;(A)⇔(direct)
XCH A,@Ri          ;(A)⇔((Ri))
XCH A,Rn           ;(A)⇔(Rn)
XCHD A,@Ri         ;A低四位⇔@ Ri低四位
SWAPA              ;A低四位⇔A高四位
```

该类指令的前 3 条是字节交换指令,它表明:累加器 A 中的数据可与内部 RAM 区中的任何一个单元内容进行交换。第 4 条指令是半字节交换指令,只将 A 和 Ri 指定单元两个数据的低 4 位进行交换,它们的高 4 位保持不变。最后一条指令是将 A 中的高 4 位和低 4 位进行交换。通过交换指令的使用,可保证数据在操作中不会丢失。

【例 3 - 3】 设(R0) = 30H,(30H) = 4AH;(A) = 28H,则:

```
执行 XCH A,@R0     ;结果为:(A) = 4AH,(30H) = 28H
执行 XCHD A,@R0    ;结果为:(A) = 2AH,(30H) = 48H
执行 SWAP A        ;结果为:(A) = 82H。
```

5. 堆栈操作类指令

堆栈操作包括压栈和弹栈操作,常用于保存或恢复现场,也可用于数据传送。堆栈操作指令共两条,即:

```
PUSH  direct       ;(SP)←(SP) + 1
                    ((SP))←(direct)
POP   direct       ;(direct)←(SP)
                    (SP)←(SP) - 1
```

【例 3 - 4】 已知外部程序存储器 2000H 开始的连续 10 个单元依次存有 0 ~ 9 十个数字的平方值,当前的数据指针(DPTR) = 3300H。试用 DPTR 作为基址寄存器的查表指令,将内部 RAM 40H 单元的数据(0 ~ 9)的平方值查出,存于内部 RAM 的 50H 单元。要

求在查表后保持原数据指针的内容。

参考程序如下：

```
MOV A,40H          ;取数
PUSH DPH           ;DPTR 高 8 位进栈保护
PUSH DPL           ;DPTR 低 8 位进栈保护
MOV DPTR,#2000H    ;DPTR 指向表首
MOVC A,@A + DPTR   ;查表得到平方值
MOV 50H,A          ;存平方值
POP DPL            ;恢复 DPTR 的低 8 位
POP DPH            ;恢复 DPTR 的高 8 位
```

上述程序执行后，平方值保存于内部 RAM 50H 单元，数据指针（DPTR）= 3300H。使用堆栈应特别注意的是：MCS – 51 单片机的堆栈是一个后入先出的堆栈。

使用堆栈也可以实现数据的传送，例如：

```
PUSH 20H
POP   40H
```

上述指令执行后，内部 RAM 的 20H 单元的内容被传送到 40H 单元。

3.3.2　算术运算类指令

算术运算类指令共有 24 条，分为加法、带进位加法、带借位减法、加 1 减 1、乘除及十进制调整等 6 组。对 8 位无符号数可直接进行运算，借助溢出标志可进行有符号数运算。借助进位标志 C，可进行多字节数的加减运算。同时，可对压缩的 BCD 码进行运算。

算术运算结果将影响进位标志 CY、半进位标志 AC 和溢出标志 OV。其中，加法运算将影响 CY、AC、OV。乘除运算只影响 CY、OV。只有加 1 和减 1 指令不影响上述 3 个标志位。奇偶标志位要由累加器 A 的值来确定。源操作数可采用寄存器寻址、直接寻址、寄存器间接寻址和立即寻址 4 种方式获得。

1. 加法指令

加法指令共 4 条，指令操作助记符为 ADD。

```
ADD A,#data     ;(A)←(A) + #data
ADD A,direct    ;(A)←(A) + (direct)
ADD A,@Ri       ;(A)←(A) + ((Ri))
ADD A,Rn        ;(A)←(A) + (Rn)
```

从上述指令可见，累加器 A 可以和内部 RAM 的任何单元的内容进行加法运算，也可以和 8 位立即数相加，相加的结果存放在累加器 A 中。参加运算的 2 个 8 位二进制数可以是无符号数（0～255），也可以是有符号数（– 128～ + 127）。

对于无符号数相加，若 CY 置位，说明和产生溢出（大于 255）；对于有符号数相加，当位 6 或位 7 之中只有一位进位时，溢出标志 OV 置位，说明运算结果产生溢出（大于 127 或小于 – 128）。单片机对溢出的判断是依据内部操作 OV = $D_{6CY}D_{7CY}$；D_{6CY} 为位 6 向位 7 的进位，D_{7CY} 是位 7 向 CY 的进位。

【例 3 – 5】　设（A）= 78H，（R0）= 64H，执行指令 ADD A,R0 时，加法算式为：

```
  0 1 1 1 1 0 0 0(78H)
+ )0 1 1 0 0 1 0 0(64H)
  1 1 0 1 1 1 0 0
```

上述运算后,(A) = 11011100B,若认为是无符号数相加,则结果为 + 220;若认为是有符号数相加,结果为 - 92。此时,PSW 中的 CY = 0;AC = 0;OV = 1。也就是说:若为无符号数加法,结果正确;若为有符号数相加,结果出错(2 个正数相加结果为负数)。因此,使用加法指令是进行有符号数还是无符号数相加,以及相加的结果正确与否,均要由用户来定义和判断。

2. 带进位加法指令

带进位加法指令共 4 条,其使用的助记符为 ADDC。

```
ADDC A,#data    ;(A)←(A) + (CY) + #data
ADDC A,direct   ;(A)←(A) + (CY) + (direct)
ADDC A,@Ri      ;(A)←(A) + (CY) + ((Ri))
ADDC A,Rn       ;(A)←(A) + (CY) + (Rn)
```

上述指令运用时,除了考虑进位位外,其他与一般加法指令完全相同。但必须注意的是:进位位是指令开始执行时的进位标志位,而不是相加过程中产生的进位标志位。

带进位加法运算指令主要用于多字节加法运算。

【例 3 - 6】 双字节无符号数加法(R0 R1) + (R2 R3),结果存于(R4 R5)。

分析:R0、R2、R4 存放 16 位数的高字节,R1、R2、R5 存放 16 位数的低字节。运算时先加低 8 位,后加高 8 位,而在加高 8 位时,要将低 8 位相加时产生的进位一起相加。

参考程序如下:

```
MOV A,R1       ;取被加数低字节
ADD A,R3       ;低字节相加
MOV R5,A       ;保存低字节和
MOV A,R0       ;取高字节被加数
ADDC A,R2      ;两高字节之和加低字节进位
MOV R4,A       ;保存高字节和
```

3. 带借位减法指令

在 MCS - 51 单片机的减法指令中,所有指令都是带借位的减法指令,共 4 条,指令操作码助记符为 SUBB。

```
SUBB A,#data    ;(A)←(A) - (CY) - #data
SUBB A,direct   ;(A)←(A) - (CY) - (direct)
SUBB A,@Ri      ;(A)←(A) - (CY) - ((Ri))
SUBB A,Rn       ;(A)←(A) - (CY) - (Rn)
```

这组指令的功能是从累加器 A 中减去源操作数所指出的内容及进位标志 CY 的值,差保留在 A 中。减法指令影响 CY、AC、OV 和 P,此时 CY 为有无借位标志。CY = 1,表明有借位,否则没有借位;OV 表示两个带符号数相减时是否发生溢出,OV = 1 表示从一个正数中减去一个负数得到一个负数,或则从一个负数中减去一个正数得出一个正数的错误情况。

【例 3 - 7】 双字节无符号数相减(R0 R1) - (R2 R3)→(R4 R5)。

分析：R0、R2、R4 存放 16 位数的高字节，R1、R3、R5 存放低字节，先减低 8 位，后减高 8 位。由于低位相减时没有借位，故可将 CY 清零。参考程序如下：

```
MOV A,R1      ;取被减数低字节
CLR CY        ;清借位标志
SUBB A,R3     ;低字节相减
MOV R5,A      ;保存差低字节
MOV A,R0      ;取高字节被减数
SUBB A,R2     ;两高字节差减低位借位
MOV R4,A      ;保存差高字节
```

4. 加 1、减 1 指令

加 1 指令共 5 条，助记符为 INC。

```
INC A         ;(A)←(A)+1
INC direct    ;(direct)←(direct)+1
INC @Ri       ;((Ri))←((Ri))+1
INC Rn        ;(Rn)←(Rn)+1
INC DPTR      (DPTR)←(DPTR)+1
```

减 1 指令共 4 条，指令助记符为 DEC。

```
DEC A         ;(A)←(A)-1
DEC direct    ;(direct)←(direct)-1
DEC @Ri       ;((Ri))←((Ri))-1
DEC Rn        ;(Rn)←(Rn)-1
```

加 1（减 1）指令的功能是将操作数所指定的单元内容加（减）1。与一般的加法和减法指令不同，加 1（减 1）指令在执行后，不影响状态标志位 CY、AC、OV。只有涉及累加器 A 的操作指令会影响奇偶标志位 P。

5. 乘、除法指令

乘、除法指令为单字节 4 周期指令，在整个指令系统中，指令周期是最长的。

（1）乘法指令。指令助记符为 MUL。

$$MUL \quad AB;(B)←((A)×(B))_{15\sim8},(A)←((A)×(B))_{7\sim0},(CY)←0$$

指令的功能将累加器 A 和寄存器 B 中的两个 8 位无符号数相乘，将乘积 16 位数中的低 8 位存放于累加器 A 中，高 8 位存放于 B 中。若乘积大于 FFH（255），则溢出标志 OV 置 1，否则清 0，指令执行后，总是将 CY 清 0。

（2）除法指令。指令助记符为 DIV。

$$DIV \quad AB;(A)←(A)÷(B)之商,(B)←(A)÷(B)之余数;(CY)←0,(OV)←0$$

在除法指令中，被除数总是放在累加器 A 中，除数放在寄存器 B 中。指令执行后，商放在 A 中而余数放在 B 中，进位和溢出标志均被清 0。只有在除数为 0 时，A 和 B 的内容为不确定值，此时 OV 置 1，说明除法溢出。

6. 十进制调整指令

$$DA \quad A;若(A)_{3\sim0}>9 或(AC)=1,则(A)_{3\sim0}←(A)_{3\sim0}+06H$$

$$若(A)_{7\sim4}>9 或(CY)=1,则(A)_{7\sim4}←(A)_{7\sim4}+06H$$

这条指令是在进行 BCD 码加法运算时，用来对 BCD 码的加法运算结果自动进行修

正。原因是:在计算机中,十进制数 0~9 一般可用 BCD 码来表示,然而计算机在进行运算时,是按二进制规则进行的。对于 4 位二进制数有 16 种状态,对应 16 个数字,而十进制数只用其中的 10 种表示 0~9,因此按二进制的规则运算就可能导致错误的结果。例如:7 + 6

$$
\begin{array}{ccc}
7 & 0\ 1\ 1\ 1 & 7\ 的\ BCD\ 码 \\
+)\ 6 & +)\ 0\ 1\ 1\ 0 & 6\ 的\ BCD\ 码 \\
\hline
1\ 3 & 1\ 1\ 0\ 1 & 非\ BCD\ 码
\end{array}
$$

由此可见,相加后的结果 1 1 0 1 不是 BCD 码,再进行必要的十进制调整,即加 06H 修正后,结果为 0011(3),并产生向高位的进位 1,得到 0001 0011(13) 的正确的 BCD 码。

在进行十进制调整时,调整的过程是在执行了 DA A 指令后,机器内部自动完成的。

例如:执行下述指令:

MOV   A,#68

ADD   A,#53

DA   A

则指令执行后,(A) = 21,(CY) = 1,(OV) = 0。

3.3.3　逻辑运算类指令

逻辑运算及移位类指令共 24 条,其中逻辑运算指令包括"与"、"或"和"异或"、累加器 A 清零和求和等 20 条,移位指令 4 条。

1. 逻辑"与"运算指令

逻辑"与"运算指令共 6 条,指令助记符为 ANL。

ANL   direct,A   ;(direct)←(direct)∧(A)

ANL   direct,#data   ;(direct)←(direct)∧#data

ANL   A,#data   ;(A)←(A)∧#data

ANL   A,direct   ;(A)←(A)∧(direct)

ANL   A,@ Ri   ;(A)←(A)∧((Ri))

ANL   A,Rn   ;(A)←(A)∧(Rn)

逻辑"与"指令常用来屏蔽(置 0)字节中的某些位。若清除某位,则用"0"和该位相与;若保留某位,则用"1"与该位相与。

例如:(P1) = 11010010B,执行指令:

ANL   P1,#0FH,则将 P1 中的高 4 位屏蔽,而保留了低 4 位的值,即指令执行后,(P1) = 00000010B。

应注意的是,上述指令在操作时,采用的方式是"读—修改—写",即先将 P1 口的内容读回到 CPU,与立即数 0FH 进行与运算,运算的结果再写到 P1 口。

2. 逻辑"或"运算指令

逻辑"或"运算指令共 6 条,使用的指令助记符为 ORL。

ORL direct,A   ;(direct)←(direct)∨(A)

ORL direct,#data   ;(direct)←(direct)∨#data

ORL A,#data   ;(A)←(A)∨#data

ORL A,direct   ;(A)←(A)∨(direct)

```
ORL A,@Ri          ;(A)←(A)∨((Ri))
ORL A,Rn           ;(A)←(A)∨(Rn)
```

逻辑"或"指令的功能是将两个指定的操作数按位进行"或"操作。其使用方法与逻辑"与"操作基本相同。

例如:执行下述指令,

```
ANL A,#00011111B   ;屏蔽 A 的高 3 位
ANL P1,#1110000B   ;保留 P1 的高 3 位
ORL P1,A           ;使 P1_{4~0} 按 A_{4~0} 置位
```

如指令执行前,$(A)=B5H=10110101B$,$(P1)=6AH=01101010B$,则指令执行后,$(A)=15H=00010101B$,$(P1)=75H=01110101B$。

3. 逻辑"异或"运算指令

"异或"运算是当两个操作数不一致时,结果为 1,两个操作数一致时,结果为 0。这种逻辑操作也是按位进行的,共有以下 6 条指令,指令助记符为 XRL。

```
XRL direct,A       ;(direct)←(direct)⊕(A)
XRL direct,#data   ;(direct)←(direct)⊕#data
XRL A,#data        ;(A)←(A)⊕#data
XRL A,direct       ;(A)←(A)⊕(direct)
XRL A,@Ri          ;(A)←(A)⊕((Ri))
XRL A,Rn           ;(A)←(A)⊕(Rn)
```

逻辑"异或"指令常用来对字节中的某些位进行取反操作,欲取反的位与 1"异或",欲保留的位则与 0 相"异或"。还可以利用"异或"指令对某单元本身"异或",以实现清零操作。

4. 累加器 A 清零与取反指令

```
CLR A   ;(A)←00H
CPL A   ;(A)←(/A)
```

第一条指令是对累加器 A 清零指令,第二条指令是将累加器 A 的内容取反后再存于 A 中。虽然数据传送类指令也可将累加器 A 清零,如:MOV A,#00H,但这条指令为双字节指令,而 CLR A 为单字节指令,从优化空间的角度出发,CLR A 指令更节省程序存储器存储空间。

【例 3-8】 双字节数求补码。

分析:对于一个 16 位数,将高 8 位存于 R1,低 8 位存于 R0,求补码的结果,高 8 位仍存于 R1,低 8 位存于 R0。求补码即是完成取反加 1 操作,但对高 8 位操作时,要考虑低 8 位取反加 1 时的进位。参考程序如下:

```
MOV A,R0    ;低 8 位数送 A
CPL A       ;取反
ADD A,#01H  ;加 1 得低 8 位数补码
MOV R0,A    ;低 8 位补码存于 R0
MOV A,R1    ;高 8 位数送 A
CPL A       ;取反
ADDC A,#00H ;加低 8 位进位
MOV R1,A    ;高 8 位补码存于 R1
```

5. 移位操作

移位操作指令包括循环左移、带进位循环左移、循环右移和带进位循环右移 4 条指令。移位指令的操作对象只能是累加器 A。

循环左移：　　　　RL A

带进位循环左移：　RLC A

循环右移：　　　　RR A

带进位循环右移：　RRC A

以上移位操作指令，其具体操作如图 3 - 2 所示。

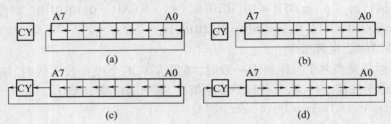

图 3 - 2　移位指令操作示意图

(a) RL A；(b) RR A；(c) RLC A；(d) RRC A。

在上述移位操作操作中，使累加器 A 的各位逐位左移一位，相当于原内容乘 2；使 A 中的内容逐位右移一位相当于原内容除 2。由于 MCS - 51 单片机没有 16 位数的移位指令，因此实现 16 位数的移位操作要在上述指令的基础上通过编程实现。

3.3.4　控制转移类指令

控制转移类指令包括无条件转移指令、条件转移指令、子程序调用和返回指令等共 17 条。有了丰富的控制转移类指令，可以方便地实现程序的向前、向后跳转，并可根据条件实现分支运行、循环运行、调用子程序等。

1. 无条件转移指令

无条件转移指令共有 4 条，使用不同的指令助记符 LJMP、AJMP、SJMP 和 JMP，实现不同的转移范围和寻址方式。

LJMP addr16　　　　;(PC)←addr16

AJMP addr11　　　　;(PC)←(PC)+2;(PC)$_{10\sim0}$←addr11

SJMP rel　　　　　　;(PC)←(PC)+2+rel

JMP @A+DPTR　　　;(PC)←(A)+DPTR

(1) LJMP 称为长转移指令，它提供了 16 位的目标地址 addr16。执行该指令后，程序计数器 PC 的值被修改为目标地址 addr16，程序无条件转移到 addr16 指定的地址去执行程序，不影响标志位。允许转移的目标地址在 64KB 空间的范围内。例如：在程序存储器 0000H 单元存放一条指令：LJMP 2000H，则单片机上电复位后，将跳转到 2000H 单元去执行程序。

(2) AJMP 指令称为绝对转移指令，指令中包含 11 位的转移地址，即转移的目标地址是在下一条指令地址开始的 2KB 范围内。执行这条指令时，先将 PC 值加 2（AJMP 指令为双字节指令），然后将指令中的 11 位地址 addr11 送到 PC 的低 11 位，PC 的高 5 位不变。这样就形成了新的 16 位地址,指令就转移到由新的 PC 值所指定的地址去执行程序。

例如:AJMP 指令地址(PC) = 1080H,执行指令:AJMP 200H,结果转移到目的地址(PC) = 1200H,即程序将转移到 1200H 开始执行。

实际使用该指令时,所要转移的目标地址一般使用标号,在使用汇编软件汇编时,将会自动将标号的地址算出。例如:

```
          ORG 0000H            ;指出程序的复位入口地址
          AJMP START           ;跳转到 START 开始执行程序
          ORG 0003H            ;外部中断 INTO 的入口地址
          AJMP INTPO           ;跳转带标号为 INTPO 地址处开始执行程序
          ……
          ……
          ……
          ……                 ;其他程序
START:MOV  SP,#30H;
          ……
          ……
          ……                 ;其他程序
INTPO:PUSH  A                  ;保护现场
      PUSH  PSW
          ……
```

(3) SJMP 称为短转移指令,又称为无条件相对转移指令。指令的操作数是相对地址 rel。由于 rel 是带符号的地址偏移量,所以程序可以无条件地向前或向后转移,转移的范围是在 SJMP 指令所在地址加 2(该指令为双字节指令)的基础上,以 − 128 ~ + 127 为偏移量的 256B 范围内。即:目的地址 = 源地址 + 2 + rel。

与绝对转移指令一样,相对转移指令的地址偏移量在编程时,也可以使用标号给出。

(4) JMP 称为间接长转移指令,也称为散转指令。它以 DPTR 为基址寄存器,以累加器 A 为间址寄存器,在 64KB 范围内实现无条件转移。该指令的特点是转移地址可以在程序运行中加以改变。例如,当 DPTR 的值为确定值,根据 A 的不同,可以实现多分支的转移,起到一条指令完成多条分支指令的功能。因此,JMP 指令也称为散转指令。例如:下述程序将依据 A 的数值,将程序转到不同的处理程序的入口。

```
          MOV DPTR,#TAB        ;表首地址送 DPTR
          JMP@ A + DPTR        ;依据 A 的值转移
          ……                 ;其他指令
TAB:      AJMP TAB1            ;当(A) = 0 时转移到 TAB1 执行
          AJMP TAB2            ;当(A) = 2 时转移到 TAB2 执行
          AJMP TAB3            ;当(A) = 4 时转移到 TAB3 执行
          ……                 ;
```

应注意的是,在上述程序中,由于 AJMP 是双字节指令,故 A 的值必须是偶数。

2. 条件转移指令

条件转移指令是根据是否满足某种条件而决定转移与否的指令。当条件不满足时,顺序执行下面的指令;当条件满足时,按照指令提供的地址偏移量,实现指令地址的转移。条件转移的条件可以是上一条指令或者前面一条指令的执行结果(常体现在 A 或标志位上),也可以是条件转移指令本身包含的某种运算结果。

条件转移指令共有 8 条,可分为累加器判零条件转移指令、比较条件转移指令和减 1 条件转移指令三大类。由于条件转移指令采用相对寻址方式,因此程序可在当前 PC 值为中心的 $-128 \sim +127$ 的范围内转移。

(1) 累加器 A 判零条件转移指令。

```
JZ rel      ;若(A)=0,则(PC)←(PC)+2+rel
            ;若(A)≠0,则(PC)←(PC)+2
JNZ rel     ;若(A)≠0,则(PC)←(PC)+2+rel
            ;若(A)=0,则(PC)←(PC)+2
```

这组指令是以累加器 A 的内容是否为零作为条件的双字节转移指令。累加器的内容是根据这条指令以前的其他指令执行的结果决定的,JZ 或 JNZ 指令本身并不作任何的运算,也不影响任何标志位。rel 作为相对转移的地址偏移量,常以标号代替。

【例 3 - 9】将外部数据存储器 RAM 从 1000H 开始的连续单元的数据,传送到内部 RAM 从 40H 开始的连续单元,所传送的数据为零时,传送停止。参考程序如下:

```
        MOV DPTR,#1000H   ;外部数据存储器数据块首址送 DPTR
        MOV R0,#40H       ;内部数据存储器接收数据块首址送 R0
LOOP:   MOVX A,@DPTR      ;从外部数据存储器取数据
        JZ NEXT           ;数据为零,跳 NEXT 停止接收
        MOV @R0,A         ;数据不为零,传送至内部 RAM
        INC DPTR          ;修改地址指针,指向下一个数据
        INC R0            ;修改接收数据的地址指针
        SJMP LOOP         ;循环取数和存数
NEXT:   END               ;结束
```

(2) 比较条件转移指令。比较条件转移指令的指令格式为:CJNE 目的操作数,源操作数,rel。指令的功能是先对两个指定的操作数进行比较,根据比较的结果决定是否转移到目的地址。若两个操作数相等,则不转移,程序顺序执行;若两个操作数不等,则转移到 rel 指定的目的地址。

比较的方法是将两个操作数按无符号数相减(差不保留)。在进行减法比较大小时,目的操作数和源操作数都不改变,但相减的结果将影响 PSW 中的进位标志。当源操作数大于目的操作数时,清进位标志 CY,(CY = 0);反之则置位 CY(CY = 1)。用户还可以通过对 CY 的判断,以实现进一步的分支转移。

比较条件转移指令共 4 条,都是 3 字节指令,因此目的地址是 PC 加 3 以后再加偏移量,相对转移的范围是以 PC 当前值为中心的 $-128B \sim +127B$ 范围。4 条指令如下:

```
CJNE A,#data,rel    ;若(A)=data,      则(PC)←(PC)+3;
                    ;若(A)>data,      则(PC)←(PC)+3+rel,CY=0
                    ;若(A)<data,      则(PC)←(PC)+3+rel,CY=1
CJNE A,direct,rel   ;若(A)=(direct),  则(PC)←(PC)+3,
                    ;若(A)>(direct),  则(PC)←(PC)+3+rel,CY=0
                    ;若(A)<(direct),  则(PC)←(PC)+3+rel,CY=1
```

```
        CJNE @Ri,#data,rel    ;若((Ri)) = data,      则(PC)←(PC) +3;
                              ;若((Ri)) > data,      则(PC)←(PC) +3 + rel,CY = 0
                              ;若((Ri)) < data,      则(PC)←(PC) +3 + rel,CY = 1
        CJNE·Rn,#data,rel     ;若(Rn) = data,        则(PC)←(PC) +3;
                              ;若(Rn) > data,        则(PC)←(PC) +3 + rel,CY = 0
                              ;若(Rn) < data,        则(PC)←(PC) +3 + rel,CY = 1
```

例如:当 P1 口输入为 5AH 时,程序继续执行,否则等待,直至 P1 口出现 3AH。参考程序如下:

```
        MOV P1,#0FFH      ;P1 口设置为输入口
        MOV A,#5AH        ;立即数 5AH 送 A
WAIT:   CJNE A,P1,WAIT    ;P1 口数据不为 5AH,则等待
        ……              ;其他指令
```

比较条件转移指令的操作过程如图 3 - 3 所示。

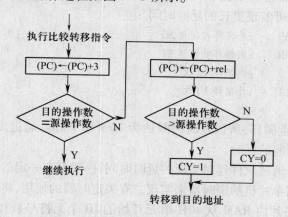

图 3 - 3   比较转移指令操作示意图

【例 3 - 10】 根据 A 的内容大于 80H、等于 80H 和小于 80H 三种情况作不同的处理,参考程序如下:

```
        CJNE A,#80H,NEQ    ;A 的内容不等于 80H,则转
EQ:     ……              ;(A) = 80H 的处理程序
        SJMP NEXT          ;程序出口
NEQ:    JC SAM             ;(A) < 80H,转移
LAR:    ……              ;(A) > 80H 处理程序
        SJMP NEXT          ;程序出口
SAM:    ……              ;(A) < 80H 处理程序
NEXT:   ……              ;程序的统一出口
```

（3）减 1 条件转移指令。

```
DJNZ direct,rel   ;(direct)←(direct) - 1
                  ;若(direct) = 0,则(PC)←(PC) +3
                  ;否则,(PC)←(PC) +3 + rel
DJNZ Rn,rel       ;(Rn)←(Rn) - 1
                  ;若(Rn) = 0,则(PC)←(PC) +2
```

49

$$否则,(PC)←(PC)+2+rel$$

这组指令将减 1 指令和条件转移指令的功能结合在一起,程序每执行一次该指令,就将第一操作数减 1,并且将结果保存在第一操作数中,然后判断操作数是否为零。若不为零,则转移到规定的地址单元,否则顺序执行。转移的目标地址是以 PC 当前值为中心的 $-128\sim+127$ 的范围内。指令的执行结果不影响任何标志位。

减 1 条件转移指令在组成循环类程序中是十分重要的,例如,通过下述程序可实现延时操作:

```
        MOV  R0,#0AH    ;为 R0 赋初值
DELAY:  DJNZ R0,DELAY   ;减 1 不为零,则循环
```

在上面的例子中,由于 R0 的最大值只能是 0FFH,因此延时的时间是有限的。设系统所使用的晶体频率为 12MHz,则机器周期为 1μs,DJNZ 指令为 2 个机器周期的指令,故可延时 20μs。如果希望实现更长时间的软件延时,可以采用双重循环或多重循环。例如:下面的延时程序可实现更长的延时时间。

```
DELAY:MOV R6,#0AH    ;外循环初值送 R6
DL1:  MOV R7,#0AH    ;内循环初值送 R7
DL2:  DJNZ R7,DL2    ;内循环 10 次
      DJNZ R6,DL1    ;外循环 10 次
      RET
```

由于设置了双重循环,所以延时时间约为 $10\times10\times2$μs,通过为 R6、R7 赋以不同的值,即可实现不同时间的延时。

需要注意的是:通过软件延时实现的延时时间,一般都有一定的误差。如果希望实现准确的延时,可使用单片机的定时器来实现。有关定时器的使用,将在第 6 章介绍。

【例 3-11】 将片内 RAM 从 40H 单元开始的 10 个无符号数相加,结果保存于 70H 单元。设相加的结果不超过 8 位二进制数。参考程序如下:

```
      MOV   R0,#0AH  ;为 R0 设置计数初值
      MOV R1,#40H    ;将 R1 指在数据块的首地址
      CLR A          ;累加器清零
LOOP: ADD A,@R1      ;相加一次
      INC R1         ;修改地址,指向下一个数据
      DJNZ R0,LOOP   ;相加没结束,则循环
      MOV 70H,A      ;结束,结果存于 70H 单元
```

3. 子程序调用及返回指令

在程序编写的过程中,某些程序段在整个程序中多次出现。为节省存储器空间,并使程序更适合阅读,常将这样的程序段设计成子程序。程序在执行过程中可多次调用子程序,子程序执行完毕后,将返回原来程序中断的位置继续执行。

子程序调用将使用专门的子程序调用指令,而为了能返回原程序的中断处,子程序的结尾必须使用子程序返回指令。在调用子程序时,程序中将出现一个地址的"断裂点",称为"断点"。为了使子程序在执行结束时,能正确返回断点,必须在程序转移前将断点地址保存。单片机断点地址保存是自动实现的,断点地址保存于堆栈中,在子程序结束并执行子程序返回指令时,单片机将自动将保存于堆栈中的断点地址弹出。

（1）子程序调用指令。子程序调用指令分为长调用指令和绝对调用指令两种。

```
LCALL addr16    ;(PC)←(PC)+3
                (SP)←(SP)+1,((SP))←(PC_7~0)
                (SP)←(SP)+1,((SP))←(PC_15~8)
                (PC)←addr16
ACALL addr11    ;(PC)←(PC)+2
                (SP)←(SP)+1,((SP))←(PC_7~0)
                (SP)←(SP)+1,((SP))←(PC_15~8)
                (PC)←addr11
```

LCALL 和 ACALL 指令类似于转移指令 LJMP 和 AJMP,不同之处在于前者在转移之前要通过堆栈将断点地址自动压栈保存,而后者没有此项功能。

（2）返回指令。返回指令包括子程序返回指令和中断服务子程序返回指令两条。

```
RET ；(PC_15~8)←((SP)),(SP)←(SP)-1
       (PC_7~0)←((SP)),(SP)←(SP)-1
RETI；(PC_15~8)←((SP)),(SP)←(SP)-1
       (PC_7~0)←((SP)),(SP)←(SP)-1
```

两条指令的功能都是从堆栈中弹出断点地址,送还给 PC,使程序从原程序的断点处继续执行。但它们的区别是:在执行 RETI 返回指令后,单片机将自动清除中断响应时所置位的优先级状态触发器,使得已申请的同级或低级中断申请可以响应(详见第 5 章)。

4. 空操作指令

```
NOP  ;(PC)←(PC)+1
```

空操作指令是一条单字节单周期指令。指令控制单片机不作任何操作,仅仅消耗这条指令执行所需要的一个机器周期的时间。NOP 指令常用于在延时程序中进行时间调整。

3.3.5　位操作类指令

MCS-51 单片机中有一个布尔处理器,它是以位(bit)为单位来进行运算和操作的。它有自己的累加器(借用进位标志 CY),自己的存储区(即可位寻址区的各位),也有完成位操作的运算器等。因此,设有一个专门处理布尔变量的布尔变量操作指令集,又称位操作指令集。该指令集共有 17 条指令,可以完成以位为对象的传送、运算、控制转移等操作。这一组指令的操作对象为内部 RAM 的 20H~2FH 单元中的 128 个位地址,以及专用寄存器 SFR 中可位寻址的各位。在指令中,位地址的表示方法主要有下列 5 种。

- 直接位地址表示:如 D5H(PSW 的 D_5 位)。
- 寄存器加位表示:如 PSW.5。
- 字节地址加位表示:如 D0H.5。
- 位名称表示:如 F0。
- 用户自定义表示:如定义 FLG 来代替 F0(用户在进行位定义时,必须在程序开头使用伪指令 bit 定义,如 FIG bit F0,有关伪指令将在第 4 章介绍)。

1. 位传送指令(共 2 条)

```
MOV C,bit    ;(CY)←(bit)
```

```
MOV bit,C    ;(bit)←(CY)
```

这是两条双字节单周期指令,可实现进位位 CY 与所有可位寻址位间的相互传送。在直接寻址位为 P0 ~ P3 口中的某一位时,先将端口 8 位的内容全部读回,再将 CY 的内容送给该端口指定的位,最后再将修改了的 8 位数据送端口锁存器。所以执行的是一条"读—修改—写"指令。

由于两个寻址位间不能实现直接传送,因此,它们之间的传送必须使用 CY 作为桥梁。例如:将内部 RAM 中 20H 单元的第 6 位(位地址为 06H)的内容,传送到 P1.0 中。参考程序如下:

```
MOV  C,07H;
MOV  P1.0,C;
```

如果指令执行前,(20H) = F8H,即(07H) = 1,(P1) = 00000000B,则指令执行后,P1 口被修改为(P1) = 00000001B。

2. 位置位指令(共 4 条)

```
CLR bit     ;(bit)←0
CLR CY      ;(CY)←0
SETB bit    ;(bit)←1
SETB CY     ;(CY)←1
```

这组指令的功能是对 CY 以及可寻址位进行清零和置位。当第 1、3 条指令的直接位地址为端口中的位时,执行的是"读—修改—写"操作。

3. 位逻辑操作指令(共 6 条)

```
ANL C,bit       ;(CY)←(CY)∧bit
ANL C,/bit      ;(CY)←(CY)∧/bit
ORL C,bit       ;(CY)←(CY)∨bit
ORL C,/bit      ;(CY)←(CY)∨/bit
CPL bit         ;(bit)←(/bit)
CPL C           ;(CY)←(/CY)
```

其中/bit 表示对 bit 位取反后再参与运算,指令的执行并不影响 bit 位的原内容。另外,指令系统中没有位异或指令,但可以通过上述指令的组合实现位的异或操作。利用位逻辑运算指令,还可以很方便地模拟硬件逻辑电路的功能。

【例 3 – 12】 完成(Z) = (X)⊕(Y)异或运算,其中 X、Y、Z 表示位地址。

分析:异或运算可表示为(Z) = (X)(/Y) + (/X)(Y)。参考程序如下:

```
MOV C,X    ;(CY)←(X)
ANL C,/Y   ;(CY)←(X)∧(/Y)
MOV Z,C    ;暂存结果于中
MOV C,Y    ;(CY)←(Y)
ANL C,/X   ;(CY)←(/X)∧(Y)
ORL C,Z    ;(CY)←(X)(/Y)∨(/X)(Y)
MOV Z,C    ;保存异或结果于 Z 中
```

【例 3 – 13】 比较内部 RAM 中 30H 和 40H 中两个无符号数的大小,大数存于 50H,小数存于 51H 单元中。若两数相等,则置位片内 RAM 的位 127。

参考程序如下:

```
        MOV A,30H
        CJNE A,40H,Q1       ;两数不等,则转 Q1
        SETB 127            ;相等,则置位 127
        SJMP NEXT           ;出口
Q1:     JC Q2               ;大数在 40H 单元,转 Q2
        MOV 50H,A           ;大数在 30H 单元,存于 50H 单元
        MOV 51H,40H         ;小数存于 51H 单元
        SJMP NEXT           ;出口
Q2:     MOV 50H,40H         ;大数在 40H 单元,存于 51H 单元
        MOV 51H,A           ;小数存于 51H 单元
NEXT:   RET                 ;统一出口
```

4. 位条件转移指令

位条件转移指令包括以 CY 为转移条件的转移指令和以位地址 bit 为转移条件的转移指令,共 5 条。

（1）以 CY 内容为条件的转移指令（2 条）

```
JC rel    ;若(CY)=1,则(PC)←(PC)+2+rel 转移
          否则,(PC)←(PC)+2 顺序执行
JNC rel   ;若(CY)=0,则(PC)←(PC)+2+rel 转移
          否则,(PC)←(PC)+2 顺序执行
```

这两条指令一般与比较条件转移指令 CJNE 一起使用,有关使用方法在比较条件转移指令的部分已通过例题介绍,这里不再重复。

【例 3 – 14】 比较内部 RAM 中 I 和 J 单元中两个有符号数的大小。相等则置位标志位 K;不等则大数存于 M 单元,小数存于 N 单元。

分析:两个有符号数比较大小,应先确定两个数的正负,如果两个数为同符号数,再通过 CJNE 指令比较大小。比较过程可通过图 3 – 4 所示的比较流程图表示如下。

参考程序如下:

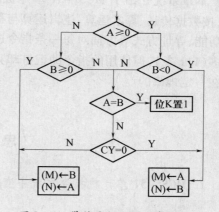

图 3 – 4　带符号数比较程序流程图

```
        MOV A,I             ;A 数送累加器 A
        ANL A,#80H          ;判断 A 数的正负
        JNZ NEG             ;A 数为负数,转 NEG
        MOV A,J             ;B 数送累加器 A
        ANL A,#80H          ;判断 B 数的正负
        JNZ BIG1            ;A≥0,B<0,转 BIG1
        SJMP COMP           ;A≥0,B≥0,转 COMP
NEG:    MOV A,J             ;B 数送累加器 A
        ANL A,#80H          ;判断 B 数的正负
        JZ SMALL            ;A<0,B≥0,转 SMALL
COMP:   MOV A,I             ;A 数送累加器 A 中
        CJNE A,J,BIG        ;A≠B 则转 BIG
```

```
              SETB  K              ;A=B,位 K 置 1
              RET
BIG:    JC SMALL            ;A<B 转 SMALL
BIG1:   MOV M,I             ;大数 A 存于 M 单元
        MOV N,J             ;小数 B 存于 N 单元
        RET
SMALL:  MOV M,J             ;大数 B 存于 M 单元
        MOV N,I             ;小数 A 存于 M 单元
        RET
```

（2）以位地址内容为条件的转移指令（3 字节指令）。

JBbit,rel ;若(bit)=1,则(PC)←(PC)+3+rel 转移

　　　　否则,(PC)←(PC)+3 顺序执行

JNBbit,rel;若(bit)=0,则(PC)←(PC)+3+rel 转移

　　　　否则,(PC)←(PC)+3 顺序执行

JBCbit,rel;若(bit)=1,则(PC)←(PC)+3+rel 转移,(bit)←0

　　　　否则,(PC)←(PC)+3 顺序执行

上述指令通过对可寻址位的测试,来决定程序是否转移到目的地址去执行。

本 章 小 结

本章系统介绍了 MCS−51 单片机的指令格式、寻址方式和指令系统。对 111 条指令,按数据传送、算术运算、逻辑运算与移位、控制转移和位操作,分类成五大类别,并从指令功能、寻址方式等方面对每一条指令进行了系统的介绍。虽然 MCS−51 单片机的指令较多(111 条),但使用的指令助记符却只有 42 个。通过对寻址方式的理解,指令系统是存在一定规律的。

思考题与习题

1. MCS−51 单片机指令系统中有哪些寻址方式? 相应的寻址空间在何处? 请一一举例说明。

2. 片内 RAM 20H~2FH 中的 128 个位地址与直接地址 00H~7FH 形式完全相同,如何在指令中区分出位寻址操作和直接寻址操作?

3. 什么是源操作数? 什么是目的操作数? 通常在指令中如何区分?

4. 查表指令是在什么空间上的寻址操作?

5. 在 MOVX 指令中,@Ri 是一个 8 位的地址指针,如何访问片外数据存储器的 16 位地址空间?

6. 专用寄存器 PSW 起什么作用? 它能反映哪些指令的运行状态?

7. 查表指令中都采用了基址加变址的寻址方式,使用 DPTR 或 PC 作为基址寄存器,请问这两个基址寄存器中的基址代表什么地址?

8. 比较条件转移转移指令 CJNE 有哪些扩展功能？如何创造性地使用这些功能？

9. 可以通过哪些方法将片内 RAM 60H 单元的内容传送到片内 70H 单元？

10. 已知（A）=7AH,（R0）=30H,（30H）=A5H,（PSW）=80H,写出下列各条指令执行后 A 和 PSW 的内容。

（1）XCH A,R0

（2）XCH A,30H

（3）XCH A,@R0

（4）XCHD A,@R0

（5）SWAP A

（6）ADD A,R0

（7）ADD A,30H

（8）ADD A,#30H

（9）ADDC A,30H

（10）SUBB A,#30H

11. 试比较下列每组两条指令的区别。

MOV A,#24H 与 MOV A,24H

MOV A,R0 与 MOV A,@R0

MOV A,@R0 与 MOV A,@DPTR

MOVX A,@R1 与 MOVX A,@DPTR

12. 已知单片机使用 6MHz 晶体,试编写一个延时 1ms 的子程序。

13. 已知（A）=83H,（R0）=17H,（17H）=34H,请写出下列程序段执行后 A 中的内容。

ANL A,#17H

ORL 17H,A

XRL A,@R0

CPL A

14. 试说明指令 CJNE @R1,#7AH,10H 的作用。如本条指令的地址为 8100H,其转移地址是多少？

15. 试分析下列程序段,当程序执行后,位地址 00H、01H 中的内容为何值？（P1）=?

```
        CLR C
        MOV A,#66H
        JC LOOP1
        CPL C
        SETB 01H
LOOP1： ORL C,ACC.0
        JB ACC.2,LOOP2
        CLR 00H
LOOP2： MOV P1,A
        ……
```

16. 编写程序,完成将片外数据存储器地址为 1000H～1030H 的数据块,全部传送到片内 RAM30H～60H 中,并将原数据块区域全部清零。

第4章 汇编语言程序设计

知识目标：了解单片机的程序设计语言；熟悉单片机程序设计方法及步骤。

能力目标：理解程序设计语言概念及涵义，能够通过实际应用实例中理解认识单片机程序设计方法及步骤。

程序设计是编制一个为计算机间接或直接所接受的、为解决某个问题而用计算机语言描述其操作过程的语句序列。所谓汇编语言程序设计是由汇编语言所编写的程序。

在单片机应用系统中，汇编语言程序设计是一个关键问题。它不仅是实现人—机对话的基础，而且直接关系到所设计的单片机应用系统的控制特性。本章主要介绍 MCS－51 单片机的汇编语言和一些常用的程序设计方法及实例。通过对程序的设计、调试和运行，可加深对指令系统的了解和掌握，也有助于提高对单片机的应用水平。

4.1 概 述

关于程序设计，大家都做过一些工作，似乎没有必要再讲解。但据了解，很多人一拿到一个设计问题，就急于用一定的语言去逐条排列。这对于小题目尚可，但对于稍大一些的程序，这样的设计方法就存在一定的缺陷：一是不可靠，不易具有最合理性，算法不好；二是不易修改；三是编程效率低。

正确的设计思路是首先对设计任务给出一个透彻的分析，根据分析的情况设计出总体方案，按总体方案的要求画出程序流程图，最后再实现源程序。

真正的程序设计过程是流程图设计。上机编程只是将设计好的程序流程图转换成程序设计语言而已。程序流程图和对应的源程序是等效的，但给人的感觉是不同的。源程序是一维的指令流，而流程图是二维的平面图形。经验证明，在表达逻辑思维策略时，二维图形比一维指令流要直观明了许多，从而更有利于查错和修改。多花一些时间来设计程序流程图，就可以节约几倍的源程序编辑和调试的时间。

流程图的设计原则是先粗后细。即首先考虑的是逻辑结构和算法，少考虑具体的指令。这样所得到的流程图可以保证程序的合理性和可靠性。从流程图到程序的过程是在形式上由二维图形变成了一维的程序，在内容上从功能描述到具体的指令实现。

提高程序设计总体效率的有效方法是熟练绘制程序的流程图，养成良好的程序设计风格。

4.1.1 计算机常用的编程语言

编制程序要使用程序设计语言。为使计算机能按照人们的意图工作，就必须使用计算机所能理解、接受和执行的特殊语言。目前，通常使用的程序设计语言可大致分为低级语言和高级语言两种。

低级语言又分为两类。第一类是机器语言。每一种计算机都有自己的一套指令系统,指令系统中的每一条指令又称机器指令,而机器指令的集合就是机器语言。因为计算机不经任何转换就可以直接执行由机器语言编制的程序,所以运行速度较高。但因用机器语言编写程序的工作量很大,既烦琐又枯燥,并且每一种计算机都有自己特定的机器语言,所以机器语言程序无通用性。

第二类是汇编语言。汇编语言采用特定的助记符号来描述机器指令。计算机只认识机器语言,汇编语言还需要经过汇编转换成机器语言。第 3 章所讨论的 MCS－51 单片机的指令属于汇编语言指令,而其指令代码属于机器语言。汇编语言程序与机器语言程序基本上是一一对应的,所以用汇编语言编写程序效率高,占用存储空间小,运算速度快。此外,汇编语言能直接和存储器及接口电路打交道,这样汇编语言程序能直接管理和控制硬件设备。但汇编语言是面向机器的,程序设计人员必须对计算机的硬件有足够的了解才能使用汇编语言编写程序。

汇编语言缺乏通用性,不同的计算机的汇编语言不能通用。但掌握了一种计算机汇编语言,却有助于学习其他计算机的汇编语言。

高级语言不是面向机器而是面向问题的,不依赖于具体机器,具有良好的通用性。高级语言的表达方式接近于被描述的问题,接近于自然语言和数学语言。因此人们在使用高级语言编写程序时,可以不去详细了解计算机内部结构而把主要精力集中于掌握语言的语法规则和程序的结构设计方面。

采用高级语言编写的程序不能被计算机直接执行,要经过解释程序或编译程序的编译,形成目标程序后,才能执行。常用的高级语言有 BASIC、FORTRAN、PASCAL、C 等。

4.1.2 汇编语言的格式

MCS－51 单片机的指令和一般的微机一样具有两级形式:汇编语言级和机器语言级。对用户而言,主要使用汇编语言来编写程序,然后由汇编程序汇编或手工汇编,将汇编语言源程序翻译成二进制代码组成的机器语言程序。

1. 汇编语言指令格式

汇编语言指令格式及说明见本书 3.1.1 小节。

2. 机器语言指令的格式

机器语言指令是一种二进制代码,它包括两个基本部分:操作码和操作数。MCS－51 指令系统中,用机器语言表示的指令格式是以 8 位二进制数(一个字节)为基础,分单字节、双字节和三字节。它们分别占有 1 个 ~3 个存储单元。其指令格式如图 4－1 所示。

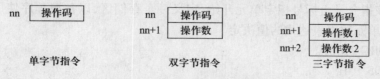

图 4－1 机器语言指令的格式

4.1.3 伪指令

下面介绍一些常用的伪指令。

1. 起始地址伪指令 ORG

格式：ORG nn

功能：指出程序段或数据块的起始地址。

说明：ORG 伪指令后面必须跟一个起始地址值 nn。nn 表示 16 位地址。

ORG 伪指令总是出现在每段源程序或数据块的开始。它可使用户把程序、子程序或数据块存放在存储器的任何位置。

例如：ORG 2000H

STAR：MOV A,20H

⋮

表示后续源程序从 2000H 处开始存放。

2. 定义字节伪指令 DB

格式：<标号：>　　DB　　<项或项表>

功能：将 DB 后面的 n 项字节数据存入指定的连续单元中。通常用于定义常数表。

例如：ORG 1000H

SEG1：DB 53H,66H,78H,"1","2",20H,"YES"

则在存储器 1000H 处连续存放数据的情况如下：

(1000H)＝53H

(1001H)＝66H

(1002H)＝78H

(1003H)＝31H　　　;数字 1 的 ASCII 码

(1004H)＝32H　　　;数字 2 的 ASCII 码

(1005H)＝20H

(1006H)＝59H　　　;字母 Y 的 ASCII 码

(1007H)＝45H　　　;字母 E 的 ASCII 码

(1008H)＝53H　　　;字母 S 的 ASCII 码

3. 定义字伪指令 DW

格式：〈标号：〉DW〈项或项表〉

功能：将 DW 后的 n 项双字节数据存入指定的连续单元中，每个数据项占两个字节单元。16 位数据的高 8 位存放在低地址字节单元中，低 8 位存放在高地址字节单元中。它通常用于定义一个地址表。

4. 定义存储区伪指令 DS

格式：〈标号：〉DS〈表达式〉

功能：该指令是由标号指定单元开始，定义一个存储区，以备源程序使用。存储区内预留的存储单元数由表达式的值决定。

例如：ORG 2100H

STAR：DS 10H

⋮

表示从 2100H 地址单元开始保留连续的 16 个存储单元的存储区。

说明：DB,DW,DS 三条伪指令均是根据源程序需要，或用来定义程序中用到的数据（地址）或数据块，或为中间运算结果保留一定的存储空间。一般应放在源程序之后，其

58

起始地址可以用 ORG 指令来指定,也可以不予指定。这时伪指令应紧跟在源程序之后,则汇编后,在目标程序的末尾地址开始连续存放。

5. 标号赋值伪指令 EQU

格式:〈标号:〉EQU nn 或表达式

功能:将一个特定的数(8 位或多或 16 位)或特定的汇编符号赋给本语句的标号。

6. 定义位地址符号伪指令 BIT

格式:字符名　BIT　bit

功能:将位地址 bit 赋予所定义的字符名。

如果所使用的汇编程序不具备识别 BIT 伪指令的功能,可以用 EQU 伪指令来定义位地址。

7. 汇编结束伪指令 END

格式:〈标号:〉END

功能:汇编结束结束标志。

应明确的是,调试运行单片机程序是由单片机开发系统完成。因此不同的开发系统所规定的伪指令各有差异,用户应根据单片机开发系统的使用手册去使用伪指令。

4.2　程序的设计步骤与方法

用汇编语言设计一个程序大致可分为以下几步。

1. 分析问题,抽象出描述问题的数学模型

在解决问题之前,首先经过收集资料,现场调研。经论证拟定出设计任务书,并把控制对象的过程抽象和归纳为数学模型。

2. 确定解决问题的算法

根据被控对象的实时过程和逻辑关系以及指令系统的特点,将数学模型转化为计算机可以处理的形式,并拟定出具体的算法和步骤。算法是进行程序设计的依据,它决定了程序的质量。

同一数学模型可以有几种不同的算法。设计时应对其进行分析、比较,找出一种切合实际的最佳算法。

试比较下面两个算法:

$$T = A$$
$$A = B \qquad 与 \qquad A = A - B$$
$$B = T \qquad\qquad\qquad B = B + A$$
$$\qquad\qquad\qquad\qquad A = B - A$$

同样是将 A,B 的内容互换,前者较后者更易读、易懂。

3. 根据算法,绘制流程图

这是程序的结构设计阶段。根据前面的分析,确定程序的结构设计方法(如模块化设计、自顶向下的设计等),并绘制相应的程序流程图。在设计时应养成结构化程序设计风格。结构化设计出来的程序不仅本身具有模块特性(一个入口、一个出口),而且其内部也是由若干个小模块组成,这种模块特性对测试很有利,功能扩展也很方便。

采用程序流程图可以清楚、形象地表达程序设计的思路。

4. 分配存储空间及工作单元

完成了程序的结构性设计工作之后,就可以开始分配系统的资源。资源分配的主要工作是内部 RAM 资源的分配。尽量做到物尽其用。

对于工作寄存器,由于 R_0 和 R_1 具有地址指针功能,应充分发挥其作用,避免用来作其他寄存器使用。

20H ~ 2FH 具有位寻址功能,通常用来存放各种软件标志、逻辑变量、位状态信息等。30H ~ 7FH 作为一般寄存器区域去使用,通常用来存放各种参数、指针、中间结果或作为数据缓冲区。堆栈有时也设置在内部 RAM 的高端处,如 60H ~ 7FH。

内部 RAM 资源规划好之后,应列一详细分配清单,供编程使用。

5. 编写源程序

编写汇编语言源程序是根据程序流程图进行的,是将流程图所描述的解题步骤用适当的汇编语言指令来实现。编写程序时应掌握一定程序设计的基本方法,同时注意编写程序的可读性和正确性,必要时加上注释。

6. 静态检查和动态调试

编写程序的目的是利用计算机完成设计。任何程序编写完成之后,总会有一些缺点和错误。通过静态检查和动态调试,很容易发现并纠正其错误,直到正确为止。

下面结合 MCS – 51 单片机的特点,介绍一些常用的程序设计方法。

4.2.1 顺序程序

顺序程序设计也称为简单程序设计,它是程序设计中最基本的。其特点是在执行顺序程序时,完全是按指令的书写顺序一条一条地执行指令,直到最后一条指令结束。

【例 4 – 1】 求两个 8 位无符号数的和。

设两个 8 位无符号数分别存放在内部 RAM 20H 及 21H 单元,所求和(不超过 255)存放在 22H 单元中。

程序清单如下:

```
        ORG 2000H
STAR:MOV R₀,#20H    ;设置数据指针
        MOV A,@R₀    ;取第一个数
        INC R₀        ;修改指针
        ADD A,@R₀    ;取第二个数,并求和
        INC R₀        ;修改指针
        MOV @R₀,A    ;存和
        SJMP  $
        END
```

【例 4 – 2】 将一个字节内的两个 BCD 十进制数拆成相应的 ASCII 码存入两个单元。

设两个 BCD 码已存放在内部 RAM 的 30H 单元,变换后的 ASCII 码存放在内部 RAM 的 31H 和 32H 单元,高位 BCD 码存放在 31H 单元。数字 0 ~ 9 的 ASCII 码为 30H ~ 39H。

完成拆字转换只需要将一个字节内的两个 BCD 拆开分别存放在对应的两个单元的低 4 位,而高 4 位赋 0011 即可。

程序清单如下:

60

方法一：

```
        ORG 2000H
STAR:MOV R₀,#32H
     MOV  @R₀,#00H      ;将内部 RAM 32H 单元清零
     MOV A,30H          ;将两个 BCD 码送 A
     XCHD A,@R₀         ;低位 BCD 码送 32H 单元
     ORL 32H,#30H       ;完成低位 BCD 码的转换
     SWAP A             ;将高位 BCD 码移至低位
     ORL A,#30H         ;完成到位 BCD 码的转换
     MOV 31H,A          ;将转换后的高位 BCD 码送目的单元
     SJMP  $
     ENG
```

方法二：

```
        ORG 2000H
STAR:MOV A,30H
     MOV B,#10H
     DIV AB
     ORL A,#30H
     MOV 31H,A
     ORL 0F0H,#30H
     MOV 32H,0F0H
     SJMP  $
     END
```

试比较两个程序拆分的特点。

【例 4-3】 编写程序，将内部 RAM 30H 和 40H 两个单字节数相乘，结果存入外部 RAM 1000H 开始的地址单元中。

分析：两个单字节数相乘使用 MUL AB 指令，其结果为两字节数。其中 A 为低 8 位，B 为高 8 位。因此，结果的低 8 位存入 1000H 单元，高 8 位存入 1001H 单元。

程序清单如下：

```
ORG 2000H
MOV A,30H
MOV B,40H          ;取两数
MOV DPTR,#1000H    ;设置地址指针
MUL AB             ;相乘
MOVX  @DPTR,A      ;存入低 8 位数
INC DPTR           ;修改地址指针
MOV A,B            ;
MOVX  @DPTR,A      ;存入高 8 位数
SJMP  $
END
```

4.2.2 分支程序

根据某个条件是否成立来决定下一步的操作，就形成了分支。它体现了计算机执行

程序时的分析和判断能力。分支程序的基本结构有单重分支和多重分支,其执行的特点是各处理模块是相互排斥的。

在 MCS - 51 单片机指令系统中,共有 13 条条件转移指令。分别为累加器判零转移指令 JZ,JNZ;比较条件转移指令 CJNE;减 1 条件转移指令 DJNZ 和位控制条件转移指令 JC,JNC,JB,JNB,JBC 等 4 类。MCS - 51 单片机汇编语言程序的分支程序设计实际上是如何正确运用这 4 类 13 条条件转移指令来进行编程的问题。

1. 单重分支结构

根据条件分为两支各自处理不同条件下应该完成的操作。其流程图如图 4 - 2 所示,其中处理 1 或处理 2 可以有一个为空操作。

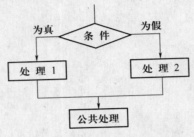

图 4 - 2 单重分支结构

2. 多重分支结构

在程序设计中,有时要求对多个条件进行判断,根据判断结果可能有多个分支要进行处理。在单重分支流程图中,将某个处理框中再引入分支,就构成多重分支。其流程图如图 4 - 3 所示。多重分支的另一种结构形成散转程序,其流程图如图 4 - 4 所示。

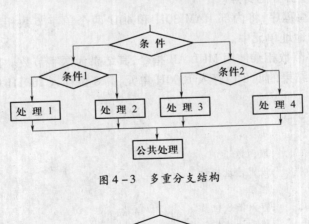

图 4 - 3 多重分支结构

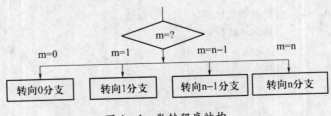

图 4 - 4 散转程序结构

3. 程序设计举例

【例 4 - 4】比较两个无符号数的大小。设有两个 8 位无符号数分别存放在外部

62

RAM 1050H 和 1051H 单元,找出其中的大数存放在外部 RAM 1052H 单元。

分析:两个无符号数比较大小可以通过两数相减后,由形成的进位位 CY 值来判断两数的大小。

由于 MCS -51 单片机指令系统中只有带借位位的减法指令 SUBB,在使用之前应先将 CY 清零。

程序清单如下:

```
        ORG   2000H
STAR:   CLR   C              ;CY 清零
        MOV DPTR,#1050H      ;设置数据指针
        MOV A,@DPTR          ;取第一个数据
        MOV R₂,A             ;暂时存于 R₂
        INC DPTR
        MOVX A,@DPTR         ;取第二个数据
        SUBB A,R₂            ;比较两数
        JNC LOOP1            ;第一个数据为大数,则转移
        XCH A,R₂             ;恢复大数
        SJMP LOOP2
LOOP1:  MOVX A,@DPTR
LOOP2:  INC DPTR
        MOVX  @DPTR,A        ;存大数
        SJMP $
        END
```

【例 4 -5 】编写程序,实现下列符号函数。

$$y = \begin{cases} 1 & (x > 0) \\ 0 & (x = 0) \\ -1 & (x < 0) \end{cases}$$

设 x,y 分别存放在内部 RAM 30H 和 40H 中。根据 x 的值,给 y 赋值为 01H,00H,0FFH(-1 的补码)。

其流程图如图 4 -5 所示。

程序清单如下:

```
        ORG 2000H
        MOV A,30H
        JZ DONE
        JB ACC.7,LOOP
        MOV A,#01H
        SJMP DONE
LOOP:   MOV A,#0FFH
DONE:   MOV 40H,A
        SJMP $
        END
```

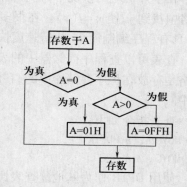

图 4 -5 比较两个无符号数流程图

【例4-6】 散转程序。散转程序的功能是根据某一变量的内容或运算结果的数值,分别转向各个不同的处理程序入口。它是多重分支程序的一种,一般采用逐次比较法来实现散转。在 MCS-51 指令系统中,可以多次使用比较条件转移指令 CJNE 来实现。但这样比较次数太多,程序执行速度慢。若采用变址寻址的转移指令 JMP @A+DPTR 可以很方便地实现散转功能。使用该指令实现散转的方法有两种:一是 DPTR 的内容固定,根据 A 的内容来决定分支程序的走向;二是将 A 清零,根据 DPTR 的内容来决定程序转向的目的地址。

根据 R$_7$ 的内容,转向相应的处理程序。

设 R$_7$ 的内容为 0~n,对应的处理程序入口地址分别为 PROG0~PROGn。将处理程序入口的首地址赋予 DPTR,把 R$_7$ 的内容送累加器 A,在使用 JMP @A+DPTR 之前,应根据转移指令的字节数,对 R$_7$ 的内容进行修正。

程序清单如下:

```
        ORG   2000H
        MOV DPTR,#TAB      ;设置处理程序入口首地址
        MOV A,R7
        CLR C
        RLC A              ;乘2修正
        JNC NEXT
        INC DPH
NEXT:   JMP @A+DPTR
TAB:    AJMP PROG0
        AJMP PROG1
        ……
        AJMP PROGn
```

鉴于 AJMP 指令的转移范围,要求所有的处理程序入口地址必须和转移指令 AJMP 位于同一 2KB 范围内。当不能满足要求时,应使用三字节指令 LJMP 替换 AJMP 指令。

4.2.3 查表程序

在单片机应用系统中,查表程序是一种常用的程序。所谓查表,就是根据变量 x,在表格中找到 y,使 $y=f(x)$。在很多情况下,通过查表可以完成数据补偿、计算、转换等功能,具有程序编制简单、执行速度快等特点。

查表可以查程序存储器中的表格,也可以查数据存储器中的表格。一般情况下,数据表格是存放在程序存储器中的,在编程时可以通过 DB 指令把表格的内容存入程序存储器中。

查表指令如下:

MOVC A,@A+DPTR

MOVC A,@A+PC

使用 DPTR 作为基地址查表比较简单,可通过三步操作来完成。

(1)将所查表格的首地址送入 DPTR 数据寄存器。

(2)将所查表的项数,即数据在表中的位置送入累加器 A 中。

（3）执行查表指令 MOVC A,@A + DPTR 进行读数,查表结果送累加器 A。

使用 PC 的内容作为基地址查表,所需操作有所不同,可分为以下几步完成。

（1）将所查表的项数送累加器 A。在执行 MOVC A,@A + PC 指令之前,先执行一条 ADD A,#data 指令,#data 的数值根据指令的安排情况给出。

（2）计算 MOVC A,@A + PC 指令执行后的地址到所查表格首地址之间的距离,即偏离量。偏离量 = 表格首地址 – （MOVC 指令所在地址 + 1）,计算出两地址之间其他指令所占字节数,这个数要小于 256。把这个结果作为 A 的调整量取代加法指令中的 data 值。

（3）执行查表指令 MOVC A,@A + PC 进行查表,查表结果送累加器 A。

【例 4 – 7】 若累加器 A 中存放的是一位 BCD 码。通过查表将其转换成为相应的七段显示码,并存入寄存器 B 中。

七段数码显示管有共阳极和共阴极两种。共阳极是低电平为有效输入,共阴极是高电平为有效输入。假设显示管为共阳极。0 ~ 9 的七段码为 40H,79H,24H,30H,19H,12H,02H,78H,00H,18H。由于没有规律,一般采用查表完成。

程序清单如下:

```
        ORG 2000H
        MOV DPTR,#TTAB
        MOVC A,@A + DPTR
        MOV A,B
        SJNP  $
TTAB:   DB 40H,79H,24H,30H,19H
        DB 12H,02H,78H,00H,18H
        END
```

若以 PC 为基地址,则程序如下:

```
        ORG 2000H
        ADD A,#04H
        MOVC A,@A + PC
        MOV B,A
        SJMP  $
TTAB:   DB 40H,79H,24H,30H,19H
        DB 12H,02H,78H,00H,18H
        END
```

【例 4 – 8】 根据 R7 的内容转向相应的处理程序。

在例 4 – 6 中,利用散转指令和转移指令实现了多重分支程序。这里使用转移地址表来实现多重分支的选择。

分析:将每一个处理程序的入口地址,置于以 TAB 为首地址的地址表中。由于一个地址占用两个地址单元,根据 R7 给出的数值,经乘 2 修正后,由查表指令 MOVC 取出相应的入口地址送入 DPTR。将累加器 A 清零,执行 JMP 指令,根据 DPTR 的内容转向相应的处理程序。

程序清单如下:

```
          ORG 2000H
          MOV DPTR,#TAB
          MOV A,R₇
          ADD A,R₇
NEXT:     MOV R₆,A
          MOVC A,@A+DPTR
          XCH A,R₆           ;处理程序入口地址的高8位暂存于R₆
          INC A
          MOVC A,@A+DPTR
          MOV DPₗ,A          ;处理程序入口地址的低8位送入DPₗ
          MOV DPₕ,R₆         ;处理程序入口地址的高8位送入DPₕ
          CLR A
          JMP @A+DPTR
          SJMP  $
          END


          ORG 2500H
TAB:      DW PROG0
          DW PROG1
          ……
          DW PROGn
          END
```

本程序可实现 128 个处理程序。若要实现不超过 256 个处理程序,可修改如下:

```
          ORG 2000H
          MOV DPTR,#TAB
          MOV A,R₇
          ADD A,R₇
          JNC NEXT
          INC DPₕ
NEXT:     MOV R₆,A
          MOVC A,@A+DPTR
          XCH A,R₆
          INC A
          MOVC A,@A+DPTR
          MOV DPₗ,A
          MOV DPₕ,R₆
          CLR A
          JMP @A+DPTR
          SJMP  $
          END


          ORG 2500H
TAB:      DW PROG0
```

66

```
DW PROG1
……
DW PROGn
END
```

4.2.4 循环程序

循环是程序设计的一种基本方法。当程序处理的对象具有某种重复性的规律时,都可以采用这种方法编写程序。循环程序的设计就是利用指令控制程序不断地循环执行,直到满足条件为止。

循环程序一般由三个部分组成。

1. 循环初始状态

循环初始状态是为实现循环程序所做的准备。循环初态分为两个部分,循环工作部分初态和结束条件的初态,例如:设置地址指针;对累加器清零;清进位位 CY;为控制循环结束而设置的计数器等。

2. 循环体

循环体是程序中重复执行的部分。循环体的结构依照问题的不同,一般分为两种类型:直到型循环和当型循环。其流程图如图 4 – 6 所示。不管采用哪一种类型的循环体,它都包括循环工作部分、循环参数修改及循环控制部分。

循环工作部分:它是被要求重复执行的程序段,用以完成实际的数据处理操作。

循环参数修改及循环控制部分:为进入下一次循环而修改地址指针、计数器内容等项参数,检测循环是否已执行了规定的次数,从而决定是继续循环还是结束循环。

控制循环次数的方法有:

- 用计数控制循环;
- 用条件控制循环;
- 用逻辑变量控制循环;
- 用计数或条件控制循环。

对于循环次数已知的程序或是在进入循环之前可由某一变量确定循环次数的程序,通常采用图 4 – 6(a)的方法控制。

对于某些循环次数未知的程序或循环次数可变的程序,可以用图 4 – 6(b)的方法根据问题给出的条件控制循环结束。这个条件要视具体问题而定。

对于用逻辑变量控制循环的方法是:把逻辑变量送入寄存器中,以逻辑变量各位的状态,作为识别调用某段程序的标志。

用计数或条件控制循环,是根据最大循环次数或循环条件,二者满足其一则中止循环。

3. 循环程序结束部分

完成循环结束之后的处理,如数据分析,传送结果等。

循环程序设计应注意以下几点:

(1)根据循环体内是否包含另一个循环体,可将循环程序分为单重循环和多重循环。

(2)循环程序是一个有始有终的整体,它的执行是有条件的。所以要避免从循环体

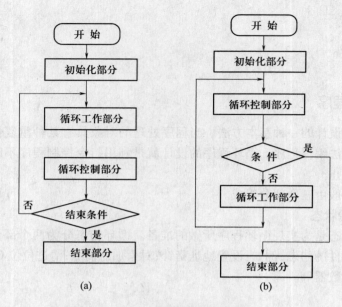

图 4-6 循环程序结构流程图

(a) 直到型循环(直到条件满足);(b) 当型循环(当条件满足结束)。

外直接转移到循环体内,以引起程序的混乱。

(3) 多重循环程序是从外层循环向里层循环一层层进入的。在循环结束时,是由里层循环向外层循环一层层退出的。因此,在循环嵌套程序里,不要在外层循环中使用转移指令直接转移到里层循环。

(4) 循环体内可以直接转移到循环体外或外层循环,以实现一个循环由多个条件控制结束的结构。

(5) 循环体是循环程序中重复执行的部分,应优化设计,合理安排,以缩短程序执行的时间。

【例4-9】 有10个无符号数依次存放在内部 RAM 30H 开始的单元中。求其和,并将结果放在 R_2、R_3 中。

分析:根据题意,采用累加和的方法,求10个单字节数据的和。

方法一,程序清单如下:

```
        ORG 2000H
        MOV R₀,#30H      ;设置数据地址指针
        MOV R₂,#00H
        MOV R₃,#00H      ;设置累加和的初值
        MOV R₇,#0AH      ;设置计数
NEXT:   MOV A,@R₀
        ADD A,R₃
        MOV R₃,A         ;低字节相加并存于 R₃
        MOV A,R₂
        ADDC A,#00H
        MOV R₂,A         ;高字节相加并存于 R₂
```

```
        INC R0
        DJNZ R7,NEXT
        SJMP  $
        END
```
方法二,程序清单如下:
```
        ORG 2000H
        MOV R0,#30H
        MOV R2,#00H
        MOV R3,#00H
        MOV R7,#0AH
NEXT:   MOV  A,R3
        ADD A,@R0
        MOV R3,A
        JNC LOOP
        INC R2
LOOP:   INC R0
        DJNZ R7,NEXT
        SJMP  $
        END
```

【例4-10】 将内部 RAM 30H 为起始地址的数据块传送到外部 RAM 1000H 开始的连续区域,直到发现"﹩"字符为止。

分析:由于数据块的数目不详,因此把字符"﹩"作为循环结束的条件。

流程图如图4-7所示。

程序清单如下:
```
        ORG 2000H
        MOV R0,#30H
        MOV DPTR,#1000H
NEXT:   MOV A,@R0
        CJNE A,#24H,LOOP
        SJMP DONE
LOOP:   MOVX @DPTR,A
        INC R0
        INC DPTR
        SJMP NEXT
DONE:   SJMP  $
        END
```

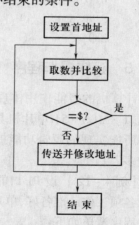

图4-7 内外部数据传送流程图

思考:如字符"﹩"既作为结束标志,又作为数据块的一部分,上述程序如何修改?

【例4-11】 延时程序的设计。设 MCS-51 单片机的时钟频率为 $f_{osc}=12\text{MHz}$,试设计延时 50ms 的程序。

分析:软件延时程序就是利用单片机执行一段程序所花费的时间。单片机每执行一条指令都需占用一定的时间,该时间与机器周期有关,而机器周期与 CPU 的时钟频率有关。因此,延时程序所花费的时间是该程序指令的总机器周期数与机器周期的乘积。通

69

常,延时程序采用 MOV 和 DJNZ 指令来实现。

采用单循环程序：

```
MOV R0,#00H        ;机器周期数为1
DJNZ $             ;机器周期数为2
```

由题意可知,一个机器周期为 $1\mu s$。单片机执行上述程序的时间为 $(1+256\times2)\times 1\mu s$,即 $513\mu s$。与题意相差甚远。因此采用二重循环。

程序清单如下：

```
        MOV R1,#M      ┐
        MOV R2,#N      │
LOOP:NOP               ├内层循环   外层循环
        DJNZ  R2,$     │
        DJNZ  R1,LOOP  ┘
```

内层循环的机器周期数 $T_n = 1+1+2\times N$,总机器周期数 $T_m = (T_n+2)\times M+1$。

设 $N=123, M=200$,则延时时间为 $((2+2\times123)+2)\times200\times1\mu s = 50.001\text{ms}$。

修改后的程序清单如下：

```
        ORG 2000H
        MOV R1,#0C8H
LOOP:  MOV R2,#7BH
        NOP
        DJNZ R2,$
        DJNZ R1,LOOP
        SJMP $
        END
```

4.2.5 逻辑操作程序

计算机的智能作用体现在它具有判断能力,逻辑判断的实质是对逻辑关系进行程序模拟。MCS – 51 单片机具有丰富的逻辑操作和位操作指令,为用程序来模拟原来由硬件所能实现的逻辑功能提供了方便。但由于软件运行需要一定的时间,因此需要延时较多。

【例4 – 12】 设 P1 口的 $P_{1.0}\sim P_{1.3}$ 为准备就绪信号输入端。当该 4 位输入全为 1 时,说明各项工作已准备好,单片机可顺序执行主程序,否则循环等待。

程序清单如下：

```
        ORG   2000H
LOOP:  MOV A,P1        ;P1 口内容送 A
        ANL A,#0FH      ;屏蔽高 4 位
        CJNE A,#0FH,LOOP ;低 4 位不全为 1,等待循环
MAIN:
        ……
```

【例4 – 13】 由软件实现 $F = A\,\overline{C}\,DG\,\overline{H} + A\,\overline{B}\,EF\,\overline{G}$。

设 $A\sim H$ 变量由 $P_{1.0}\sim P_{1.7}$ 对应输入。

70

分析:逻辑操作是按位进行的。ANL 指令常用来屏蔽字节中的某些位,该位欲清除时用"0"去与,欲保留时用"1"去与;ORL 指令常用来使字节中的某些位置"1",欲保留不变的位用"0"去或,欲置位的位用"1"去或;XRL 指令用来对字节中的某些位取反,欲取反的位用"1"去异或,欲保留的位用"0"去异或。

程序清单如下:

```
ORG 2000H
MOV A,P1          ;取各位状态
ANL A,#0CDH       ;屏蔽无用信息
XRL A,#45H
JZ LOOP           ;F=1时,转移
ANL A,#73H
XRL A,#31H
JZ LOOP           ;F=1时,转移
......
```

【例 4 – 14】 用位操作实现【例 4 – 13】中的函数 F。

使用位操作指令实现,程序清单如下:

```
ORG 2000H
MOV A,P1
MOV C,ACC.0
ANL C,ACC.2
ANL C,/ACC.3
ANL C,ACC.6
ANL C,/ACC.7
MOV 00H,C
MOV C,ACC.0
ANL C,/ACC.1
ANL C,ACC.4
ANL C,ACC.5
ANL C,/ACC.6
ORL C,00H
MOV F,C
SJMP $
END
```

4.2.6　子程序设计

在程序设计中会有这种情况出现,有一段程序可完成某一局部功能,它在源程序中被多次使用。若将这段程序从源程序中分离出来,单独作为一个程序段,给它加一个标号,并用 RET 指令作为结束,则称这段程序为子程序。当需要使用该段程序时,就用一个调用指令引用这个子程序,称为子程序调用。调用子程序的程序称为主程序(或调用程序)。主程序可以多次调用同一子程序或不同子程序,子程序也可以再调用自身(递归),或其他子程序(嵌套)。

在进行子程序设计时应注意以下几点：

（1）由于返回指令的功能是在执行时，将堆栈顶部的两个单元的内容送至 PC，若在调子程序中没有使用堆栈，或使用了堆栈操作指令，但 PUSH 与 POP 指令是对应的，则在执行返回指令 RET 时，可返回断点地址。

（2）子程序的设计应具备通用性、可浮动性，使用方便。

为了使子程序具有通用性，要解决的重要问题就是确定哪些变量作为参数，以及如何传送这些参数。为了使子程序具有可浮动性，在子程序中不能使用绝对地址，所有转移的目的地址都必须采用相对地址。而子程序的起始地址应采用符号地址。为方便阅读子程序，应使子程序包含下列内容：

- 子程序的目的；
- 输入输出参数；
- 所使用的寄存器和存储单元；
- 所调用的其他子程序。

在调用子程序时，一般要注意两个问题：参数的传递和现场保护。在调用高级语言子程序时，参数的传递是很方便的。通过调用语句中的实参以及子程序语句中的形式参数之间的对应，很容易完成参数的传递。而使用指令调用汇编语言子程序并不附带任何的参数，参数的相互传递要靠编程者自己安排。

参数的传递一般可采用以下方法：

（1）传递数据：将数据通过工作寄存器 $R_0 \sim R_7$ 或累加器来传送。即主程序和子程序在交接处所使用上述寄存器和累加器为同一数据。

（2）传送地址：数据存放在存储器中，在参数传送时，只通过 R_0，R_1，DPTR 传送数据所在的地址。另外通过位地址也可以传送位数据。

（3）通过堆栈传送数据。在调用之前，先把要传送的参数压入堆栈，进入子程序后，再将压入堆栈的参数弹出到工作寄存器或其他内存单元。

在进入子程序时，还应注意保护现场。即对那些不需要进行传递的参数，包括内存单元的内容、工作寄存器的内容以及各标志的状态等都不应因调用子程序而改变。方法就是在进入子程序时，将需要保护的数据压入堆栈，而空出这些数据所占用的工作单元供子程序使用。在返回调用程序之前，再将存入堆栈的数据弹回到原来的工作寄存器或工作单元，恢复其原来的状态，使调用程序继续执行。

【例 4 – 15】 设有 a，b，c 三个数（0 ~ 9），存于内部 RAM 的 BUF1，BUF2，BUF3 三个单元。编程实现 $c = a^2 + b^2$。

分析：通过子程序应用查表法完成平方运算，主程序调用来实现。

程序清单如下：

```
        ORG 2000H
STAR:   MOV A,BUF1
        ACALL SQR
        MOV R₁,A
        MOV A,BUF2
        ACALL SQR
```

```
        ADD A,R₁
        MOV BUF3,A
HEAR:   SJMP HEAR
        END
        ORG 2100H
SQR:    INC A
        MOVC A,@ A + PC
        RET
TAB:    DB 00H,01H,04H,09H,16H
        DB 25H,36H,49H,64H,81H
END
```

【例4－16】 将 R_0 和 R_1 所指内部 RAM 中两个多字节无符号数相加,结果存入 R0 所指的内部 RAM 中。

分析:利用带进位位加法指令,实现多字节相加。在进入循环之前,首先清进位。最高位两字节相加若有进位,则和数将多出 1B。

流程图如图 4－8 所示。

程序清单如下:

```
;调用地址:NADD
;入口参数:R₀,R₁分别指向被加数
          和加数的低字节,数据
          长度N存放在R₇中。
;出口参数:R₀指向结果的高字节。

NADD:   CLR C
NADD1:  MOV A,@ R₀
        ADD A,@ R₁
        MOV @ R₀,A
        INC R₀
        INC R₁
        DJNZ R₇,NADD1
        JNC NADD2
        MOV @ R₀,#01H
        DEC R₀
NADD2:  RET
```

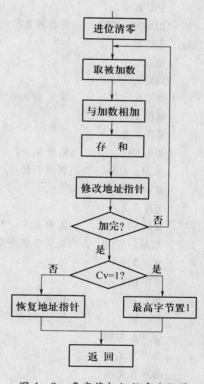

图 4－8　多字节相加程序流程图

4.2.7　实用程序设计举例

【例4－17】 双字节乘法。设计一个双字节无符号整数乘法程序。要求 R_5R_4 中存放被乘数,R_3R_2 中存放乘数。乘积存入 R_0 所指的单元(低位积先存)。

分析:由于乘法指令只适用于单字节无符号数相乘。本例的双字节相乘,需要分解为 4 个单字节相乘,才能利用乘法指令。

算法如下：

$$
\begin{array}{r}
 \quad R_5 \quad\quad R_4 \\
\times) \quad R_3 \quad\quad R_2 \\
\hline
(R_1*R_2)_H \quad (R_4*R_2)_L \\
(R_5*R_2)_H \quad (R_4*R_2)_L \\
(R_4*R_3)_H \quad (R_4*R_3)_L \\
+) \quad (R_5*R_3)_H \quad (R_5*R_3)_L \\
\hline
(R_0) \quad\quad (R_0-1) \quad\quad (R_0-2) \quad\quad (R_0-3)
\end{array}
$$

程序清单如下：

```
        ORG 2000H
        MOV R7,#04H      ;乘积的字节数送 R7 寄存器
DMUL:   MOV @R0,#00H
        INC R0
        DJNZ R7,DMUL     ;将存放乘积的 4 个单元清零
DMO:    DEC R0
        DEC R0
        DEC R0
        DEC R0           ;使 R0 指向存放结果单元的低位字节
        MOV A,R4
        MOV B,R2
        MUL AB           ;R2 乘 R4
        ACALL ADDM       ;调用子程序,将乘积累加到相应的结果单元。
        MOV A,R5
        MOV A,R2
        MUL AB           ;R2 乘 R5
        ACALL ADDM       ;调用子程序
        MOV A,R4
        MOV B,R3
        MUL AB           ;R3 乘 R4
        DEC R0           ;R0 指向第二个字节单元
        ACALL ADDM
        MOV A,R5
        MOV B,R3
        MUL AB
        ACALL ADDM
        SJMP $
        END
        ORG 2500H
ADDM:   ADD A,@R0        ;将 A 乘 B 累加到 R0 所指的 2 个单元
        MOV @R0,A
        MOV A,B
        INC R0
```

74

```
        ADDC A,@R₀
        MOV @R₀,A
        INC R₀
        MOV A,@R₀
        ADDC A,#00H
        MOV @R₀,A
        DEC R₀
        RET
        END
```

【例4-18】 设在内部 RAM 30H 单元连续存放了 8 个单字节数据,编程实现按升序排列。

分析:设 R_7 为比较次数计数器,初始值为 07H。位标志 00H 为排序过程中是否有数据互换的状态标志。当该标志为 0 时,表示无互换发生;当该标志为 1 时,表示有互换发生。

流程图如图 4-9 所示。

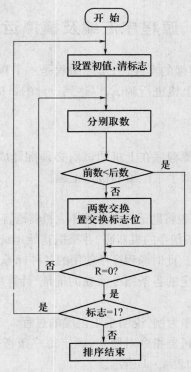

图 4-9 排序程序流程图

源程序如下:
```
        ORG 2000H
STAR:   MOV R₀,#30H      ;设置数据存储区的首地址
        MOV R₇,#07H      ;设置比较次数
        CLR 00H          ;互换标志清零
LOOP:   MOV A,@R0
```

```
        MOV 2BH,A           ;取前数,并存入2BH单元
        INC R₀
        MOV 2AH,@RO          ;取后数
        CLR C
        SUBB A,@RO           ;前数减后数
        JC NEXT             ;前数小于后数,不互换
        MOV @R₀,2BH
        DEC R₀
        MOV @R₀,2AH          ;否则两数交换位置
        INC R₀              ;准备下一次比较
        SETB 00H            ;设置互换标志
NEXT:   DJNZ R₇,LOOP         ;进行下一次比较
        JB 00H,STAR         ;进行下一轮比较
        SJMP  $
        END
```

4.3 源程序汇编及模拟运行

汇编语言程序设计具有很强的实践性,实际编程是一个重要的环节。编写好的源程序还必须汇编成目标程序,并上机进行调试,以达到设计的目标和要求。

4.3.1 源程序汇编

前面已经谈到,汇编语言源程序在上机调试前必须翻译成机器码才能为计算机所执行。程序的汇编方法有两种,即手工汇编和机器汇编。

1. 手工汇编

手工汇编就是通过人工查表将助记符指令翻译成机器语言代码。它一般分两步进行。

第一步,首先查表得出各条指令的机器码,并根据初始地址和各条指令所占的字节数,确定每条指令所在的地址单元。此时源程序中使用的各种标号、地址偏移量暂不处理。

第二步,根据第一步已确定的各条指令所在的地址,计算出标号所代表的地址和地址偏移量。

下面以【例4-9】求和程序为例,说明手工汇编的过程。

第一步,查助记符指令与机器指令对照表,确定每一条指令的机器码和字节数,并填入规定的地址单元。其结果如表4-1所示。

表4-1 【例4-9】手工汇编结果

地　址	机　器　码	符　号　地　址	源程序 ORG 2000H
2000H	78 30	STAR:	MOV R₀,#30H
2002H	7A 00		MOV R₂,#00H
2004H	7B 00		MOV R₃,#00H
2006H	7F 0A		MOV R₇,#0AH

76

地 址	机 器 码	符 号 地 址	源程序 ORG 2000H
2008H	E6	NEXT:	MOV A,@ R_0
2009H	2B		ADD A,R_3
200AH	FB		MOV R_3,A
200BH	EA		MOV A,R_2
200CH	34 00		ADDC A,#00H
200EH	FA		MOV R_2,A
200FH	08		INC R_0
2010H	DF F6		DJNZ R_7,NEXT
2012H	80 FE		SJMP $

第二步,计算出相应的标号值和转移指令的偏移量。

可见,STAR,NEXT 所代表的地址分别为 2000H 和 2008H。

相对转移指令 DJNZ R_7,NEXT 偏移量的计算:

偏移量 rel = 目的地址 −(源地址 +2)= 2008H −(2010H +2)= − AH(10001010B)

其补码为 11110110(F6H)

SJMP $ 的偏移量的计算:

偏移量 rel = 2012H −(2012H +2)= −2(其补码为 FEH)

虽然手工汇编烦琐,但通过手工汇编的训练有助于理解、熟悉和掌握指令。

2. 机器汇编

机器汇编就是在计算机上通过汇编程序来完成对源程序的汇编工作(即生成目标程序)。一般来说,在微型计算机上使用汇编语言都是采用机器汇编的。由于单片机的资源有限,无法直接运行汇编程序。这样一来,MCS − 51 单片机的汇编程序就要借助其他机器运行。在一种机器上运行另一种机器的汇编程序去汇编其汇编语言源程序的方法称为交叉汇编方法。单片机的源程序通常是在 PC 机上采用交叉汇编的方法生成目标程序,再由 PC 机把生成的目标程序通过并行或串行口传送加载到单片机上。

4.3.2 源程序的模拟运行

单片机由于缺乏自身编程的能力,需要借助于开发工具进行编程、调试和运行。不同的开发系统,其编程、调试和运行的方法可能不同。一般的开发工具应具有以下功能:

（1）单步运行,用户可以一次只执行一条指令,执行一条指令后即回到监控程序。

（2）连续运行,用户可以从程序的任意一条指令的地址处启动、运行。

（3）断点运行,用户可以设置断点,当程序执行到断点处时,返回监控程序。

（4）检查和改变存储器的内容。

（5）跟踪,即随时显示有关寄存器的内容。

本 章 小 结

汇编语言程序是由一条条汇编语言指令构成的。在进行汇编语言程序设计时必须严格遵循汇编语句的格式和语法规则,才能编写出符合要求的汇编语言程序。

分支程序包括单重分支和多重分支两种情况。单重分支是多重分支的特例,而多重分支又分为多分支嵌套和多分支转移(散转)两种结构。

循环常用的有计数控制和条件控制两种方式。用计数控制循环可以使用 DJNZ 指令实现,也可以用 CJNE 和 SJMP 指令实现,条件循环是根据具体的条件来控制程序转移。循环有当型循环和直到型循环两种结构,它们都要由条件转移指令来实现。

子程序是一段具有独立功能且能被其他程序调用的程序,其结构与调用程序基本相似。在调用过程中应注意输入参数和输出参数的传递。常用的方法有:寄存器传送,如用 R_0,R_1 或 DPTR;间址传送,如用堆栈传送。

程序汇编有手工汇编和机器汇编两种方式。在机器汇编的程序中必须包含必要的伪指令,它为汇编程序提供必要的信息。助记符指令和机器指令一一对应,汇编时产生目标代码。伪指令为汇编程序服务,汇编时不产生代码。

思考题与习题

1. 简述 MCS – 51 单片机汇编语言指令的格式。

2. 在汇编语言程序设计中,为什么要采用标号来表示地址? 标号的构成原则是什么? 使用标号有什么限制?

3. 什么叫伪指令? 伪指令与汇编指令有什么区别?

4. 分支程序有哪几种基本结构? 循环程序有哪几种基本结构? 请用图示的方法说明。

5. 分析下面各程序段,并写出相应的结果。

①   MOV A,#45H

      MOV R_5,#78H

      ADD A,R_5

      DA A

      MOV 30H,A   A = (   )

②   MOV R_2,#0EH

      MOV DPTR,#TAB

      MOV R_0,#40H

LOOP1:MOV A,R_2

      MOVC A,@ A + DPTR

      MOV @ R_0,A

      INC R_0

```
          CJNE  A,#80H,LOOP2
LOOP2: JC LOOP3
          CPL  A
          INC  A
          DEC  R₀
          MOV  @R₀,A
          INC  R₀
LOOP3: DEC  R₂
          CJNE  A,#80H,LOOP1
          SJMP  $
TAB:    DB  12H,34H,56H,78H,0A0H,0BBH
          DB  0CCH,38H,81H,38H,95H,20H
          DB  77H,0F0H,68H,79H,80H,49H
          END
```

结果： A = (   ),R₀ = (   ),R₂ = (   )

　　　　(40H) = (   ),(41H) = (   ),(42H) = (   )

　　　　(43H) = (   ),(44H) = (   ),(45H) = (   )

　　　　(46H) = (   ),(47H) = (   ),(48H) = (   )

　　　　存入最后一个数的地址 = (   )

　　　　最后一个数 = (   ),CY = (   )

6. 阅读下列程序,并说明其功能。

①
```
          MOV  R₀,50H
          MOV  A,@R₀
          MOV  @R₀,60H
          MOV  60H,A
```

②
```
          CLR  C
          MOV  A,R₀
          ADD  A,R₂
          DA  A
          MOV  R₄,A
          MOV  A,R₁
          ADDC  A,R₃
          DA  A
          MOV  R₅,A
          SJMP  $
```

③
```
          MOV  A,#76H
          MOV  R₁,#00H
```

```
          MOV R₀,#08H
LOOP1：RLC A
          JNC LOOP2
          INC R₁
LOOP2：DJNZ R₀,LOOP1
          MOV A,R₁
          SJMP  $
```

7. 设 x 为存放在内部 RAM 30H 单元的无符号数，函数 y 存放在内部 RAM 40H 单元。编写满足下列关系的程序。

$$y = \begin{cases} x & x \geqslant 50 \\ 5x & 50 > x \geqslant 20 \\ 2x & x < 20 \end{cases}$$

8. 设内部 RAM 的 30H 和 31H 单元中有两个带符号数，编写程序求出大数并存入内部 RAM 的 32H 单元。

9. 试编写程序，求出内部 RAM 50H 单元中的数据含"1"的个数，并将结果存入 51H 单元。

10. 试编写程序，将内部 RAM 的 30H～3FH 单元的内容清零。

11. 从内部 RAM 30H 开始存有一无符号数据块，其长度在 2FH 单元中。求出数据块中最小值并存入 30H 单元。

12. 从外部 RAM 2000H 单元起连续存放了 100 个无符号数。试统计其奇数和偶数的个数，并存放在内部 RAM 30H 和 31H 单元中。

13. 试编写程序，将连续存放在外部 RAM 1000H 开始的 100 个单字节数据，传送到外部 RAM 2000H 开始的连续地址单元中。

14. 在外部 RAM 1000H 开始的单元连续存放 20 个双字节无符号数，低字节在前，高字节在后。试编写求和程序，结果存入内部 RAM 30H,31H,32H 单元中。

15. 用软件实现下列逻辑函数：

① $F = X \oplus Y \oplus Z$

② $F = WXY + WXY$

其中 F,W,X,Y,Z 均为位变量。

16. 已知逻辑函数关系式为 $F = AB + C$。编写模拟其功能的程序。F,A,B,C 为自定义位地址。

17. 试编写程序，实现 $\sum 2^i (i = 1 \sim 10)$。并将结果存放在内部 RAM 50H 单元中。

18. 试编写延时 300ms 的软件延时程序。已知时钟频率 $f_{osc} = 12MHz$。

第5章　MCS-51单片机的中断系统、定时器/计数器和串行口

知识目标：了解 MCS-51 单片机的中断概念及应用；熟悉定时器/计数器和串行口的应用。

能力目标：让学生理解 MCS-51 单片机的应用，掌握定时器/计数器和串行口在实际生活中的应用。

MCS-51 单片机是 8 位单片机中功能较强的一种，它可以提供 5 个中断源，3 个在片内，2 个在片外，有两个中断优先级；片内还提供了两个 16 位可编程的定时/计数器，以及一个全双工的串行口。

5.1　中　断　系　统

5.1.1　中断的基本概念

1. 中断的定义和作用

当 CPU 正在处理某项事务的时候，如果外界或内部发生了紧急事件，要求 CPU 暂停正在处理的工作而去处理这个紧急事件，待处理完以后再回到原来被中断的地方，继续执行原来被中断了的程序，这个过程称为中断。

中断是由中断源产生的，向 CPU 发出中断请求的来源称为中断源。中断源在需要时可以向 CPU 提出中断请求。中断请求通常是一个电信号，CPU 一旦检测到并响应这一请求，就自动进入该中断源所对应的中断服务程序，并在执行完后，自动返回原程序继续执行。不同的中断源，对应特定功能的中断服务程序。

CPU 执行中断服务程序的过程类似于程序设计中的调用子程序，但它们又有区别。见表 5-1。

表 5-1　中断与调用子程序的比较

中　断	调用子程序
中断的产生具有随机性	调用是在程序中事先安排好的
硬件完成保护断点，程序完成保护现场	指令完成保护断点，程序完成保护现场
为处理各类事件服务	为主程序服务
返回指令用 RETI	返回指令用 RET

当计算机采用了中断技术后，可大大地提高工作效率和处理问题的灵活性。主要表现以下几个方面。

（1）同步工作：当计算机具有了中断功能，可以通过分时启动多个外设同时工作，并

对它们进行统一的管理。

（2）实时处理：在检测系统中，现场的各种参数可在任意时刻发出中断请求。如果中断是开放的，计算机就立即响应，及时处理。

（3）故障处理：计算机在运行过程中，若出现事先预料不到的情况，如掉电、运算溢出等，计算机可利用中断系统自行处理。

2. 中断源

能产生中断请求的外部事件和内部事件称为中断源。通常中断源有以下几种。

（1）外部输入输出设备：外部输入输出设备在数据传送时，自动产生一个中断请求供 CPU 检测和响应，这类中断源是最广泛的，如健盘、打印机、A/D 转换器等。

（2）数据通信设备：如磁盘、双机或多机通信。

（3）控制系统中的控制对象：计算机在实时控制时，对系统采集的各种信号的数值，如压力、流量等的阈值，继电接触器的开关状态等。

（4）故障源：如掉电保护请求，在掉电产生时，检测电路就自动发出一个掉电中断请求，系统执行中断服务程序，保护数据并启动备用电源。

（5）实时时钟：在控制系统中，要用到时间控制，采用延时程序则降低 CPU 的利用率，通常采用外部时钟，当规定的时间到了之后，时钟电路就发出中断请求。

（6）为调试程序而设置的中断源：一个程序编写好后，要经过多次调试才能可靠工作。为调试程序方便，往往要设置断点或单步运行。

3. 中断系统的功能

为了满足各种中断源的中断请求，中断系统应具有以下功能。

1）实现中断响应及返回

当某一中断源发出中断请求时，CPU 能决定是否响应这个中断请求。若允许响应这个中断请求，CPU 必须在现行的指令执行完之后，就进行断点保护和现场保护，然后转去执行需要处理的中断源所对应的中断服务程序。当中断处理完后，再恢复现场、恢复断点，使 CPU 继续执行主程序。

2）实现中断优先级排队

一个 CPU 通常可以和多个中断源相连。在这样的系统中会出现两个或多个中断源同时提出中断请求的情况，这就要求人们事先根据轻重缓急，给每一个中断源确定一个中断优先级。这样，当多个中断源同时向 CPU 发出中断请求时，CPU 就能找到优先级别最高的中断源，并响应其中断请求。在处理完优先级别高的中断请求后，再响应优先级别低的中断源。

3）实现中断嵌套

CPU 实现中断嵌套的条件是要有可屏蔽的中断功能。中断按照功能分为可屏蔽中断、不可屏蔽中断、软件中断 3 类。所谓可屏蔽中断指 CPU 对中断请求输入线上的中断请求是可以控制的，这种控制通常是采用指令来实现的。一般是执行一条开中断（或关中断）指令来允许（或禁止）CPU 响应中断请求。

当 CPU 响应某一中断请求，正在进行中断处理时，若有优先级别更高的中断源发出中断请求，则 CPU 立即中止正在进行的中断服务程序，保留其断点和现场，转去响应优先级更高的中断请求。在处理完高级的中断请求之后，再继续执行被中止了的中断服务程序。若新发出的中断请求的中断源,其优先级别与正在处理的中断源同级或更低,则 CPU 不响应这个中断请求,直到完成该中断处理后,再处理新的中断请求。这种高级中断源能中断低级中断源的中断处理称为中断嵌套。

5.1.2　MCS-51 单片机的中断源及中断优先级

在 MCS-51 单片机中,单片机类型不同,其中断源的个数也有差别。例如:80C51 有 5 个中断源;8052 有 6 个中断源;80C252 有 7 个中断源。现以 80C51 为例加以介绍。

80C51 单片机有 5 个中断源:两个外部中断源$\overline{INT0}$和$\overline{INT1}$;两个片内定时器 T0 和 T1 的溢出中断源 TF0 和 TF1;一个片内串行口发送/接收中断源 TI/RI。

中断源及服务程序入口地址、中断标志、优先顺序见表 5-2。

表 5-2　中断源及相应的中断服务程序入口地址和中断标志

中　断　源	中断服务程序入口地址	中　断　标　志	同级优先级顺序
外部中断$\overline{INT0}$	0003H	IE0	高
定时器 T0	000BH	TF0	
外部中断$\overline{INT1}$	0013H	IE1	↓
定时器 T1	001BH	TF1	
串行口 TI/RI	0023H	TI 或 RI	低

1. 外部中断源

80C51 单片机有$\overline{INT0}$和$\overline{INT1}$两外部中断请求输入线,由引脚 P3.2 和 P3.3 输入,用于输入两个外部中断源的中断请求信号。外部中断请求有两种触发方式:低电平中断触发方式或下降沿中断触发方式。中断触发方式是通过对控制寄存器 TCON 的 IT0 和 IT1 两位状态来设定的。

2. 定时器溢出中断源

定时器溢出中断由 8031 单片机内部 2 个 16 位定时器/计数器(T0/T1)产生,故它们属于内部中断。T0/T1 在脉冲作用下其内部加 1 计数器开始计数,当加 1 计数器计满后,置位溢出中断标志 TF0/TF1 时即可自动向 CPU 提出溢出中断请求。

3. 串行口中断源

串行口中断由 80C51 单片机内部串行口中断源产生,也属于内部中断。1 个串行口中断分为串行口发送中断和串行口接收中断两种,当串行口完成发送/接收一帧串行数据时,使串行口控制寄存器 SCON 中的 TI/RI 置 1,产生中断请求。当中断请求被响应后,则转入串行口中断服务程序。只要在该程序中安排一段对 SCON 中 TI 或 RI 中断标志位状态进行判断的程序,就可区分在串行口发生了发送中断请求还是接收中断请求。

每一个中断源可设定为高优先级或低优先级,能实现两级中断嵌套。一个正在执行的低优先级中断服务程序可以被高优先级中断请求所中断,但不能被另一个低优先级中断请求所中断;一个正在执行的高优先级中断服务程序,则不能被任何中断源所中断。

中断处理结束返回主程序后,至少要执行一条指令,才能响应新的中断请求。

5.1.3 中断控制及响应过程

1. 中断控制

80C51 的中断控制与查询是通过 4 个有关特殊功能器来实现的。它们是定时器控制寄存器 TCON、串行口控制寄存器 SCON、中断允许寄存器 IE 和中断优先级寄存器 IP。通过对以上各特殊功能寄存器有关各位状态的操作,可实现各种中断控制功能。

中断系统的结构如图 5 − 1 所示,从图 5 − 1 中可看出 5 个中断源要响应的过程是:首先总允许 EA 标志为 1(开中断),且对应的中断源允许控制位为 1,同时受高低优先级的制约。

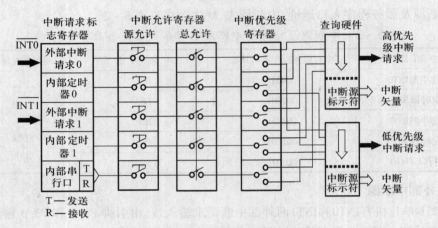

图 5 − 1　中断系统的结构

80C51 在每个机器周期的 S5P2 时检测(或接收)外部(或内部)中断源发来的中断请求信号后先使中断请求标志位置位,然后在下个机器周期检测这些中断请求标志位的状态,以决定是否响应该中断。80C51 中断请求标志位集中安排在定时器控制寄存器 TCON和串行口控制寄存器 SCON 中,由于它们与 80C51 中断初始化关系密切,故应熟记它们。

1) TCON 的中断请求标志

TCON 为定时器/计数器 T0 和 T1 的控制寄存器,同时也锁存 T0 和 T1 的中断溢出标志及外部中断INT0和INT1的中断标志,字节地址为 88H,可位寻址,具体内容见表 5 − 3。其格式及定义如下。

表 5 − 3　TCON 的中断标志位

TCON	TF1	TR1	TF0	TR0	IE1	IT1	IE0	IT0
位地址	8FH	8EH	8DH	8CH	8BH	8AH	89H	88H
	内部定时控制				外部中断控制			

- TF1:定时器/计数器 T1 溢出中断请求标志位。T1 溢出中断时,由硬件置位,并向CPU 发出中断请求,中断响应后,硬件复位。不需中断时软件清零。TF1 也可由程序查询其状态。
- TF0:定时器/计数器 T0 溢出中断请求标志位。作用与 TF1 同。

- TR1:定时器/计数器 T1 的启动停止控制位。其状态由软件设定。若 TR1 =1,T1 开始计数;TR1 =0,则 T1 停止计数。
- TR0:定时器/计数器 T0 的启动停止控制位,作用与 TR1 同。
- IE1:外中断$\overline{INT1}$的中断请求标志位。有中断请求信号时,由硬件置位 1。中断请求响应后,硬件自动复位 0。
- IE0:外中断$\overline{INT0}$的中断请求标志位,作用与 IE1 同。
- IT1:$\overline{INT1}$的中断触发方式控制位。苦 IT1 =1,$\overline{INT1}$为边沿触发方式,下降沿有效。苦 IT1 =0,$\overline{INT1}$为电平触发,低电平有效。
- IT0:$\overline{INT0}$的中断触发方式控制位,作用与 IT1 同。

2)SCON 的中断请求标志

SCON 为串行口控制寄存器,其字节地址为 98H,可位寻址。SCON 的格式及含义见表 5-4。

其中 TI 和 RI 分别为串行口发送中断标志和接收中断标志,其余各位用于串行口方式设定和串行口发送/接收控制,将在第 7 章介绍。串行口的中断请求是由 TI 和 RI 相或后产生的。

- TI:串行口发送中断请求标志位。每发送完一帧串行数据后,串行口中断请求发生,同时硬件置位 TI,响应中断后,必须软件清零。
- RI:串行口接收中断请求标志位。在串行口允许接收时,每接收到一帧串行数据,发出串行口中断请求,同时硬件置位 TI。响应中断后,必须软件清零。

表 5-4　SCON 的中断标志位

SCON	SM0	SM1	SM2	REN	TB8	RB8	TI	RI
位地址	9FH	9EH	9DH	9CH	9BH	9AH	99H	98H

注意:CPU 在响应中断后,对中断标志的处理方式有 3 种。

(1)自动清除,如:定时溢出标志 TF0、TF1;边沿触发方式下的外部中断标志 IE0、IE1。

(2)软件清除,如:串行口接收发送中断标志 RI、TI。

(3)硬件干预,如:电平触发方式下的外部中断标志 IE0、IE1。

3)中断允许控制 IE

MCS-51 单片机对中断源的开放或屏蔽是由中断允许寄存器 IE 进行两级控制的。所谓两级控制是指有一个中断允许总控制位 EA。EA =0,屏蔽所有中断请求;EA =1,开放中断;另外由各中断源的中断允许控制位分别控制各中断请求的开放与否。

中断允许寄存器 IE 的字节地址为 A8H,可位寻址。其格式及含义见表 5-5。

表 5-5　IE 的中断控制位

IE	EA	—	ET2	ES	ET1	EX1	ET0	EX0
位地址	AFH	AEH	ADH	ACH	ABH	AAH	A9H	A8H

IE 的功能是中断总控与各中断源的分控。各位作用见表 5-6。

表 5-6　IE 寄存器各位说明

EA	中断允许总控制位	1	允许
ES	串行口中断允许位		
ET1/ET0	T1/T0 的溢出中断允许位	0	禁止
EX1/EX0	外部中断 INT1/INT0 的中断允许位		

中断允许寄存器 IE 可位寻址,因此可采用两种方式对各个中断允许位加以控制:一是采用字节传送指令;二是采用位操作指令。

例如:设置 T1 允许溢出中断,可使用 MOV IE,#88H 实现,也可使用以下指令实现。

　　SRTB　　EA

　　SETB　　ET1

注意:当 MCS-51 单片机复位后,中断允许寄存器 IE 被清零。因此必须在主程序开放所需的中断,以便使 CPU 能响应有关中断请求。

4）中断优先级控制 IP

MCS-51 单片机中断系统有两个优先级:高优先级和低优先级,并能实现两级中断嵌套。中断优先级是由片内的中断优先级寄存器 IP 控制的,其字节地址为 B8H,可位寻址。IP 的格式见表 5-7。

表 5-7　IP 的中断控制位

IP	—	PT2	PS	PT1	PX1	PT0	PX0
位地址	BFH	BEH	BDH	BCH	BBH	BAH	B9H	B8H

IP 中的低 5 位是各中断源优先级的控制位,可用程序来设定。各位含义见表 5-8。

表 5-8　IP 寄存器各位说明

PS	串行口中断优先级控制位	1:定义为高优先级中断
PT1/PT0	T1/T0 中断优先级控制位	0:定义为低优先级中断
PX1/PX0	外部中断 INT1/INT0 中断优先级控制位	

若有两个以上同一优先级的中断源同时向 CPU 发出中断请求,CPU 通过内部硬件查询序列来确定优先服务于哪一个中断请求。单片机对同一优先级的中断源规定了一个优先级别排列顺序,从高到低分别是:外部中断 INT0、定时器 T0、外部中断 INT1、定时器 T1、串行口 TI/RI。这个规则被称为内部自然查询逻辑。

MCS-51 单片机对中断优先级处理的原则如下:

（1）不同级别的中断源同时发出中断请求时,先高后低。

（2）处理低级中断又收到高级中断请求时,停低转高。

（3）处理高级中断又收到低级中断请求时,不予理睬。

（4）同一级别的中断源同时发出中断请求时,按规定进行。

（5）中断优先级寄存器 IP 的各位的状态可由程序设置。用字节操作指令或位操作指令改变 IP 的内容,从而确定各中断源的中断优先级别。

注意:单片机复位时,IP 被清零,所有中断源均为低优先级中断。

2. 中断响应条件及响应过程

1）中断响应的条件

MCS-51 单片机的 CPU 在每一个机器周期的 S5P2 期间对所有中断源进行检测。当发现中断请求时,首先将这些中断请求放在各自的中断标志位中,并在下个机器周期的 S6 期间查询所有中断标志,按优先级顺序排队。之后判断是否满足中断响应的条件,若满足,则转到相应原中断入口地址,执行相应的中断服务程序。

MCS-51 单片机响应中断的条件如下:

（1）中断源有中断请求。

（2）中断允许寄存器 IE 相应的位置"1",CPU 开中断。

（3）无同级或高级中断正在处理。

（4）当前的指令周期已经结束。

（5）若现行指令为 RETI 或访问特殊功能寄存器 IE 或 IP 指令时,执行完该指令且其紧接着另一条子指令已经执行完。

单片机就在紧接着的下一个机器周期 S1 期间响应中断源的中断请求。

2）中断响应的过程和时间

中断条件满足后,CPU 在下一个机器周期的 S1 状态开始响应最高优先级的中断源所发出的中断请求。中断响应过程如图 5-2 所示。在响应中断的 3 个机器周期 M3 ~ M5 内,MCS-51 单片机必须做以下工作:把断点地址送入堆栈以保护断点,根据表 5-2 所列的中断源对应的入口地址,转入相应的中断服务程序。

图 5-2　中断响应过程

在第一个机器周期的 S5P2 期间,$\overline{INT0}$、$\overline{INT1}$ 引脚的电平被锁存在 TCON 的 IE0 和 IE1 标志位中,CPU 在下一个周期才查询这些值。此时如果满足响应的条件,需要 2 个机器周期才转到中断源对应的入口地址。这样,从外部中断源发出中断请求到执行中断服务程序,至少需要 3 个机器周期,这是最短的响应时间。

若现行的机器周期不是本指令的最后一个机器周期,附加的时间为 1 个 ~3 个机器周期。若 CPU 正在执行 RETI 指令或访问 IE、IP 寄存器的指令,除了要完成本指令（1 个机器周期）,还要再执行一条其他的指令才会响应中断,由于 MCS-51 单片机的指令最长执行时间为 4 个机器周期,这样响应周期最多要附加 5 个机器周期。如果同级或高优先级的中断正在执行,则无法估算响应时间了。

一般情况下,MCS-51 单片机响应时间为 3 个 ~8 个机器周期。若系统的时钟频率 $f_{osc} = 12MHz$,则响应时间为 $3\mu s ~ 8\mu s$。

5.1.4　中断技术的应用举例

中断程序的结构及内容与 CPU 对中断处理的过程密切相关。通常分为两个部分:主程序和中断服务程序。

1. 编写主程序

（1）主程序的起始地址。MCS-51单片机复位后，PC=0000H，而各中断源的入口地址为0003H～0023H。因此，在编写程序时应在0000H处使用一条子转移指令，跳过上述区域。主程序则以转移指令的目的地址作为其起始地址。

（2）主程序的初始化内容。MCS-51单片机中断系统的功能是通过上述特殊功能寄存器进行统一管理的，中断初始化是指用户对这些特殊功能寄存器进行赋值。初始化包括：相应中断源开中断；设定所涉及中断源的中断优先级；若为外部中断，应规定其触发方式。

2. 编写中断服务程序

（1）由于5个中断源的入口地址之间彼此相差8个存储单元，一般而言是无法容纳下中断服务程序的。因此，通常在中断程序的入口处设置一条三字节长转移指令，这样可使中断服务程序安排在64KB程序存储器的任何地方。

（2）由于单片机在响应中断后，只是将断点地址压入堆栈进行保护。所以在中断服务程序的开始应使用软件保护现场。在中断处理之后，中断返回之前再恢复现场。

（3）中断服务程序的最后一条指令是中断返回指令 RETI。

【例5-1】 编写$\overline{INT1}$为低电平触发的初始化程序。

（1）采用位操作指令实现：

```
SETB    EA              ;开放中断允许总控制位
SETB    EX1             ;INT1开中断
SETB    PX1             ;设置INT1为高优先级中断
CLR     IT1             ;设置INT1为电平触发方式
```

（2）采用字节操作指令实现：

```
MOV     IE,#84H         ;开放中断允许总控制位,INT1开中断
ORL     IP,#04H         ;设置INT1为高优先级中断
ANL     TCON,0FBH       ;设置INT1为电平触发方式
```

【例5-2】 利用 INT0 实现单步操作。

MCS-51单片机中断系统有一个特点，当执行中断返回指令 RETI 后，至少还要执行一条指令，才能响应新的中断请求。利用这个特点可实现单步操作，硬件连接如图5-3所示。

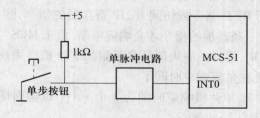

图5-3 MCS-51单片机单步工作电路图

单步操作是通过外部中断$\overline{INT0}$引脚上的低电平实现，即按一次键执行一条指令。其程序如下：

```
            ORG      0000H
            LJMP     MAIN


            ORG      2000H
MAIN:       SETB     EA              ;CPU 开中断
            SETB     PX0             ;设置INT0为高优先级中断
            SETB     EX0             ;允许INT0中断
            CLR      IT0             ;INT0 为低电平触发方式


            ORG      0003H
            LJMP     INT0


INT0:       JNB      P3.2,INT0       ;等待INT0引脚变为高电平
HEAR:       JB       P3.2,HEAR       ;等待,直到INT0引脚变为低电平
            RETI                     ;中断返回
```

【例 5 -3 】采用中断和查询相结合的方法扩展外部中断。

当系统有多个外部中断源时,可按其轻重缓急进行中断优先级排队,通过或非门电路接入单片机外部中断输入端(一般是INT1)。当这些外部中断源有一个及以上发出中断请求时,则应在INT1引脚上产生一个有效信号,向 CPU 发出中断请求。当中断请求被响应后,便使程序转向相应的中断入口地址 0013H。为了能识别在 INT1 引脚上是哪个中断源发出的有效请求,通常由软件按预先设计的优先级顺序查找中断来源。电路如图 5 - 4 所示。当外部中断 IR0,IR1,IR2 中有一个为高电平时,INT1有效。中断源优先级顺序依次为:IR0、IR1、IR2。

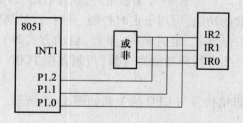

图 5 -4　扩展中断源电路图

程序如下:

```
            ORG      0000H
            JLMP     MAIN


ORG      0013H
LJMP     EXINT                       ;转外部中断 1 的中断服务程序
EXINT:   PUSH     PSW                ;保护现场
         PUSH     A
         JB       P1.0,EXINT0        ;若 P1.0 为 1,则转 IR0 的中断服务程序
         JB       P1.1,EXINT0        ;若 P1.1 为 1,则转 IR1 的中断服务程序
         JB       P1.2,EXINT0        ;若 P1.2 为 1,则转 IR2 的中断服务程序
```

	POP	A	;恢复现场
	POP	PSW	
DONE:	RETI		;中断返回
EXINT0:			;IR0 的中断服务程序
	AJMP	DONE	
EXINT1:			;IR1 的中断服务程序
	AJMP	DONE	
EXINT2:			;IR2 的中断服务程序
	AJMP	DONE	

此方法原则上可处理任意多个外部中断源。

5.2　MCS－51 单片机的定时器/计数器

在工业控制中,许多场合都要用到计数器和定时器。定时器/计数器是单片机的重要部件,其工作灵活,编程简单,使用它对减轻 CPU 的负担和简化外围电路有很大的作用,在大多数应用系统中都会使用到。8031、80C51 有 2 个 16 位二进制定时器/计数器,8032、8052 有 3 个这样的定时器/计数器。MCS－51 单片机这种结构可以方便地用于测量控制系统的实时时钟,以实现实时或延时控制,也可用于需要有计数器的测试系统中,以实现对外界事件进行计数。本章将以 80C51 为例介绍其内部定时器/计数器的结构、原理、工作方式及使用方法。

5.2.1　定时器/计数器的结构

80C51 单片机内部有 2 个 16 位的可编程定时器/计数器,即定时器/计数器 T0 和 T1。它们都有定时和事件计数的功能,可用于定时控制、延时、对外部事件计数和检测等场合。可编程是指其功能(如工作方式、定时时间、量程、启动方式等)均可由指令来确定和改变。这种功能改变是通过 2 个特殊功能寄存器(控制寄存 TCON 和模式寄存器 TMOD)实现的。

定时器 T0、T1 的逻辑结构及与 CPU 的关系如图 5－5 所示。

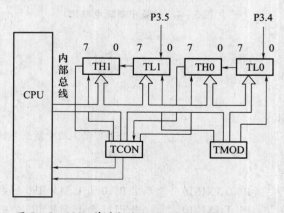

图 5－5　8051 单片机定时器/计数器逻辑结构图

1. 内部结构

由逻辑结构图可以看出,T1、T0 定时器/计数器的结构如下。

1)2 个输入引脚:T0、T1

(1)定时工作方式。对内部定时,通过外分频器获得时钟信号。计数脉冲是由晶体振荡器的输出经 12 分频(即计数脉冲周期正好是一个机器周期)提供的,不需要通过引脚输入。

(2)计数工作方式。对外部事件计数,通过引脚 T0(P3.4)和 T1(P3.5)输入计数信号。

2)2 个 16 位的定时计数器 T0、T1

T0、T1 计数器实际上是由软件控制的 16 位加 1 计数器。其基本结构是由两个 8 位的特殊功能寄存器构成一个 16 位的计数器(其中 TH0、TL0 构成 T0;TH1、TL1 构成 T1)。其访问地址依次为 8AH ~ 8DH,这个地址空间主要是用来存放定时/计数的过程值,一般在工作开始时赋初值。每个特殊功能寄存器均可独立访问。

3)2 个特殊功能寄存器

其内部有一个 8 位的定时器控制寄存器 TCON 和一个 8 位的定时器模式寄存器 TMOD。这些寄存器之间是通过内部总线和控制逻辑电路连接起来的。TCON 主要用于控制定时器的启动和停止,TMOD 主要用于选定定时器和工作模式。

2. 两种工作方式

MCS – 51 单片机的两个 16 位的定时器/计数器既可用做定时器,又可用做计数器,用于定时控制、延时、对外部事件计数和检测等场合。

定时器作用:精确地确定某一段时间间隔。

计数器作用:累计外部输入的脉冲个数。

相应的就有两种工作方式。

1)定时工作方式

一般而言,定时工作方式是在计数器的输入端输入周期固定的脉冲信号,根据计数器中累计的脉冲个数即可计算出所定时间长度。

80C51 单片机的定时器是对片内振荡器输出的时钟信号经 12 分频后的脉冲计数,即每过一个机器周期使定时器(T0 或 T1)的数值加 1,直至溢出。显然,定时器的定时时间与系统的振荡频率有关。假设 80C51 单片机采用 12MHz 晶振时,一个机器周期等于 $1\mu s$,则计数频率为 1MHz。

2)计数工作方式

计数器工作方式是对引脚 T0(P3.4)和 T1(P3.5)来的外部脉冲信号计数。当输入脉冲信号产生由高电平至低电平的下降沿时,计数器的值加 1。为了确保某个电平在变化之前至少被采用一个,要求外部计数脉冲的高电平与低电平保持时间至少为一个完整的机器周期。不管是定时工作方式还是计数工作方式,T0 或 T1 在对内部时钟或对外部事件计数时都不占用 CPU 时间,只有定时器/计数器产生溢出,才可能中断 CPU 的当前操作。CPU 也可以重新设置定时器/计数器的工作方式,以改变定时器的操作。由此可见,定时器/计数器是单片机中效率高而且工作灵活的部件。

5.2.2 工作模式寄存器和控制寄存器

在定时器/计数器开始工作之前,CPU 必须对定时器/计数器进行初始化,即将一些命令(称为控制字)写入该定时器/计数器。定时器共有两个控制寄存器,由软件写入 TMOD 和 TCON 两个 8 位的特殊功能寄存器中,用来设置定时器 T0 或 T1 的操作模式和控制功能。当 80C51 系统复位时,两个寄存器所有位都被清零。

1. 工作模式寄存器 TMOD

TMOD 用于控制 T0 和 T1 的工作模式,其各位的定义格式见表 5 - 9。其中低 4 位用于 T0,高 4 位用于 T1。TMOD 各位功能如下。

● M0 和 M1:工作模式控制位。

2 位二进制可形成 4 种编码,对应于 4 种操作模式,定义如表 5 - 10 所示。

● $C/\overline{T}$:定时器/计数器功能选择位。

当 $C/\overline{T} = 0$ 时,设置为定时器方式,定时器对 80C51 内部脉冲计数,即对机器周期(振荡周期的 12 倍)计数;

当 $C/\overline{T} = 1$ 时,设置为计数器方式,计数器的输入来自 T0(P3.4)和 T1(P3.5)端的外部脉冲。

表 5 - 9 工作模式寄存器 TMOD 各位定义

位	D7	D6	D5	D4	D3	D2	D1	D0	字节地址
TMOD	GATE	$C/\overline{T}$	M1	M0	GATE	$C/\overline{T}$	M1	M0	89H

● GATE:门控制位。

表 5 - 10 M1,M0 控制的 4 种工作方式

M1	M0	工 作 模 式	功 能 描 述
0	0	模式 0	13 位计数器
0	1	模式 1	16 位计数器
1	0	模式 2	自动接入 8 位计数器
1	1	模式 3	定时器 0:分成两个 8 位计数器 定时器 1:停止计数

当 GATE = 0 时,只要软件控制位 TR0(或 TR1)置 1 时,就能启动定时器/计数器开始工作。

当 GATE = 1 时,只有 $\overline{INT0}$(或 $\overline{INT1}$)引脚为高电平,且 TR0(或 TR1)置 1 时,才能启动相应的定时器开始工作。

TMOD 不能位寻址,只能和字节传送指令。例如,设定定时器 T1 为定时工作方式,按模式 2 工作,设定定时器 T0 为计数方式,按模式 1 工作。则根据 TMOD 各位的作用可知命令字为 25H,定义工作模式寄存器 TMOD 的指令形式为:

MOV　TMOD,　#25H

2. 控制寄存器 TCON

TCON 的作用是控制定时器的启、停,标志定时器的溢出和中断情况。定时器的控制寄存器 TCON 除可字节寻址外,各位均可位寻址,各位定义及格式如图 5 - 6 所示。

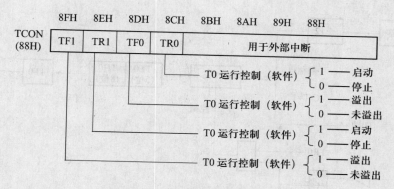

图 5-6 控制寄存器 TCON 的位定义

TCON 各位功能如下。

● TF1：定时器 T1 溢出标志位。当 T1 计满溢出时，硬件自动使 TF1 置 1，并且申请中断。当 CPU 中断服务程序后，TF1 又由硬件自动清零，在查询方式下用软件清零。

● TR1：定时器 T1 运行控制位。当 GATE = 0 时，TR1 置 1 即启动定时器 1。当 GATE = 1，且$\overline{INT1}$为高电平时，TR1 置 1 启动定时器 T1，由软件清零关闭定时器 T1。

● TF0：定时器 T0 溢出标志位，其功能及操作情况同 TF1。

● TR0：定时器 T0 运行标志位，其功能及操作情况同 TR1。

● IE1：外部中断$\overline{INT1}$请求标志。

● IT1：外部中断$\overline{INT1}$触发方式选择位。

● IE0：外部中断 INT0 请求标志。

● IT0：外部中断 INT0 触发方式选择位。

● TCON 中低 4 位与中断有关，已在前面已详细讨论过，不再作介绍。当系统复位时，TCON 的所有位均清零。

由于 TCON 是可以位寻址的，因此如果只清溢出位或启动定时器工作可以用位操作指令。例如 CLR TF0 执行后就清定时器 T0 的溢出位。SETB TR1 执行后即可启动定时器 T1 开始工作。

5.2.3 定时器的 4 种工作模式

定时器/计数器 T0 或 T1 有 4 种工作模式，通过对 M1、M0 位的设置，即可选择模式 0、模式 1、模式 2、模式 3。T0、T1 这两个定时器在模式 0 ~ 2 工作时，其用法完全一致，仅模式 3 有所区别。本节将介绍 4 种工作模式的结构、特点及工作过程。

1. 模式 0

模式 0 是选择定时器 TH 的高 8 位和 TL 低 5 位（TL 高 3 位无效）组成一个 13 位的实时器/计数器。图 5-7 是定时器 T0 在模式 0 时的逻辑电路结构，定时器 T1 的结构和操作与定时器 T0 完全相同。

当 TL0 的低 5 位溢出时，向 TH0 进位；而 TH0 溢出时，向溢出标志 TF0 进位（称硬件置位 TF0），并申请中断。定时器 T0 操作完成与否可通过查询 TF0 是否置位来判断，并以此产生定时器 T0 中断。

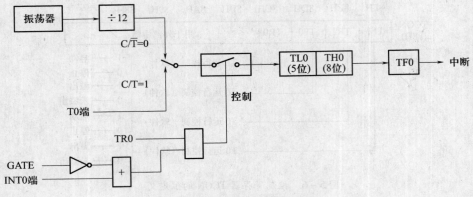

图 5 – 7　T0(或 T1)模式 0 结构

1）定时/计数模式的选择

当 C/$\overline{\text{T}}$ = 0 时,选择定时方式;控制开关与振荡器的 12 分频器输出端相连,T0 对机器周期计数。其定时时间为:

$$t = (2^{13} - T0_{初值}) \times 12/f_{osc}(\mu s)$$

当 C/$\overline{\text{T}}$ = 1 时,选择计数方式;控制开关使引脚 T0(P3.4)与 13 位计数器相连,外部计数脉冲由引脚 T0 输入,当外部信号电平发生由 1 到 0 跳变时,计数器加 1,这时 T0 对外部事件计数,即计数器工作方式。

2）定时启动条件

由 GATE、$\overline{\text{INT0}}$、TR0 逻辑控制。当 GATE = 0 时,只要 TR0 = 1 就可打开控制门,GATE = 1 时,则需要 TR0 = 1 和 $\overline{\text{INT0}}$ = 1 才可打开控制门。

一般应用中,通常使 GATE = 0,由 TR0 开启定时器。

在特殊应用中,如测量引脚 $\overline{\text{INT0}}$ 上的外部脉冲高电平的宽度时,使 GATE = 1,同时,TR0 = 1,外部信号电平通过 $\overline{\text{INT0}}$ 引脚直接开启或关断定时器计数。输入 1 电平时,允许计数,否则停止计数。计数值反映了外部信号脉冲的高电平宽度。

溢出时,13 位寄存器清零,TF0 置位,并申请中断,T0 从 0 重新开始计数。若 TR0 = 0 时,关断控制开关,停止计数。

2. 模式 1

模式 1 是一个 16 位的定时器/计数器。其结构与操作几乎与模式 0 完全相同,的差别是:在模式 1 中,寄存器的 16 位二进制数全部参与操作,具有更大的定时/计数范围。其定时时间为

$$t = (2^{16} - T0_{初值}) \times 12/f_{osc}(\mu s)$$

3. 模式 2

模式 2 是可以重置初值的 8 位定时器/计数器。定时器/计数器在模式 0 和模式 1 下工作时,若用于循环重复定时计数时(如产生连续脉冲信号),每次计数溢出,寄存器全部清零,下一次定时计数还要重新装入计数初值。这样不仅在编程时麻烦,且影响定时时间精度。

在模式 2 的结构如图 5 – 8 所示,16 位的计数器被拆成两个。TL0 用作 8 位计数器,TH0 用以保持计数器的初值。在程序初始化时,TL0 和 TH0 由软件赋予相同的初值。一

94

且 TL0 计数溢出,置位 TF0,同时自动将 TH0 中的初值再装入 TL0,继续计数,循环重复不止。避免在模式 1 和模式 2 中再循环计数时多次装入初值引起的缺陷。适合用作较精确的定时脉冲信号发生器,特别适于作串行口波特率发生器。其定时时间为

$$t = (2^8 - T0_{初值}) \times 12/f_{osc}(\mu s)$$

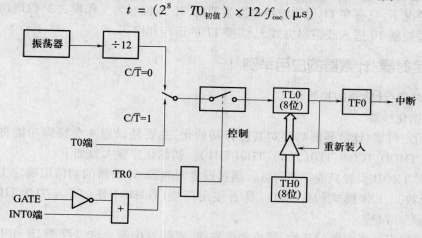

图 5-8 T0(或 T1)模式 2 结构

4. 模式 3

只有定时器 T0 可以工作在模式 3。定时器 T0 在模式 3 下也被拆成两个独立的 8 位计数器 TL0 和 TH0,如图 5-9 所示。其中 TL0 用原 T0 的各控制位、引脚和中断源,即 C/T、GATE、TR0、TF0、T0(P3.4)、INT0(P3.2)引脚。TL0 除了仅用 8 位寄存器外,其功能和操作与模式 0、模式 1 完全相同,可定时也可计数。

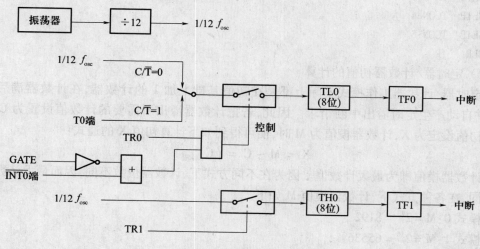

图 5-9 T0 模式 3 结构

从图 5-9 可看出,此时 TH0 只可用作简单的内部定时功能,它占用原定时器 T1 的控制位 TR1 和 T1 的中断标志 TF1,其启动和关闭仅受 TR1 置 1 和清零控制。模式 3 为定时器 T0 增加一个 8 位定时器。

定时器 T1 无工作模式 3 状态,若将 T1 设置为模式 3,就会使 T1 立即停止计数,也就是保持原有的计数值,作用相当于使 TR1 =0,封锁"与"门,断开计数控制开关。

定时器 T0 在工作模式 3 时,T1 仍可设置为模式 0~2。由于 TR1、TF1 和中断源均被定时器 T0 占用,此时仅用 T1 控制位 C/T 切换其定时器或计数器工作方式,计数器溢出时,只能将输出进入串行口或不需要中断的场合。

一般情况下,只有在 T1 用作波特率发生器时,T0 才设置为工作模式 3,以增加一个定时器。通过控制 T0 进入或退出方式 3,切换 T1 的运行和停止。

5.2.4 定时器/计数器的应用举例

1. 定时器/计数器的初始化

1) 初始化步骤

在使用定时器/计数器前都要对其进行初始化,主要是设置 4 个特殊功能寄存器的值,它们是 TMOD、TCON、TL0(TL1)、TH0(TH1)。初始化步骤大致如下:

(1) 对 TMOD 设置只能字节寻址。通过设置定时器/计数器的初值以确定工作方式(定时或计数)、工作模式(M1、M0)、是否使用门控(GAME)等。写入 TL0、TH0、TH1、TL1,只能字节寻址。

(2) 设置定时器中断的开放、禁止和优先级,直接对中断允许寄存器 IE 和中断优先级寄存器 IP 赋值,以开放相应的定时器/计数器中断和设定中断优先级。如以下指令:

```
SETB    ET
SETB    EA
CLR     ET
```

(3) 启动定时器/计数器工作,即写 TCON,可字节寻址,也可位寻址。如以下指令:

```
SETB    TR
SETB    TCON.4
SETB    TCON.6
CLR     TR
```

2) 定时器/计数器初值的计算

定时器/计数器工作模式实际上都是在初值基础上加 1 的计数器,在计数器满后回"0"并自动产生定时溢出中断请求。因此,若把计数器溢出所需要的计数值设置为 C 和计数初值设定为 X,计数器模值为 M 时,便可得到如下计算初值 X 的通式:

$$X = M - C = (C)_{求补}$$

计数器模值即为最大计数值。因为在不同方式下,计数器位数不同,因而最大计数值也不同,在各种方式下,计数器模值 M 如下。

模式 0:$M = 2^{13} = 8192$

模式 1:$M = 2^{16} = 65536$

模式 2:$M = 2^8 = 256$

模式 3:定时器 0 分成 2 个 8 位计数器,2 个计数器模值都为 $M = 2^8 = 256$

【例 5-4】 若 MCS-51 单片机频率为 12MHz,要求定时 100μs,试计算不同工作模式的初值。

在 12MHz 主频情况下,计数器每"加 1"一次所需的时间为 1μs,如果要产生 100μs 的定时时间,则需要"加 1"100 次。那么 100(64H)即为计数值 C,求初值也即对 64H 求补。

模式0(13位)　　　$X = (64H)_{求补} = \overline{000001100100B} + 1 = 1F9CH$

模式1(16位)　　　$X = (64H)_{求补} = \overline{00000001100100B} + 1 = FF9CH$

模式2、3(8位)　　$X = (64H)_{求补} = \overline{001100100B} + 1 = 9CH$

应该注意定时器在模式0时的初值装入方法,模式0是13位定时/计数方式,对T0而言,高8位初值装入TH0,低5位初值装入TL0的低5位。所以要装入1F9C初值时,可安排成

$$000\underbrace{11111100}\underbrace{11100}B$$

必须把11111100B装入TH0,而把＊＊＊11100装入TL0,用以下指令:

MOV　　THO,#0FCH

MOV　　TLO,#1CH;

2. 模式0的应用

【例5-5】设定时器T0选择模式0,定时时间为1ms,$f_{osc} = 6MHz$,定时初值X为多少? 最大定时时间T为多少? 并编程实现1ms定时功能。

(1)初始化。当T0选择方式0时,计数器使用13位二进制。$f_{osc} = 6MHz$,机器周期是2μs。设T0的初值为X。

$$(2^{13} - X) \times 2 = 1000\mu s$$
$$(2^{13} - X) = 500\mu s$$
$$X = (500)_{求补} = 8192 - 500 = 1111000001100B$$

T0的低5位:01100B = 0CH

T0的高8位:11110000 = F0H

(2)最大定时时间T。最大定时时间对应于13位计数器T0的各位全为0,即(TH0) = 00H,(TL0) = 00H,则

$$T = 123 \times 2\mu s = 16.384ms$$

(3)程序清单:

```
              ORG    0000H
    RESET:    AJMP   MAIN        ;跳过中断服务程序区
              ORG    000BH       ;定时器T0中断服务程序固定入口
              AJMP   IROP
              ORG    0100H       ;主程序
    MAIN:     MOV    SP,#60H     ;设堆栈指针
              MOV    TMOD,#00H   ;设置T0为定时器方式0
              ACALL  PROMD       ;调用置初值、中断开放、启动定时器子程序
    HERE:     AJMP   HERE        ;等待时间到,转入中断服务程序
    PROMD:    MOV    TLO,#0CH    ;子程序开始,置定时器初值
              MOV    THO,#0F0H
              SETB   TRO         ;启动定时器T0
              SETB   ETO         ;T0开中断
              SETB   EA          ;CPU开中断
              RET
```

```
IROP:          ……              ;中断服务程序略
```

3. 模式 1 的应用

【例 5 - 6】 设 $f_{osc} = 12MHz$，T0 工作在模式 1，请编程利用定时器/计数器在 P1.0 引脚上输出周期为 2s 的方波程序。

分析：实现周期为 2s 的方波，应输出 1s 高电平和 1s 低电平，即 T0 工作在定时方式，定时时间 1s，每当定时时间到，使 P1.0 的输出逻辑取反。

若 T0 工作在模式 1 下，最大定时时间 T_{max} 为

$$T_{max} = M \times \frac{12}{12}\mu s = 65536\mu s = 65.536ms$$

但由于要产生周期为 2s 的方波，定时器 T0 必须能定时 1s，这个值超过了在模式 1 下工作时的最大定时时间，因此必须采用定时器定时和软件计数相结合的方法。

设定定时器 T0 的定时时间为 50ms，而 1s 中包括 20 个 50ms，那么可以在主程序中设置一个初值为 20 的软件计数器。这样，每当 T0 定时到 50ms 时发出溢出中断请求，从而进入中断服务程序。在中断服务程序中，CPU 先使软件计数器减 1，然后判断它是否为 0，若它为 0，则表示定时 1s 已到，便可恢复软件计数器初值和改变 P1.0 引脚上电平，然后返回主程序；若它不为 0，则表示定时 1s 未到，也返回主程序继续定时。如此重复上述过程，便可在 P1.0 引脚上观察到周期为 2s 的方波。

要求 T0 定时 50ms，此时 T0 的初始值 X 为

$$(M - X) \times 1 \times 10^{-6} = 50 \times 10^{-3}$$
$$X = 65536 - 50000 = 15536D = 3CB0H$$

参考程序：

```
        ORG    1000H              ;主程序入口地址
MAIN:   MOV    TMOD,#01H          ;设置 T0 为定时器方式 1
        MOV    TH0,#3CH           ;装入定时初值
        MOV    TL0,#0B0H
        MOV    IE,#82H            ;开 CPU 和 T0 中断
        SETB   TR0                ;启动 T0 计数
        MOV    R0,#20             ;软件计数器 R0 赋初值
        SJMP   $                  ;等待中断
        ORG    000BH              ;定时器 T0 中断服务程序固定入口
        AJMP   BRT0               ;转入中断服务程序
        ORG    0080H
BRT0:   DJNZ   R0 NEXT            ;若未到 1s,则转 NEXT
        CPL    P1.0               ;若已到 1s,则改变 P1.0 电平
        MOV    R0,#20             ;恢复 R0 初值
NEXT:   MOV    TH0,#3CH           ;重装定时器初值
        MOV    TL0,#0B0H
        RETI
        END
```

4. 模式 2 的应用

【例 5 - 7】 用定时器 T1 模式 2 计数，要求每满 100 次，将 P1.0 端取反。

98

（1）选择模式。外部信号由 T1（P3.5）引脚输入，每发生一次负跳变计数器加 1，每输入 100 个脉冲，计数器发生溢出中断，中断服务程序将 P1.0 取反一次。

模式 2 具有自动重装入功能，初始化后不必再置初值。

（2）计算 T1 的计数初值：

$$X = 2^8 - 100 = 156D = 9CH$$

因此

$$TL1 = TH1 = 9CH$$

（3）程序清单：

```
MAIN: MOV    TMOD,#60H      ;置 T1 为模式 2 工作计数方式
      MOV    TL1,#9CH       ;给计数器赋初值
      MOV    TH1,#9CH
      MOV    IE,#88H        ;开 CPU 和 T1 的中断
      SETB   TR1            ;启动计数器 T1
HERE: SJMP   HERE           ;等待中断
      ORG    001BH          ;定时器 T1 中断服务程序入口
      CPL    P1.0
      RETI
```

【例 5-8】 由 P3.4 引脚（T0）输入一低频脉冲信号（其频率小于 0.5kHz），要求 P3.4 每发生一次负跳变时，P1.0 输出一个 $500\mu s$ 的同步负脉冲。已知 $f_{osc} = 6MHz$。

（1）选择模式。选择 T0 为模式 2，外部事件计数方式。初态 P1.0 输出高电平（系统复位时实现）。当加在 P3.4 上的外部脉冲负跳变时，则使 T0 加 1 计数器溢出将 TF0 置 1，程序查询到 TF0 为 1 时，改变 T0 为 $500\mu s$ 定时器工作方式，并且 P1.0 输出 0。也就是说：T0 第一次计数溢出后，P1.0 清零，T0 第二次定时溢出后，P1.0 恢复 1，T0 恢复外部计数，如下所示。

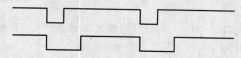

（2）计算初值。T0 工作于外部事件计数模式 2 时，当计数到 2^8 时，加 1 计数器就会溢出。根据题意设计数初值为 X，当出现一次外部事件时，计数器溢出。则

$$X + 1 = 2^8$$

$$X = 2^8 - 1 = 11111111B = 0FFH$$

T0 工作在定时方式时，因晶振频率为 6Hz，$500\mu s$ 相当于 250 个机器周期。因此，初值 X 为

$$(2^8 - X) \times 2\mu s = 500\mu s$$

$$X = 2^8 - 250 = 6 = 06H$$

（3）程序清单：

```
START: MOV    TMOD,#06H      ;设置 T0 为模式 2,外部计数方式
       MOV    TH0,#0FFH      ;装入 T0 计数器初值
       MOV    TH0,#0FFH
       SET    TR0            ;启动 T0 计数
LOOP1: CLR    TR0,PRT01      ;TF0=1 时,P3.4 负跳变,转入定时模式,并清零 TF0
       SJMP   LOOP1
```

```
PTFO1: CLR    TR0                    ;停止计数
       MOV    TMOD,#02H              ;设置 T0 为模式 2,定时方式
       MOV    TH0,#06H               ;T0 定时 500μs 初值
       MOV    TL0,#06H
       CLR    P1.0                   ;P1.0 清零
       SETB   TR0                    ;启动定时 500μs
LOOP2: JBC    TF0,PTFO2              ;查 TF0,500μs 定时到,TF0 = 1 转移,并清零 TF0
       SJMP   LOOP2
PTFO2: SETB   P1.0                   ;P1.0 置 1(到了第一个 500μs)
       CLR    TR0                    ;停止计数
       SJMP   START                  ;转,T0 恢复外部计数
```

5. 模式 3 的应用

【例 5 - 9】 设定时器 T1 工作于模式 2,用于串行口波特率发生器(在此不做介绍)。试编写程序增加一个外部中断源,并要求从 P1.0 输出一个 5kHz 的方波。已知 $f_{osc} = 6MHz$。

可设置 T0 工作在模式 3 计数方式,把 T0 的引脚作附加的外部中断输入端。TL0 的计数初值为 FFH,当 T0 引脚电平由 1 ~ 0 负跳变时,TL0 产生溢出,申请中断。这相当于扩展了一个边沿触发的外部中断源。

T0 在模式 3 下,TL0 作计数器用,而 TH0 用作 8 位定时器,定时控制 P1.0 引脚输出 5kHz 的方波信号。

因为 P1.0 的方波频率为 5kHz,所以周期 T = 1/(5kHz) = 0.2ms = 200μs。

TH0 的定时时间为 100μs,TH0 的初值 X = 256 - 100 * 12/12 = 156 = 9CH。

TL0 作计数器,其初值为 FFH。

程序如下:

```
       MOV    TMOD,#27H              ;只 T0 为模式 3,计数方式;T1 为模式 2,定时方式
       MOV    TL0,#0FFH             ;只 TL0 计数初值
       MOV    TH0,#9CH              ;只 TH0 计数初值
       MOV    TCON,#55H             ;设外中断 0,外中断 1 边沿触发,启动 T0,T1
       MOV    IE,#9FH               ;开放全部中断
       ……                          ;主程序略
       ORG    0300H                 ;TL0 溢出中断服务程序
PTL0:  MOV    TL0,#0FFH             ;TL0 重赋初值
       ……                          ;中断服务程序略
       ORG    0400H                 ;TH0 溢出中断服务程序
PTH0:  MOV    TH0,#9CH              ;TH0 重赋初值
       CPL    P1.0                  ;P1.0 取反输出
       RETI
```

6. 综合应用举例

【例 5 - 10】 某自动化生产线每隔 5ms 左右可生产一件产品。如果两件产品的间隔小于 4ms 或大于 6ms 均视为生产线出现异常,立即触发报警。请为该系统设计相关程序。

100

（1）分析题意。可以在该生产线上设置一个传感器，当检测到一件产品经过时即向单片机的 INT0 脚发送高电平，使 GATE = 1，同时，TR0 = 1，外部信号电平通过 INT0 引脚直接开启或关断定时器计数。当下一件产品到来时，立即使 INT0 的信号变成低电平以使单片机复位定时器，再使 INT0 脚变成高电平开始下一个周期。单片机只需根据 INT0 脚的高电平维持时间就可判断生产线是否正常。

（2）定时器工作方式选择。可以设定定时器的初始值，使其可以实现一个足够长的定时，例如 8ms，然后根据检测到的脉冲实际值与设定值之差来判断生产线的状态。设定时器 T0 工作在模式 1，为 16 位计数器。若时钟频率为 6MHz，一个机器周期为 $2\mu s$，当定时时间隔 8ms 时，要计数 4000 次，则计数初值 X 为

$$X = 2^{16} - 4000 = 61536D = 1111\ 0000\ 0110\ 0000B$$

即　　　　　　　　　　　　　　$T0 = 0F060H$

则　　　　　　$TH0 = 1111\ 0000 = 0F0H, TL0 = 0110\ 0000B = 60H$

① 当定时到 4ms 时，定时计数器 T0 加 2000 次，其值为 $T0 = 0F830H$。

② 当定时到 6ms 时，定时计数器 T0 再加 1000 次，其值为 $T0 = 0FC18H$。

判断检测到的脉冲实际值：若实际值 $T0 < 0F830H$，表示两产品之间的时间间隔小于 4ms，则触发报警；若实际值 $T0 < 0FC18H$，表示两产品之间的时间间隔小于 6ms，则生产线正常。

（3）程序清单：

```
        ORG     1000H
        MOV     TMOD,#09H        ;设 T0 的(GATE)=1,工作模式为 1
        MOV     TH0,#0F0H        ;置计数初值
        MOV     TL0,#60H
        MOV     IE,#00H          ;关中断
WT1:    JNB     P3.2,WT1         ;开机后待产品通过
        SETB    TR0
WT2:    JB      P3.2,WT2
        CLR     TR0              ;下一个产品到,关定时器
        MOV     R2,TL0           ;暂存本次检测到的两产品之间的时间间隔
        MOV     R3,TH0
        MOV     TH0,#0F0H        ;重新赋初值,为下一个检测周期作准备
        MOV     TL0,#60H
WT3:    JNB     P3.2,WT3
        SETB    TR0              ;下一个产品通过,再启动定时器
        CLR     C
        MOV     A,R2
        SUBB    A,#30H
        MOV     A,R3
        SUBB    A,#0F8H
        JC      WT4              ;两产品之间的时间间隔小于 4ms,则转移报警
        MOV     A,R2
        SUBB    A,#18H
```

```
        MOV     A,R3
        SUBB    A,#0FCH
        JC      WT2             ;两产品之间的时间间隔小于6ms,则生产线正常,转WT2继
                                续工作,否则触发报警
WT4:    SETB    P1.0            ;触发报警
        END
```

5.3　MCS-51 单片机的串行通信接口

在实际应用中,计算机测控系统除了单机系统,还有多机系统。在多机系统中,各计算机之间及各设备之间通过通信线路互相连接,以实现信息交换。MCS-51 单片机内部除含有 4 个并行 I/O 口外,还有一个串行 I/O 口。本节专门讨论 MCS-51 单片机的串行口及其应用。

5.3.1　串行通信概述

1. 数据通信的两种基本方式

计算机与计算机之间、计算机与外设之间的数据交换称为通信。计算机与外部设备的通信有两种基本方式:并行通信与串行通信。

并行通信是数据的各位同时传送,有多少位数就需要同样数量的传输线。并行通信的速度快,传输线多,成本高,适合近距离的场合,通常传送的距离小于 30m,如计算机与打印机的通信。

串行通信是一种能把二进制数据按位传送的通信。这时通信双方之间只需要两根数据线。串行通信的速度慢,传输线很少,特别适用于分级、分层和分布式控制系统及远程通信,通常传送距离在几米到几千米。图 5-10(a)、图 5-10(b)分别表示了并行通信和串行通信的基本连接方式。

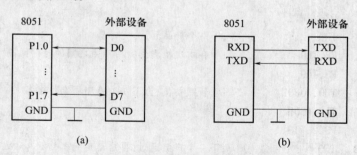

图 5-10　数据通信的基本方式

(a)并行通信; (b)串行通信。

2. 串行通信的两种基本方式

在串行通信中有两种基本的通信方式:同步通信方式和异步通信方式。同步通信方式是以数据块的方式传送的,数据传输率高,适合高速率、大容量的数据通信。异步通信方式是以字符为单位传送的,数据传送可靠性高,允许有较小的频率偏移,适合低速通信的场合。下面分别介绍。

102

1）异步通信方式

在异步通信中，是以字符为单位传送数据的，字符则是按帧进行传送的，一帧表示一个字符。其帧格式如图 5-11 所示。每帧的格式一般包括如下内容。

（1）1 位起始位，低电平，用于向接收设备表示发送端开始发送一帧信息。

（2）5~8 位数据位，低位在前，高位在后，它紧跟着起始位，表示要传送的有效数据。

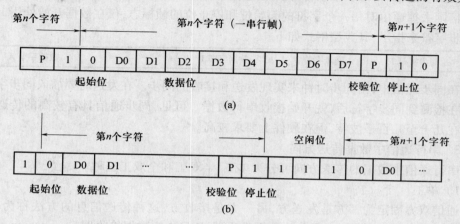

图 5-11　帧格式对比
（a）无空闲位的字符帧格式；（b）异步通信的帧格式。

（3）1 位偶校验位，用于表示串行通信中采用奇校验还是偶校验，通常由用户根据需要设定。

（4）1~2 位停止位，高电平，用于向接收端表示一帧字符信息已发送完毕，同时也为发送下一帧字符做准备。

在异步通信时，字符间隔不固定，在停止位后可以加空闲位，空闲位用高电平表示，用于等待传送。这样接收和发送可以随时进行，不受时间的限制。图 5-11（b）为有空闲位的帧格式。

在异步通信中，计算机与外设之间事先必须约定好以下事宜。

（1）字符格式。约定好字符的编码形式、奇偶校验位形式以及起始位和停止位的规定。例如用 ASCII 编码，字符为 7 位，加 1 位奇校验位，1 位奇校验位，1 位起始位，1 位停止位，共 10 位。

（2）波特率。波特率是衡量数据传送速率的指标。传送速率用每秒传送数据的位数来表示，称为波特率。每秒传送一个数据位就是 1 波特。即

$$1 \text{ 波特} = 1\text{b/s(位/秒)}$$

异步通信要求发送与接收都要以相同的数据传送速率工作。

设数据传送的速率为 120 字符/秒，而每个字符假设为 10 位，则其传送的波特率为

$$10 \text{ 位/字符} \times 120 \text{ 字符/位} = 1200 \text{ 位/秒} = 1200 \text{ 波特}$$

即每秒钟传送数据的位数为 1200 位，而每一位数据的传送时间 Td 就是波特率的倒数。则

$$Td = 1/1200 = 0.833\text{ms}$$

应注意的是，波特率和有效数据位数的传送率并不一致。在上述 10 位中，除去起始

位、奇偶校验位、停止位,真正有效的数据位数只有 7 位。所以有效数据位的传送速率
只有

$$7 \text{ 位/字符} \times 120 \text{ 字符/位} = 840 \text{ 位/秒}$$

2) 同步通信方式

在异步通信中,每一个字符都要用起始位和停止位作为字符开始和结束的标志。同
步通信则去掉通信时每一个字符的起始位和停止位的帧标志,仅在数据开始处用 1 个~2
个同步字符来指示,其典型格式如下:

同步字符 1	同步字符 2	数据字节 1	…	数据字节 n

在同步通信中,由同步时钟来实现发送和接收的同步。在发送时要插入同步字符,接
收端在检测到同步字符后,就开始接收串行数据。可见,同步通信具有较高的传送速率,
通常在几十至几百千波特,但在硬件上要求较高。

3. 串行通信中数据传送方向

串行通信中数据的传送方向可分为单工、半双工和全双工三种。

1) 单工

通信双方固定为一方是发送方,另一方是接收方,这种传送信息的方法称为单工通
信。如图 5 – 12(a)所示,A 只作为数据发送器,B 只作为数据接收器。

2) 半双工

在这种方式中,只采用一条传输线在两个方向之间传送数据,因此两个方向上的数据
传送不能同时进行,如图 5 – 12(b)所示。为了控制线路的换向,必须对发送和接收双方
进行协调,一般通过附加控制线路或用软件约定来实现。

3) 全双工

通信双方既可同时发送信息,又可同时接收信息,这种传送信息的方法称为全双工通
信。在这种方式中,用两条传输线在两个方向上传送数据。由于每一条传输线只负担
一个方向上的数据传送,因此发送和接收可以同时进行,如图 5 – 12(c)所示。显然在这种
方式下,A、B 都必须具有独立的发送器和接收器。

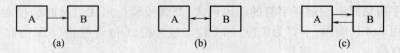

图 5 – 12 串行通信中的数据传送方向
(a) 单工;(b) 单工;(c) 单工。

MCS – 51 单片机有两条串行通信传输线 RXD 和 TXD,内部有一个全双工串行接口。
但 CPU 不能同时执行"发送"和"接收"两种指令,因此"全双工"是对串行接口而言的。

5.3.2　串行口结构及控制寄存器

1. 串行通信接口结构

MCS – 51 单片机的串行通信接口由串行数据缓冲器 SBUF、发送控制器、接收控制
器、输入移位寄存器和输出控制门组成,结构如图 5 – 13 所示。串行数据缓冲器 SBUF 实
际上指两个相互独立的发送缓冲器和接收缓冲器。发送缓冲器只能写入,不能读出;接收

缓冲器只能读出,不能写入。由于它们不可能同时操作,故都用符号 SBUF 表示,共用同一个地址 99H。SBUF 是不可位寻址功能寄存器。CPU 对 SBUF 执行写操作时,是将数据写入发送缓冲器;对 SBUF 执行读操作时,是读出接收缓冲器中的内容。

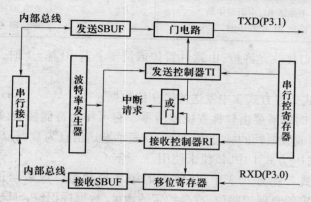

图 5 – 13   MCS – 51 单片机串行口组成示意图

2. 串行通信接口控制寄存器

与串行口控制有关的特殊功能寄存器有两个:控制寄存器 SCON,用于存放串行口的控制和状态信息;电源控制寄存器 PCON,用于改变串行通信的波特率。波特率发生器由定时器 T1 构成。

1) 串行口控制寄存器 SCON

串行口控制寄存器 SCON 的字节地址为 98H,可位寻址。它包含了串行口工作方式的选择、接收和发送控制位以及串行口状态标志位,其格式如下:

SCON	SM0	SM1	SM2	REN	TB8	RB8	TI	RI
位地址	9FH	9EH	9DH	9CH	9BH	9AH	99H	98H

各位含义如下:

● SM0、SM1:串行口工作选择位,可选择 4 种工作方式,如表 5 – 11 所示。表中 f_{osc} 为单片机的时钟频率。

表 5 – 11   串行口工作方式选择

SM0	SM1	工作方式	功能说明	波特率
0	0	方式 0	8 位移位寄存器方式	$f_{osc}/12$
0	1	方式 1	8 位异步收发	可变(T1 溢出率/n)
1	0	方式 2	9 位异步收发	$f_{osc}/64$ 或 $f_{osc}/32$
1	1	方式 3	9 位异步收发	可变(T1 溢出率/n)

● SM2:方式 2 和方式 3 的多机通信控制位。

在方式 0 时,SM2 必须为 0。

在方式 1 时,若 SM2 = 1,则只有接收到有效的停止位时,才能置位 RI。

在方式 2 或方式 3 时,若 SM2 = 1,且接收到的第 9 位数据 RB8 = 0 时,不能置位接收中断标志 RI,接收数据无效。若 SM2 = 0,不管接收到的第 9 位数据 RB8 为 0 或 1,前 8 位数据送入 SUBF,并使 RI = 1。

105

SM2、接收到的第 9 位数据 RB8 与接收中断标志位 RI 的关系如表 5 - 12 所示。

表 5 - 12　激活 RI 条件

SM2	RB8	接收机中断标志和中断状态	SM2	RB8	接收机中断标志和中断状态
1	0	不激活 RI,不引起中断	0	1	激活 RI,引起中断
0	0	激活 RI,引起中断	1	1	激活 RI,引起中断

- REN:串行口接收允许位,由软件置位或清零。若 REN = 1 时,允许接收;若 REN = 0,则禁止接收。
- TB8:在方式 2 和方式 3 中发送的第 9 位数据。

根据发送数据时的需要由软件置位或清零。它可作为奇偶校验位,也可在多机通信中作为区别地址帧或数据帧的标志位,TB8 = 0 表示发送信息为数据,TB8 = 1 表示发送信息为地址。在方式 0、方式 1 中,该位未使用。

- RB8:在方式 2 和方式 3 中,接收到的第 9 位数据。该数据正好来自发送机的 TB8。它可以是约定的奇偶校验位,或是约定的地址/数据标识位,SM2 = 1,RB8 = 1 时,表示接收的信息为地址,RB8 = 0 时,表示接收的信息为数据。

方式 1 中,若 SM2 = 0(即不是多机通信情况),则 RB8 中存放的是已接收到的停止位。方式 0 中未使用。

- TI:发送中断标志位。

在方式 0 中,串行发送第 8 位数据结束时,由硬件置位 TI,可软件查询。

在其他方式中,串行发送停止位开始时,由硬件置位 TI。TI = 1,表示一帧数据发送完毕。可由软件查询 TI 的状态;也可采用中断方式自动判断 TI 的状态,当 TI = 1,则向 CPU 发出中断请求,CPU 响应中断后,发送下一帧信息。在任何方式中,TI 都必须由软件清零。

- RI:接收中断标志位。

在方式 0 中,串行接收到第 8 位数据时,由硬件置位 RI。

在其他方式中,若 SM2 控制位允许,则串行接收到停止位中间时由硬件置位 RI。RI = 1,表示一帧信息接收结束。可由软件查询 RI 的状态;也可采用中断方式自动判断 RI 的状态,当 RI = 1,则向 CPU 发出中断请求,要求 CPU 取走数据,CPU 响应中断后,准备接收下一帧信息。在任何方式中,RI 都必须由软件清零。

注意:在串行口中,无论发生的是接收中断还是发送中断,当 CPU 响应中断后进入 0023H 执行中断服务程序。因此,在全双工通信时,必须由软件查询是发送中断 TI 还是接收中断 RI。TI、RI 均无法由硬件清除,必须由软件清零。复位后所有 SCON 位都清零。

2)电源控制寄存器 PCON

寄存器 PCON 是电源控制寄存器,地址为 87H,无位寻址。它用来控制串行口的波特率。其格式如下:

SMOD	—	—	—	GF1	GF0	PD	IDL
D7	D6	D5	D4	D3	D2	D1	D0

SMOD 是波特率选择位。当 SMOD = 1 时,使方式 1、2、3 的波特率加倍。当 SMOD = 0 时,波特率不加倍。系统复位时,SMOD = 0。D3 ~ D0 为 8XC51 族的电源控制位。

5.3.3 串行口的工作方式

MCS - 51 单片机串行口具有 4 种工作方式,由 SCON 中的 SM0、SM1 两位进行定义。SM0 SM1 = 00/01/10/11,分别选中方式 0、方式 1、方式 2、方式 3。

1. 方式 0

1) 特点

(1) 8 位数据为一帧,不设起始位和停止位,发送、接收进先低位后高位。其格式如下:

	D0	D1	D2	D3	D4	D5	D6	D7	

(2) 方式 0 为移位寄存器输入输出方式。常用于外接移位寄存器来扩展 I/O 口,也可以外接串行同步输入输出设备。固定波特率为 $f_{osc}/12$。

(3) 同步发送接收,串行数据由 RXD(P3.0) 引脚输入或输出,同步移位脉冲由 TXD(P3.1) 引脚输出。

2) 发送

通过指令 MOV SBUF,A 写入串行口发送。RXD 端串行输出数据,TXD 端输出同步移位脉冲。每个机器周期 TXD 发送一个移位脉冲信号,每发送一个移位脉冲,RXD 就发送一位数据,发送 8 位数据完毕后,置中断 TI 为 1。

3) 接收

在 RI = 0 且 REN 置 1 后,启动串行口接收数据。此时 RXD 为同步移位脉冲信号输出端。每个机器周期 TXD 发送一个移位脉冲信号,每个移位脉冲 RXD 接收一位数据,接收完毕后,置中断标志 RI 为 1。CPU 查询到 RI = 1 或响应中断后,可使用指令 MOV A,SBUF 把 SBUF 接收到的数据关入累加器 A。

注意:在方式 0 中,SCON 的 TB8 和 RB8 这两位未用,SM2 位必须为 0。每当发送或接收完 8 位数据后,由硬件将发送中断 TI 或接收中断 RI 置位。CPU 响应 TI 或 RI 中断请求时,不会清除 TI 或 RI 标志,应由用户用指令清零。

方式 0 不能用于串行同步通信。它的主要作用是外接移位寄存器扩展 I/O 口,如外接串入并出的移位寄存器(74LS164、CD4049 等)扩展输出口;也可外接并入串出的移位寄存器(如 74LS165、CD4014 等)扩展输入口,如图 5 - 14 所示。

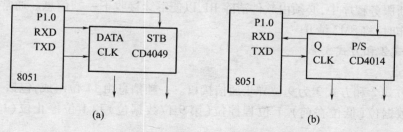

图 5 - 14　串行口方式 0 扩展 I/O 口
(a) 扩展并行输出口;(b) 扩展并行输入口。

2. 方式 1

1) 特点

(1) 方式 1 为 8 位异步通信接口。传送一帧信息为 10 位,包括 1 位起始位、8 位数据

位(先低位,后高位)和 1 位停止位。其格式如下:

0	D0	D1	D2	D3	D4	D5	D6	D7	1

(2) 方式 1 发送时的移位脉冲是由定时器 T1 的溢出信号经 16 或 32 分频(取决于 SMOD 的值)而获得的,因此,方式 1 的波特率是可变的。

(3) 数据从 RXD 端串行输入,从 TXD 端串行输出数据。

2) 发送

CPU 执行任何一条以 SBUF 为目的寄存器的指令(如:MOV SBUF,A),就启动串行口发送了。先把起始位"0"输出到 TXD 端,然后从 SBUF 中逐位移出 8 位数据到 TXD 端,低位在前高位在后,最后发停止位"1"。当发送数据位时,硬件自动置位 TI,请求中断。TXD 端保持为 1,直到下一个数据的起始位到来。

3) 接收

串行口以方式 1 接收时,数据从 RXD 端输入,串行口以所选定波特率的 16 倍速率采样 RXD 端的状态。在 REN =1 时,当检测到 RXD 引脚上的电平由 1 跳到 0 时就启动了接收过程,即被当成发送来一帧数据的起始位,在移位脉冲的控制下,开始接收数据,直到 9 位全部收齐(包括 1 位停止位)。

接收完一帧信息后,需满足以下两个条件数据才有效。

(1) RI =0,表明接收缓冲器 SBUF 空,即用户已经从 SBUF 中取走数据,可再次写入。

(2) SM2 =0 或收到的第 9 位数据 RB8(停止位)为 1,只有这样才能置位 RI,引起中断。

只有同时满足这两个条件,接收的 8 位数据信息才会装入接收缓冲器 SBUF,同时 RI 置 1。否则接收数据无效,就会丢失所接收的信息。串行口接着开始寻找下一帧信息的起始位,准备接收下一帧数据,请查看表 5 - 12。

为保证可靠无误,位检测器在每位时间的第 7、8 和 9 个计数状态连续采样 RXD 的值。以"三取二"法(三次采样中至少两次相同的值作为检测结果)来确定所收到的值,以此来提高抗干扰能力,提高通信的可靠性。这样一来,既可以避开信号两端的边缘失真,又可以防止由于收、发时钟频率不完全一致而造成的接收错误。

在中断服务程序中,必须由软件清除 RI,以便继续接收下一帧信息。通常,串行口在方式 1 工作时,将 SM2 清 0。

3. 方式 2 和方式 3

1) 特点

(1) 方式 2 和方式 3 为 9 位异步通信接口。一帧信息由 11 位组成,包括 1 位起始位(0)、8 位数据位(低位在前)、1 位程控位(第 9 位数据位)和 1 位停止位(1)。其格式如下:

0	D0	D1	D2	D3	D4	D5	D6	D7	TB8/RB8	1

(2) 方式 2 和方式 3 的收发操作是完全相同的,只是波特率不同。方式 2 的波特率只有两种:$f_{osc}/32$ 或 $f_{osc}/64$(取决于 SMOD 的值)。方式 3 的波特率是把定时器 T1 产生的

溢出信号经 16 或 32 分频（取决于 SMOD 的值）而获得的。它的波特率是可变的。

（3）RXD 端串行输入数据,TXD 端串行输出数据。

2）发送

其发送过程类似方式 1,不同的是方式 2 和方式 3 有 9 位有效数据。发送时除了要把发送的字符送入发送缓冲器 SBUF 外,还要把第 9 位数据位预先送入 SCON 的 TB8 位中。第 9 位数据位可由用户在发送前根据通信协议来设置,也可作为奇偶校验位或地址/数据标志位。该位数据可使用下列指令的一条来完成:

SETB TB8 或 CLR TB8

第 9 位数据的值送入 TB8 后,CPU 执行 MOV SBUF,A 的指令就启动发送。一帧数据发送完后,置中断标志 TI 为 1。

3）接收

接收过程与方式 1 基本相似,只是由于方式 2 和方式 3 存在真正的低位数据,需要接收 9 位有效数据。当 REN = 1 时,允许接收,CPU 以 16 倍的波特率的速率对 RXD 进行采样,当检测到 RXD 端存在负跳变时,启动接收器接收,将接收到的 9 位数据逐位移入移位寄存器。

在接收完一帧信息后,若 RI = 0 并且 SM2 = 0（或接收到的第 9 位数据为 1）,则前 8 位数据送入接收缓冲器 SBUF,将第 9 位数据送入 SCON 的 RB8 位,同时将 RI 置位为 1。若不满足这两个条件,则接收数据无效,且不置位 RI。

其中 RI = 0,表明接收缓冲器 SBUF 空,即用户已经从 SBUF 中取走数据,可再次写入。SM2 = 0 或收到的低位数据为 1,也即 SM2 RB8 = 00/01/11 三种状态,此时才可激活 RI,引起中断,请查看表 5 - 12。

方式 1、2、3 的区别如表 5 - 13 所示。

表 5 - 13　激活 RI 条件

有信号	方式	方式 0		方式 1		方式 2、方式 3
SM0	SM1	0	0	0	1	1 0 或 1 1
输出（发送）	TB8	未使用		未使用		发送的第 9 位数据
	一帧位数	8 位		10 位		11 位
	数据位数	8 位		8 位		9 位
	RXD	输出串行数据				
	TXD	输出同步脉冲		输出（发送）数据		输出（发送）数据
	波特率	$f_{osc}/12$		$2^{SMOD} \times T1$ 的溢出率/32		方式 2:$2^{SMOD} \times f_{osc}/64$; 方式 3 同方式 1
	中断	一帧发送完,置中断标志 TI = 1,响应中断后,由软件清 TI				
输入（接收）	RB8	未使用		若 SM2 = 0,接收停止位		接收的第 9 位数据
	REN	在接收时必须使 REN = 1				
	SM2	SM2 = 0		SM2 = 0		多机通信时 SM2 = 1 正常接收时 SM2 = 0

有信号 方式		方式 0	方式 1	方式 2、方式 3、
输入（接收）	一帧位数	8 位	10 位	11 位
	数据位数	8 位	8 位	9 位
	波特率	与发生时相同		
	接收条件	无条件	RI = 0 且 SM2 = 0 或停止位 = 1	RI = 0 且 SM2 = 0 或接收的第 9 位数据为 1
	中断	接收完毕，置中断标志 RI = 1，响应中断后由软件清 RI		
	RXD	输入串行数据	输入串行数据	
	TXD	输出同步脉冲		

串行口的工作方式可归纳如表 5 - 13 所示，其区别如下。

（1）传送位数。方式 1 是 8 位异步通信接口。发送和接收的一帧数据都是 10 位，第 1 位是起始位，2 ~ 9 位是数据位，最后 1 位是停止位。

方式 2、3 是 9 位异步通信接口。发送和接收的一帧数据都是 11 位，在 8 位数据后，第 9 位 TB8 是可编程控制位，方式 2、3 中可以控制 TB8 作为其传送数据的奇偶校验位或作为多机通信的地址帧或数据帧的标志位。如用 0 表示地址信息，用 1 表示数据信息。

（2）波特率。方式 1、3 的波特率是可变的，其波特率取决于定时器 T1 的溢出率（此时 T1 作为波特率发生器使用，禁止其中断）和特殊功能寄存器 PCON 中 SMOD 的值，即

$$波特率 = 2^{SMOD} \times (T1 \text{ 的溢出率})/32$$

方式 2 的波特率只取决于时钟频率 f_{osc} 和 PCON 中的 SMOD 的值，即

$$波特率 = 2^{SMOD} \times f_{osc}/64$$

5.3.4 串行口的应用设计举例

1. 波特率的设定

串行口工作于方式 0 时，其波特率为时钟频率的 1/12，是固定不变的。

工作于方式 2 时，其波特率是可编程的，用户可以根据 PCON 中 SMOD 位的状态（波特率 $= 2^{SMOD} \times f_{osc}/64$）来决定串行口在哪个波特率下工作。当 SMOD = 0 时，所选择的波特率为时钟频率的 1/64；当 SMOD = 1 时，所选择的波特率为时钟频率的 1/32。

工作于方式 1 和方式 3 时，波特率是可变的，波特率 $= 2^{SMOD} \times (T1 \text{ 的溢出率})/32$，它是通过编程改变定时器/计数器 T1 的溢出率来实现的。

$$T1 \text{ 定时时间} = [(2^n - X) \times 12]/f_{osc}$$

$$T1 \text{ 的溢出率} = 1/T1 \text{ 定时时间} = f_{osc}/[12 \times (2^n - X)]$$

因此

$$波特率 = 2^{SMOD} \times f_{osc}/[32 \times 12 \times (2^n - X)]$$

对于定时器的不同工作方式所得到的波特率发生器应用时，最典型的用法是 T1 工作于方式 2 下，自动再装入时间常数。此时要禁止定时器/计数器 T1 中断，即 ET1 = 0，以免 T1 溢出时产生不必要的中断。TL1 作计数用，TH1 存放自动重装初值 X。则

$$波特率 = 2^{SMOD} \times f_{osc} / [32 \times 12 \times (256 - X)]$$

常用的串行口波特率以及定时器 T1 各参数之间的关系如表 5 - 14 所示。

表 5 - 14　常用波特率

	波特率 /(b/s)	时钟频率 /MHz	SMOD	定时器 T1		
				C/T	工作方式	定时器初值
方式 0	最大:1M	12	×	×	×	×
方式 2	最大:375K	12	1	×	×	×
方式 1 方式 3	62.5K	12	1	0	2	0FFH
	19.2K	11.0592	1	0	2	0FDH
	9.6K	11.0592	0	0	2	0FDH
	4.8K	11.0592	0	0	2	0FAH
	2.4K	11.0592	0	0	2	0F4H
	1.2K	11.0592	0	0	2	0E8H
	137.5	11.0592	0	0	2	1DH
	110	6	0	0	2	72H
	110	12	0	0	2	0FEEBH

【例 5 - 11】 设串行口工作于方式 3, SMOD = 0, f_{osc} = 11.059MHz, 定时器/计数器 T1 工作于定时、方式 2, TL1、TL2 的初值为 FDH。试计算波特率。

初值 FDH 转为十进制是 253, 所以

$$T1 溢出率 = 11.059 \times 10^6 / [12 \times (256 - 253)] = 307194.4$$
$$波特率 = 2^0 \times 307194.4 / 32 = 9599.82 \approx 9600 (b/s)$$

2. 串行口在方式 0 下的应用

【例 5 - 12】 用 80C51 串行口外接 CD4049 扩展 8 位并行输出口, 如图 5 - 15 所示。

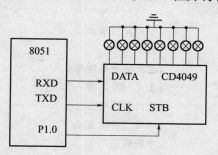

图 5 - 15　连接图

分析:串行口在方式 0 下, 可以把串行口设置成并行输出口, 也可以把串行口设置成并行输入口。无论哪种功能, 都要外接移位寄存器配合使用。

如图 5 - 15 所示, CD4049 是一种 8 位串入并出的同步移位寄存器。其中 DATA 为串行输入端, CLK 为同步脉冲输入端, STB 为控制端。若 STB = 0, 则 8 位并行数据输出端无效, 但允许串行数据输入; 若 STB = 1, 则串行输入端关闭, 允许 8 位数据并行输出。

设 CD4049 的 8 位并行输出口的每一位都连接一个发光二极管 LED, 要求 LED 共阴极连接, 并从左到右以一定的延时循环显示。STB 由 P1.0 控制, 显示的延时通过调用延

时子程序 DELAY(略)来实现。

采用查询方式,程序清单如下:

```
         ORG    2000H
         MOV    SCON,#00H       ;设置串行口为方式 0
         MOV    A,#80H          ;最左 LED 先亮
         CLR    P1.0            ;关闭并行输出
NEXT:    MOV    SBUF,A          ;开始串行输出
LOOP:    JNB    TI,LOOP         ;查询 TI
         SETB   P1.0            ;串行输出完,启动并行输出
         ACALL  DELAY           ;显示延时
         CLR    TI              ;清发送中断标志
         RR     A               ;发光 LED 右移一位
         CPL    P1.0            ;关闭并行输出
         SJMP   NEXT            ;再次循环,准备下一次显示
         END
```

若采用中断方式,其程序清单如下:

```
         ORG    2000H
         MOV    SCON,#00H       ;设置串行口为方式 0
         MOV    A,#80H          ;最左 LED 先亮
         CLR    P1.0            ;关闭并行输出
         MOV    SBUF,A          ;开始串行输出
LOOP:    SJMP   $               ;等待中断

         ORG    0023H           ;串行中断入口地址
         AJMP   NEXT            ;转中断服务子程序
         ORG    2500H
NEXT:    SETB   P1.0            ;启动并行输出
         ACALL  DELAY           ;显示延时
         CLR    TI              ;清发送中断标志
         RR     A               ;发光 LED 右移一位
         CPL    P1.0            ;关闭并行输出
         MOV    SBUF,A          ;准备下一次显示
         RETI                   ;中断返回
```

3. 串行口在方式 1 下的应用

串行口的方式 1 采用 8 位异步通信,通常应用在点对点的双机通信中。设有两个 80C51 应用系统相距很近,将它们的串行口直接相连,以实现双机通信。

【例 5 – 13】 如图 5 – 16 所示,甲机为发送,乙机为接收。试编写双机通信程序。

串行口都工作在方式 1 下,波特率为 1200b/s,$f_{osc} = 11.0592\text{MHz}$。甲机将内部 RAM 20H ~ 3FH 的各字节的 ASCII 码数据,在最高位上加奇校验,后由串行口送出。乙机接收到 32 个字节数据后,存放在内部 RAM 20H ~ 3FH 单元中,波特率和时钟频率与甲机相同。若接收到的数据奇校验出错,则置相应单元为 0FFH。分析如下:

112

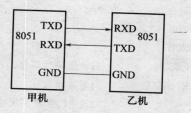

图 5-16 双机通信

（1）甲、乙两机均选用时钟频率 $f_{osc} = 11.0592MHz$，定时器/计数器 T1 工作在方式 2 下，作为波特率发生器使用。其 TH1 的初值由表 5-14 可知，时间常数为 E8H。

（2）ASCII 码奇校验用下面的程序设置。

```
MOV     A,#DATA      ;将 ASCII 码送 A,若 A 中有偶数个 1,则 P=0
MOV     C,P
CPL     C
MOV     ACC.7,C      ;设置奇校验位
```

执行上述程序后，若原数据中有偶数个"1"，即 P=0，经过奇校验处理后，原数据中变成了奇数个"1"；若原数据中有奇数个"1"，即 P=1，经过奇校验处理后，原数据中仍为奇数个"1"。基于这一特点，乙机可以对所接收的数据进行校验，即奇校验。

甲机发送程序清单：

```
        ORG     2000H
START:  MOV     TMOD,#20H        ;设置定时器 T1 为方式 2
        MOV     TL1,#0E8H        ;设置时间常数为 E8H
        MOV     TH1,#0E8H
        SETB    TR1             ;启动 T1 工作
        MOV     SCON,#40H        ;设置串行口为方式 1
        MOV     R0,#20H          ;设置数据的首地址
        MOV     R7,#20H          ;设置数据长度
LOOP:   MOV     A,@R0            ;取数据
        MOV     C,P             ;设置奇校验位
        CPL     C
        MOV     ACC.7,C
        MOV     SBUF,A          ;启动发送
NEXT:   JNB     TI,NEXT         ;等待发完一帧
        CLR     TI              ;清 TI,允许再次发送
        INC     R0              ;修改发送数据指针
        DJNZ    R7,LOOP         ;未发完,送下一个数据
        AJMP    START
```

乙机接收程序清单：

```
        ORG     2000H
START:  MOV     TMOD,#20H
        MOV     TL1,#0E8H
        MOV     TH1,#0E8H
```

```
          SETB     TR1
          MOV      R0,#20H
          MOV      R7,#20H
LOOP:     MOV      SCON,#50H        ;设置串行口为工作方式1,允许接收
NEXT      JNB RI,NEXT               ;等待接收
          CLR      RI               ;清RI,以便再次接收
          MOV      A,SBUF           ;取数据
          MOV      C,P              ;检查奇校验位
          CPL      C
          JC       ERROR            ;若为偶校验转移
          ANL      A,#7FH           ;若为奇校验正确,去掉奇校验位
          MOV      @R0,A            ;存去掉奇校验位后的数
LOOP1:    INC      R0               ;修改接收数据指针
          DJNZ     R7,LOOP          ;未完,接收下一个数据
          AJMP     START
ERROR:    MOV      @R0,#0FFH        ;设置出错标志
          SJMP     LOOP1
```

注意:在进行上述双机通信时,应先运行乙机的接收程序,再运行甲机的发送程序。

4. 串行口在方式 2、3 下的应用

1) 多机通信原理

MCS – 51 串行口在方式 2、3 下具有多机通信功能,可实现一台主机和多台从机之间的通信。

主机发送的信息可以传送到各从机或指定的从机,而各从机发送的信息只能由主机接收。通信直接以 TTL 电平进行,主从机之间的连接线以不超过 1m 为宜。此外,各从机应当编址,以便主机能按地址找到通信对象。

多机通信时,充分利用了单片机内的多机通信位 SM2。当从机 SM2 = 1 时,从机只接收主机发出的地址帧(第 9 位为 1),对数据帧(第 9 位为 0)不予理睬;而当 SM2 = 0 时,可接收主机发出的所有信息。

初始化时,主机 SM2 应当设置为 0,从机 SM2 应当设置为 1。主机发送的信息有两类。

(1)地址,用于指示所需要通信的从机地址,由串行数据的第 9 位(RB8)为"1"来标识。例如,将 3 个从机的地址分别定义为 00H、01H、02H…,发送 1 号机的地址帧为:

起始位 0	1 号机地址(低位在前)	第 9 位 1	停止位 1
0	1000 0000	1	1

(2)数据,当从机确认主机是在呼叫自己后就把 SM2 置 0,可以接收数据。主机发送数据由第 9 位为"0"来标识。数据帧模式为:起始位 0、所要发送数据(低位在前)、第 9 位 0、停止位 1,共 11 位。例如主机向从机送字 20H 时,发送的数据帧为:

起始位 0	数据(低位在前)	第 9 位 0	停止位 1
0	0000 0100	0	1

114

2）多机通信过程

（1）定义从机地址,00H~0FEH,最多接入255台从机。

（2）从机在初始化程序中,将串行口编程为方式2或方式3;并使SM2=1,处于只接收地址帧状态。REN=1,允许串行口接收。

（3）主机的TB8(发送第9位)设置为1,表示发送地址帧,发送欲通信的从机地址。

（4）各从机的串行口接收到主机发来的串行地址帧时,由于第9位TB8为1时,置中断RI为1。

（5）各从机分别响应中断,并进入各自的中断服务程序进行地址核对。

（6）被寻址的从机确认后,将自身的SM2清零,准备和主机通信。地址不符的从机SM2保持为1,无法接收主机的数据。

（7）主从机按一定的通信协议确认无误后,进行正式通信。主机向被寻址的从机发送命令,准备与从机进行一对一的通信。

3）多机通信的协议及程序设计

下面是一段主从机通信协议的程序,协议如下。

（1）主机发送地址,从机验证地址,并把地址消息反馈回主机。

（2）主机验证反馈地址,如相符把TB8清零,开始发送数据;如不相符把TB8置1,继续发送地址。

相应的定时器初始化程序及主从机数据通信的程序略。

主机呼叫1号从机程序清单如下:

```
MAIN:  MOV    SCON,#98H      ;串行口在方式2,发送地址帧
ADR0:  MOV    SBUF,#01       ;发1号从机地址
MS1:   JBC    TI,MS2         ;等待发送完毕,并清TI标志
       SJMP   MS1
MS2:   JBC    RI,MR1         ;等待从机应答
       SJMP   MS2
MR1:   MOV    A,SBUF         ;接收从机应答数据
       XRL    A,#01          ;比较应答数据
       JZ     YES            ;应答数据一致,转相应处理程序
       SJMP   ADR0           ;应答不一致,再发1号从机地址
YES:   CLR    TB8            ;清TB8,准备发送数据
       …                     ;主机发送数据略
```

从机响应呼叫程序清单如下:

```
SUB:   MOV    SCON,#0B0H     ;串口方式2,SM2置1,允许接收
SR1:   JBC    RI,SR2         ;等待接收地址信息完毕,并清RI
       SJMP   SR1
SR2:   MOV    A,SBUF         ;接收地址信息
       XRL    A,#01          ;与自身地址比较
       JNZ    SR1            ;地址不符,返回等待状态
       CLR    SM2            ;地址相符,清SM2,允许接收数据
       MOV    SBUF,#01H      ;从机地址发回主机应答
SSR:   JBC    TI,SR3         ;等待发送完毕,并清TI标志
```

```
        SJMP    SSR
SR3:    JBC     RI,SR4              ;再接收主机来的信息
        SJMP    SR3
SR4:    JNB     RB8,YES RB8 = 0    ;地址相符转接收数据信息
        SJMP    SM2 RB8 = 1        ;地址不符,SM2 置 1
        SJMP    SR1                ;再等待地址信息
YES:    MOV     A,SBUF             ;地址相符,开始接收数据信息
```

本 章 小 结

　　计算机在执行某一段程序的过程中,由于计算机系统中的某种随机原因,会中止原程序而转去执行中断处理程序,待处理结束之后,再回到原处继续执行被中止了的原程序,称为中断。中断处理一般包括中断请求、中断响应、中断服务和中断返回。

　　80C51 中断系统提供了 5 个中断源,单片机对同一优先级的中断源规定了一个优级排列顺序,从高到低分别是外部中断$\overline{INT0}$、定时器 T0、外部中断$\overline{INT1}$、定时器 T1、串行口 TI/RI。它们的中断服务程序入口地址分别为 0003H、000BH、0013H、001BH、0023H。5 个中断源要响应的过程是:首先总允许 EA 标志为 1(开中断),且对应的中断允许控制位为 1,同时受高低优先级的制约。

　　以 MCS - 51 系列中 80C51 为例,详细介绍了单片机内的定时器/计数器的结构和工作原理。其结构是 2 个输入引脚:T0、T1,2 个 16 位的定时计数器 T0、T1,2 个特殊功能寄存器。与定时器/计数器有关的特殊功能寄存器是 TMOD 和 TCON,TCON 主要是用于控制定时器的启动和停止,TMOD 主要是用于选定定时器的工作模式。

　　MCS - 51 单片机中有一个全双工的异步通信串行接口,该串行口能方便地与其计算机或串行传送信息的外围设备实现双机、多机通信。

　　串行口有 4 种工作方式,其中方式 0 主要用于扩展输入输出口;方式 1、2、3 主要用于串行通信。方式 1 是 8 位异步通信接口,方式 2、3 都是 9 位异步通信接口,只是波特率不同。方式 2、3 主要用于多机通信(SM2 = 1),这时第 9 位数据为地址/数据标志位。若接收到的第 9 位数据为 1,则传送的是地址信息;若接收到的第 9 位数据为 0,则传送的是数据信息。

思考题与习题

　　1. 什么是中断和中断系统? 其主要功能是什么?

　　2. 80C51 单片机提供了几个中断源? 有几级中断优先级别? 各中断源所对应的中断的矢量地址是多少?

　　3. 外部中断有几种触发方式? 如何选择?

　　4. 中断响应怎样保护断点和保护现场?

　　5. 在 MCS - 51 单片机中,各中断标志是如何产生的? 哪些中断标志可以随中断响

应而自动撤除？哪些需要由用户撤除？撤除的方法是什么？

6. 什么是中断优先级？中断优先处理的原则是什么？

7. 80C51 单片机内部设有几个定时器/计数器？它们由哪些特殊功能寄存器组成？它们各自的作用是什么？

8. 80C51 单片机的定时器/计数器有哪几种工作模式？各种工作模式的特点是什么？如何选择和设定定时器的工作模式？

9. 80C51 单片机中的定时器/计数器用作定时时，其定时时间与哪些因素有关？作计数时，对外界计数频率有何限制？

10. 当定时器 T0 用作模式 3 时，由于 TR1 已被 T0 占用，如何控制定时器 T1 的开启和关闭？

11. 使用一个定时器，如何通过软、硬结合的方法，实现较长时间的定时？

12. 已知 80C51 单片机的 $f_{osc} = 6\text{MHz}$，若要求定时值为 0.1ms、1ms 和 10ms，定时器 T0 分别工作在模式 0、模式 1 和模式 2 时，其定时器初值各是多少？

13. 已知 80C51 单片机的 $f_{osc} = 12\text{MHz}$，请编程使 P1.0 和 P1.2 分别为 2ms 和 500μs 的方波。

14. 异步通信和同步通信的主要区别是什么？

15. 串行通信中，数据的传送有哪几种方式？各有什么特点？

16. 波特率的定义是什么？

17. MCS-51 单片机串行口的中断源在物理上只有一个，CPU 如何区别是 TI 还是 RI 的中断请求？

18. 简述 MCS-51 单片机串行口发送和接收数据的过程。

19. 某异步通信接口其格式由 1 个起始位、7 个数据位、1 个奇偶校验位和 1 个停止位组成。设该接口每分钟传送 1800 个字符，请计算传送的波特率。

第6章　MCS-51单片机系统的接口技术

知识目标：了解和领会系统扩展的特点及应用、人机接口的功能、结构组成及特点；熟悉常用可编程接口芯片8255A、ADC0809和DAC0832的工作原理及其应用。熟练掌握单片机系统扩展的工作原理与应用。

能力目标：会识别、检测系统扩展所需元器件，具备人机接口电路的设计及应用能力。并能运用到具体的实际之中。

MCS-51单片机具有很强的适应性，能与大多数外围芯片接口，例如：程序存储器、数据存储器、并行接口、串行接口、A/D转换器、D/A转换器、计数器等。

6.1　MCS-51单片机的系统扩展概述

给单片机配以必要的器件构成单片机最小系统。如MSC-51系列单片机功能较强，片内有程序存储器的机型，只需在片外配上电源、复位电路、振荡电路，这样便于在智能仪器仪表、家用电器、小型检测及控制系统中对单片机系统进行测试与调试，直接使用本身功能就可满足需要，使用极为方便。但对于一些较大的应用系统来说，它毕竟是一块集成电路芯片，其内部功能略显不足，这时就需要在片外利用接口技术来扩展一些外围功能芯片，从而构成一个功能更强的单片机系统。在MSC-51单片机外围可以扩展存储器芯片、I/O口芯片及其他功能芯片。

MCS-51单片机系统扩展主要包括存储器扩展和I/O口的扩展。存储器扩展分为程序存储器的扩展、数据存储器的扩展。程序存储器可扩展至64KB，数据存储器可扩展至64KB。

6.1.1　程序存储器的扩展

单片机外部存储器扩展思路是：根据单片机访问外部存储器的基本时序及工作速度，选择相应的存储器芯片，并根据系统对存储器容量的要求，选择容量合适的存储器芯片。一般来说，这两种选择都应留有余量。

MCS-51单片机的8031无内部程序存储器ROM，80C51/8751有4KB的片内ROM或EPROM，当容量不够时，必须扩展片外ROM，片外片内ROM的空间统一编址为64KB。

1. 只读存储器概述

程序存储器扩展使用的元件是只读存储器芯片，简称ROM。根据编程方式的不同，ROM可分为掩膜ROM，一次性可编程ROM(PROM)，紫外光可擦、电可写ROM(EPROM)及电可擦写ROM(EEPROM)。其中掩膜ROM写入的内容，由ROM生产厂家根据用户程序清单，在生产ROM时就写入，用户不能改写。EPROM可反复写入并用紫外线擦除。EEPROM可进行在线写入或编程，但写入速度较慢。同时目前EEPROM市场价格高于前

3 种 ROM 价格。

2. 典型只读存储器芯片

Intel 公司只读存储器芯片(EPROM)的产品有:2716,2732,2764,27128,27256,27512等。系列数字 27 后面的数据除以 8 即为该芯片的 KB 数。如:27256 为 32KB 容量。

2764 EPROM 是具有 28 根引脚的双列直插式器件,图 6 - 1 给出其引脚排列图。2764 具有 8K(1024 × 8)B 容量,共需要有 13 根地址线(2^{13} = 8192)A12 ~ A0 进行寻址,加上 8 条数据线 D7 ~ D0、一条片选信号线$\overline{CE}$、一条数据输出选通线$\overline{OE}$、一条编程电源线 V_{PP} 及编程脉冲输入线 PGM,另外有一条正电源线 V_{CC} 及接地线 GND,其第 26 引脚为 NC,使用时应接高电平。在非编程状态时 V_{PP} 及 PGM 端应接高电平。其中片选信号为保证多片存储系统中地址的正确选择,数据输出选通线保证时序的配合,编程电源线及编程脉冲输入线可实现程序的电编程。

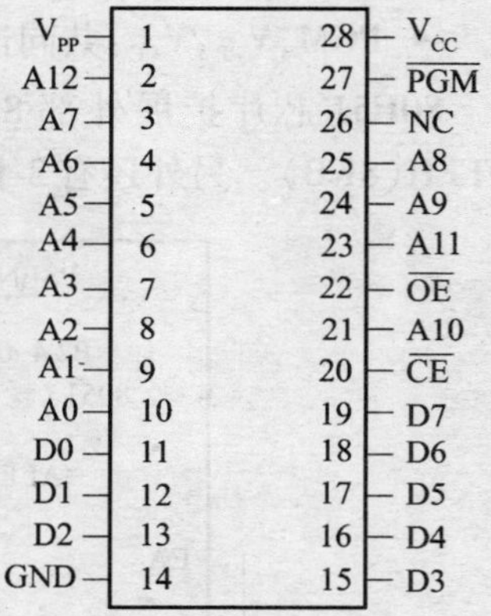

2764 芯片由单一 + 5V 电源供电,工作电流 100mA,维持电流 50mA,读出时间最大为 250ns,是一种高速大容量 EPROM 存储器。其工作方式见表 6 - 1。

图 6 - 1 2764 引脚排列图

表 6 - 1 2764 工作方式选择

方式 \ 引脚	$\overline{CE}$ (20)	$\overline{OE}$ (22)	PGM (27)	V_{PP} (1)	V_{CC} (28)	输出 D7 ~ D0
读	0	0	+ 5V	+ 5V	+ 5V	数据输出
维持	+ 5V	X	X	+ 5V	+ 5V	高阻态
编程	0	X	0	V_{PP}	+ 5V	数据输入
编程校验	0	0	5V	V_{PP}	+ 5V	数据输出
编程禁止	+ 5V	X	X	V_{PP}	+ 5V	高阻态

注:2764 的编程电源 V_{PP} 随型号不同而异,典型的有 25V、21V、12V 等

3. 程序存储器扩展的实现

实现程序存储器扩展,需要考虑以下 3 点:

(1) 依据系统容量,并参考市场价格,选定合适的芯片。

(2) 确定所扩展存储器的地址范围,并依照选定芯片的引脚功能和排列图,将引脚接入单片机系统中。

(3) 考虑所选芯片的工作速度,尤其当主机晶振频率提高时,注意芯片工作速度是否能满足主机读取指令的时限。

【例 6 - 1】 试用 EPROM 2764 构成 80C51 的最小系统。

2764 是 8KB ×8 位程序存储器,芯片的地址引脚线有 13 条,顺次和单片机的地址线 A0 ~ A12 相接,电路如图 6 - 2 所示。电路连接方法说明如下。

● A7 ~ A0:接 373 锁存器输出(低 8 位地址)。

- A12～A8：接 P2 口 P2.4～P2.0（高 5 位地址）。
- D7～D0：接 P0 口 P0.7～P0.0（数据线）。
- $\overline{CE}$：接地（也可根据编址情况接地址译码输出电路）。
- $\overline{OE}$：接 CPU 的 PSEN 端。
- GND：接地。
- PGM，V_{PP}，V_{CC}：共同连接到 E_C（+5V）端。

80C51 芯片扩展外部 8KB EPROM。由于 $\overline{CE}$ = 0，2764 芯片的地址范围：0000H～1FFFH(8KB)。另外还有 3 根未接入的高地址线,共可形成 8 个地址段。

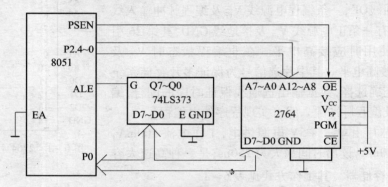

图 6-2　扩展 8KB EPROM 的 80C51 系统

6.1.2　数据存储器的扩展

MCS-51 中 8031 单片机内只有 128B 的数据 RAM,8032 片内有 256B 的数据 RAM。当需要更多的 RAM 时只能在片外扩展,最大可扩展 64KB 的 RAM。

1. 数据存储器概述

数据存储器亦称随机存储器,简称 RAM。用于暂存各类数据。它的特点是：

- 在系统运行过程中,随时可进行读写两种操作。
- 一旦掉电,原存入数据全部消失（成为随机数）。

RAM 按半导体工艺可分为 MOS 型和双极型两种。MOS 型集成度高、功耗低、价格便宜,但速度较慢。而双极型的则正好相反。在单片机系统中使用的是 MOS 型随机存储器。

RAM 按工作方式可分为静态（SRAM）和动态（DRAM）两种。对静态 RAM,只要电源供电,存在其中的信息就能可靠保存。而动态 RAM 需要周期性地刷新才能保存信息。动态 RAM 集成密度大、功耗低、价格便宜,但需要增加刷新电路。在单片机中多使用静态 RAM。

2. 典型随机存储器芯片

Intel 公司 62 系列 MOS 型静态随机存储器产品有 6264,62128,62256,62512 等。另外还有容量仅 2KB 的 6116。图 6-3 给出 6264 引脚图。

6264 是容量为 8K×8 的静态随机存储器芯片,采用

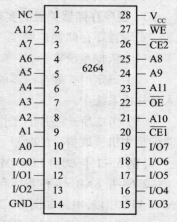

图 6-3　6264 引脚图

120

CMOS 工艺制作，由单一 +5V 电源供电，额定功耗 200mW，典型存取时间为 200ns，28 线双列插式封装。表 6 - 2 为 6264 的操作方式。

表 6 - 2 6264 的操作方式

操作方式＼管脚	$\overline{CE1}$ (20)	CE2 (26)	$\overline{OE}$ (22)	$\overline{WE}$ (27)	I/O0 ~ I/O7 (11 ~ 13, 15 ~ 19)
未选中(掉电)	+5V	X	X	X	高阻
未选中(掉电)	X	0	X	X	高阻
输出禁止	0	+5V	+5V	+5V	高阻
读	0	+5V	0	+5V	DOUT
写	0	+5V	+5V	0	DIN

3. 数据存储器扩展的实现

与程序存储器扩展一样，数据存储器扩展也要考虑下列 3 点：

（1）依据系统容量，并考虑市场价格，选定合适的芯片。

（2）确定所扩展存储器的地址范围，并依照选定芯片的引脚功能和排列图，将引脚接入单片机系统中。

（3）所选 RAM 芯片工作速度匹配（但数据存储器工作速度要求可略低于程序存储器）。

【例 6 - 2】采用 6264 芯片在 51 单片机片外扩展 8KB 数据存储器。

80C51 与 6264 芯片的连接方法如下。

- A7 ~ A0：接 373 锁存器输出端 Q7 ~ Q0（低 8 位地址）；
- A12 ~ A8：接 P2.4 ~ P2.0（高 5 位地址）；
- I/O7 ~ I/O0：接 P0.7 ~ P0.0（数据线）；
- $\overline{OE}$：接 CPU 的 $\overline{RD}$ 端；
- $\overline{WE}$：接 CPU $\overline{WR}$ 端；
- $\overline{CE1}$：接地；
- CE2：接 +EC；
- GND：接地；
- V_{CC}：接 E_c (+5V)。

同理，图 6 - 4 中 6264 的地址范围是：0000H ~ 1FFFH(8KB)。应当指出，上述存储器

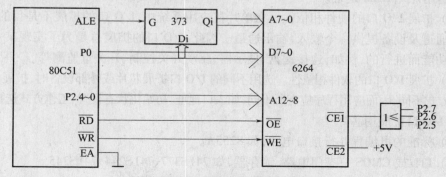

图 6 - 4 扩展 8KB RAM 的 80C51 系统

扩展后的地址范围存在地址重叠现象,如图 6 - 4 的 6264 扩展线路中由于高 3 位地址 P2.7,P2.6,P2.5(A15,A14,A13)的状态不影响 6264 芯片工作,故上述 6264 芯片实际地址的编址情况如表 6 - 3 所示。

表 6 - 3   6264 芯片地址

P2.7	P2.6	P2.5	P2.4	P2.3	P2.2	P2.1	P2.0	P0.7	P0.6	P0.5	P0.4	P0.3	P0.2	P0.1	P0.0
A15	A14	A13	A12	A11	A10	A9	A8	A7	A6	A5	A4	A3	A2	A1	A0
X	X	X	0	0	0	0	0	0	0	0	0	0	0	0	0
⋮	⋮	⋮			⋮			⋮				⋮			
X	X	X	1	1	1	1	1	1	1	1	1	1	1	1	1

显然其地址范围是:0000H ~ 1FFFH,2000H ~ 3FFFH…E000H ~ FFFFH,即地址有重叠。解决上述地址重叠的办法是:通过译码电路(这里用或门),使不参与寻址的其余地址线 P2.7,P2.6,P2.5 = 000 时,其输出才为 0,并接到 $\overline{CE1}$ 端。如图 6 - 4 中所连接的那样,这时 0000H ~ 1FFFH 为其唯一的地址空间,读者可自行验证。若打算使扩展的存储器芯片有不同的地址空间,只要重新设计译码电路即可,例如将上述存储器芯片的地址空间改为 2000H ~ 3FFFH,此时当 P2.7,P2.6,P2.5 = 001 时,$\overline{CE1}$ = 0,即令 $\overline{CE1}$ = P2.7 + P2.6 + P2.5 即可。

6.1.3 I/O 口的扩展

MCS - 51 单片机共有 4 个并行 I/O 口,但这些 I/O 口并不能完全提供给用户使用,在实际应用中,MCS - 51 单片机的 P0 口和 P2 口常被用作扩展总线,P3 口的某些口线又常用作第二功能。所以,若一个 MCS - 51 应用系统需连接较多的并行 I/O 设备(如打印机、键盘、显示器等),都不可避免地要进行 I/O 口扩展。

1. 51 单片机 I/O 口扩展性能

单片机应用系统中的 I/O 口扩展方法与单片机的 I/O 口扩展性能有关。

(1)在 51 单片机应用系统中,扩展的 I/O 口采取与数据存储器相同的寻址方法。所有扩展的 I/O 口或通过扩展 I/O 口连接的外围设备均与片外数据存储器统一编址。任何一个扩展 I/O 口,根据地址线的选择方式不同,占用一个片外 RAM 地址,而与外部程序存储器无关。

(2)利用串行口的移位寄存器工作方式(方式 0)也可扩展 I/O 口,这时所扩展的 I/O 口不占用片外 RAM 地址。

(3)扩展 I/O 口的硬件相依性。在单片机应用系统中,I/O 口的扩展不是目的,而是为外部通道及设备提供一个输入、输出通道。因此,I/O 口的扩展总是为了实现某一测控及管理功能而进行的,例如,连接键盘、显示器、驱动开关控制、开关量监测等。

(4)扩展 I/O 口的软件相依性。选用不同的 I/O 口扩展芯片或外部设备时,扩展 I/O 口的操作方式不同,因而应用程序应有所不同,如入口地址、初始化状态设置、工作方式选择等。

2. I/O 口扩展用芯片

(1)标准的可编程并行接口电路,如 8255A。

(2)TTL 或 CMOS 三态门电路、锁存器,如 74LS377、74LS244、74LS245。

(3)RAM/IO 或 EPROM/IO 扩展器,如 8155/8156。

3. I/O 口扩展方法

根据扩展并行 I/O 口时数据线的连接方式,I/O 口扩展可分为总线扩展方法、串行口扩展方法和 I/O 口扩展方法。

4. 多芯片扩展

由图 6-5 可见,系统扩展了 2KB 的片外程序存储器(2716),4KB 的片外数据存储器(6116×2)和 2 个 8 位并行口,1 个 6 位并行口,以及 1 个 14 位定时/计数器(8155),6116、8155 片选信号均由 8031 输出的高位地址经 74LS138 译码后得到。2716 的片选信号直接接地。

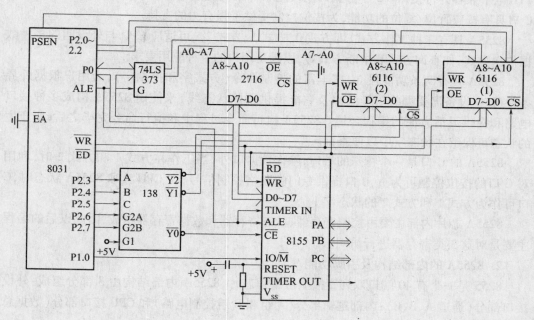

图 6-5 多芯片综合扩展

6116 和 2716 的高 3 位地址由 P2.0 ~ P2.2 提供,8155 的 ALE 与 TIMER IN 均由单片机的 ALE 引入。

译码地址如下。

2716:由于 2716 的片选信号直接接地,其基本地址范围为 0000H ~ 07FFH(共 2KB)。

6116(1):片选信号接 74LS138 的 $\overline{Y1}$。根据 74LS138 的译码原理,选中 $\overline{Y1}$ 时 G2B、G2A = 00,CBA = 001,也即 P2.7、P2.6、P2.5、P2.4、P2.3 = 00001,所以 6116(1)的地址是 0000,1000,0000,0000 ~ 0000,1111,1111,1111,即 0800H ~ 0FFFH(2KB)。

6116(2):片选信号接 74LS138 的 $\overline{Y2}$。根据 74LS138 的译码原理,选中 $\overline{Y2}$ 时输入端 G2B、G2A = 00,CBA = 010,也即 P2.7、P2.6、P2.5、P2.4、P2.3 = 00010,所以 6116 的地址是 0001,0000,0000,0000 ~ 0001,0111,1111,1111,即 1000H ~ 17FFH(2KB)。

8155:片选信号接 74LS138 的 $\overline{Y0}$。根据 74LS138 的译码原理,选中 $\overline{Y0}$ 时输入端 G2B、G2A = 00,CBA = 000,也即 P2.7、P2.6、P2.5、P2.4、P2.3 = 00000,所以 8155 命令状态口地址 0000H,PA 口是 0001H,PB 口是 0002H,PC 口是 0003H,定时/计数器的高低地址是 0005H,0004H,RAM 的地址是 0000H ~ 00FFH(256B)。

8155 的 RAM 与 8155 的端口地址重叠由 P1.0 区分,高电平时对 I/O 口操作,低电平是对 RAM 操作。8155 与 2716 的地址重叠由读写通信号$\overline{RD}$、$\overline{WR}$和$\overline{PSEN}$区分。

6.1.4 综合扩展技术应用举例

1. 可编程并行接口芯片 8255A 的基本特性

8255A 是一个具有 3 个 8 位数据口(即 A 口、B 口、C 口,其中 C 口还可作为两个 4 位口来使用)的并行输入/输入端口的接口芯片,它为 Intel 系列的 CPU 与外部设备提供了 TTL 电平兼容并行接口。3 个数据口均可用软件来设置成输入口或输出口,与外设相连。C 口具有按位置位/复位的功能,为按位控制提供了强有力的支持。

8255A 具有 3 种工作方式,即方式 0、方式 1、方式 2。可适应 CPU 与外设间的多种数据传送方式,如查询方式和中断方式等,以满足用户的各种应用要求。

8255A 具有两条功能强、内容丰富的控制命令(方式字和控制字),为用户根据外界条件(I/O 设备需要哪些信号线以及它能提供哪些状态线)来使用 8255A 构成多种接口电路和提供灵活方便的编程环境。8255A 执行命令过程中和执行命令完毕之后,所产生的状态可保留在状态字中以便查询。

8255A 的 C 口是一个特殊的端口,除作数据口外,当工作在方式 1 和方式 2 时,利用对 C 口的按位控制可为 A、B 口提供专门的联络控制信号;在 CPU 读取 8255A 状态时,C 口可作为方式 1 和方式 2 的状态字。

8255A 芯片内部主要由控制寄存器、状态寄存器和数据寄存器组成,因此以后的编程主要是对这 3 类寄存器进行访问。

2. 8255A 的内部结构及引脚功能

8255 是一个有 40 端口双列直插型可编程芯片,8255A 内部结构由 3 部分组成:外设接口部分(通道 A、B、C);内部逻辑部分(A 组和 B 组控制电路)和 CPU 接口部分(数据总线缓冲器,读/写控制逻辑),如图 6 - 6 所示。

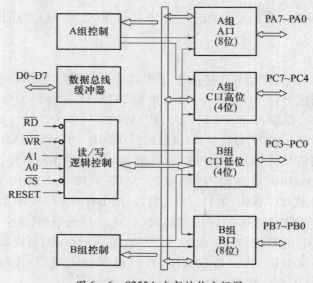

图 6 - 6 8255A 内部结构方框图

1）8255A 的内部结构

8255A 有 3 个并行的 8 位 I/O 接口,分别称为 A 口、B 口、C 口,也就是说,一片 8255A 则可扩展 24 位并行端口。

数据总线缓冲器为 8 位的双向的三态缓冲器。作为 8255A 与系统总线连接的界面,输入/输出的数据,CPU 的编程命令以及外设通过 8255A 传送的工作状态等信息,都是通过它来传输的。

读/写控制逻辑电路负责管理 8255A 的数据传输过程。它接收片选信号及系统读信号、写信号、复位信号 RESET,还有来自系统地址总线的口地址选择信号 A0 和 A1。

A 组控制电路用来控制 A 口及 C 口的高 4 位,B 组控制电路用来控制 B 口及 C 口的低 4 位。这是两组根据 CPU 命令控制 8255A 工作方式的电路,这些控制电路内部设有控制寄存器,可以根据 CPU 送来的编程命令来控制 8255A 的工作方式,也可以根据编程命令来对 C 口的指定位进行置/复位的操作。

A 口是一个独立的 8 位 I/O 口,它的内部有对数据输入/输出的锁存功能。B 口也是一个独立的 8 位 I/O 口,仅有对输出数据的锁存功能。C 口可以看作一个独立的 8 位 I/O 口;也可以看作两个独立的 4 位 I/O 口,也是仅对输出数据进行锁存。

2）8255A 的引脚功能

（1）数据线。D0 ~ D7 为 8 位双向三态数据线,用来与系统数据总线相连,以实现 8255A 与 CPU 之间的数据传送。

（2）地址线。8255A 共有 4 个口地址,即 PA 口、PB 口、PC 口及控制口地址。

- PA0 ~ PA7:A 组数据信号,用来连接外设。
- PB0 ~ PB7:B 组数据信号,用来连接外设。
- PC0 ~ PC7:C 组数据信号,用来连接外设或者作为控制信号。

在控制口内填上控制字,控制字用于 8255A 的方式选择及 PA 口、PB 口、PC 口输入输出选择。这 4 个地址之间的选择由 A0、A1 两端口线控制。A0、A1 通常接于单片机的地址线最低两位 P0.0、P0.1。A0、A1 与 $\overline{CS}$、$\overline{RD}$、$\overline{WR}$ 信号一起,确定对 8255A 的操作状态,如表 6 - 4 所示。

表 6 - 4　8255A 的操作功能表

$\overline{CS}$	$\overline{RD}$	$\overline{WR}$	A1	A0	操　作	数　据　传　送　方　式
0	0	1	0	0	读 A 口	A 口数据→数据总线
0	0	1	0	1	读 B 口	B 口数据→数据总线
0	0	1	1	0	读 C 口	C 口数据→数据总线
0	1	0	0	0	写 A 口	数据总线数据→A 口
0	1	0	0	1	写 B 口	数据总线数据→B 口
0	1	0	1	0	写 C 口	数据总线数据→C 口
0	1	0	1	1	写控制口	数据总线数据→控制口
1	*	*	*	*	禁止操作	数据总线为三态
0	0	1	1	1	禁止操作	非法状态
0	1	1	*	*	禁止操作	数据总线为三态

（3）控制线。控制 8255A 的读写、复位及片选等。

● $\overline{CS}$：片选信号线，低电平有效。当$\overline{CS}$低电平时，CPU 选中 8255A 芯片。

● $\overline{RD}$：读信号线，低电平有效。当$\overline{RD}$为低电平时，CPU 对 8255A 进行读操作。将 8255A 被选中的相应口的内容读入 CPU 中。

● $\overline{WR}$：输出控制线，低电平有效。当$\overline{WR}$为低电平时，CPU 输出数据或命令到 8255A 端口。

● RESET：复位端，高电平有效。复位时，8255A 内部寄存器全部为 0，所有的 I/O 口为高阻状态。

● A1，A0：内部口地址的选择，输入。这两个引脚上的信号组合决定对 8255A 内部的哪一个口或寄存器进行操作。

● V_{CC}：电源输入端，为单一的 +5V 电压。

● GND：接地端。

A0、A1、$\overline{CS}$、$\overline{RD}$、$\overline{WR}$这几个信号的组合决定了 8255A 的所有具体操作。

3. 8255 控制字

8255 的 3 个端口具体工作在什么方式下，是通过 CPU 对控制口的写入控制字来决定的，类似于单片机内部的定时/计数器及串行通信端口等的工作方式选择。8255 有两个控制字：方式选择控制字和 PC 口置位/复位控制字。用户通过程序把这两个控制字送到 8255 的控制寄存器，8255 的控制字格式中最高位 D7 为标志位，D7 = 1 是方式选择控制字，D7 = 0 是 PC 口置位/复位控制字。

1）方式选择控制字

方式选择控制字的格式和定义如图 6 – 7（a）所示。

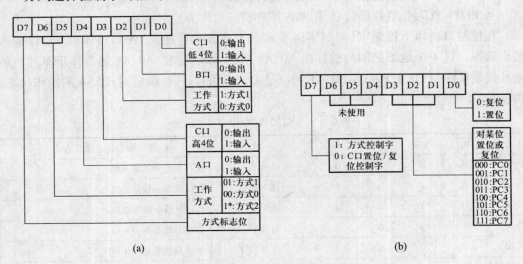

(a) (b)

图 6 – 7　8255 控制字的格式和定义

（a）方式选择控制字；（b）PC 口置位/复位控制字。

如控制字状态为 10100011，即控制字为 A3H，表示 A 组方式 1（D6D5 = 01H），PA 口为输出方式（D4 = 0），PC 口上半部为输出方式（D3 = 0）；B 组方式 0（D2 = 0），PB 口为输入方式（D1 = 1），PC 口下半部为输入（D0 = 1）。

若 D7 = 0,只能对 PC 口进行位操作,位操作内容由控制寄存器相应位状态决定。

【例 6 - 3】、设 8255 控制字寄存器的地址为 F3H,试编程使 A 口为方式 0 输出,B 口为方式 0 输入,PC4 ~ PC7 为输出,PC0 ~ PC3 为输入。其程序如下:

```
MOV    R0,#0F3H
MOV    A,#83H
MOVX   @ R0,A
```

2) PC 口置/复位控制字

PC 口置位/复位控制字的格式和定义如图 6 - 7(b)所示。PC 口具有位操作功能,把一个置位/复位控制字送入 8255 的控制寄存器,就能将 PC 口的某一位置 1 或清 0 而不影响其他位的状态。

如控制字为 06H,即控制寄存器格式为 00000110H,表示 PC 口位操作(D7 = 0),将 PC3 位复位(D3D2D1 = 011,D0 = 0,复位清 0)。

【例 6 - 4】 仍设 8255 控制字寄存器地址为 F3H,下述程序可以将 PC1 置 1,PC6 清 0。

```
MOV    R0,#0F3H
MOV    A,#03H
MOVX   @ R0,A
MOV    A,#0CH
MOVX   @ R0,A
```

4. 8255 初始化

8255 是可编程的接口芯片,在使用 8255 之前,硬件上必须复位,即给 RESET 端送一个高电平;软件上必须初始化,即向 8255 写入方式控制字,以确定 8255 的工作方式。

如要设置 8255A 的 PA、PB 为方式 0 输入方式,PC 为输出方式,控制字为 9AH,程序如下:

```
MOV    DPTR,#7FFFH
MOV    A,#9AH
MOVX   @ DPTR,A
```

利用这几条指令对 8255A 初始化后,PA、PB、PC 口才能作为输出口使用。通过改变控制字的状态,则可改变 3 个端口的工作方式。

【例 6 - 5】 用 8255 作接口芯片,控制 24 个发光二极管。在编写驱动程序时,程序的前面一段 8255 的初始化程序根据题意如下:

```
MOV    DPTR,#2003H
MOV    A,#80H
MOVX   @ DPTR,A
```

【例 6 - 6】 设 8255 的地址为 80FCH ~ 80FFH,如果 8255 的 PA0 ~ PA7 接一个数码管,PC3 接一个蜂鸣器,PC4 接一个开关,试对 8255 初始化。初始化程序参考如下:

```
MOV    DPTR,#80FFH
MOV    A,#88H
MOVX   @ DPTR,A
```

5. 8255A 的工作方式

8255A 有 3 种可通过程序向控制端口写入方式控制字来实现的基本工作方式:方式 0——简单输入/输出查询方式;方式 1——选通输入/输出中断方式;方式 2——双向输入/输出中断方式(只有 PA 端口才有)。工作方式的选择由方式控制字决定。

1) 工作方式 0

这是一种基本的输入/输出方式,8255A 的 3 个端口都可以工作在这种方式,适用于无条件地传送数据,没有规定固定的应答联络信号,可用 A,B,C 3 个口的任意一位充当查询信号,其余 I/O 口仍可作为独立的端口和外设相连。PA 口和 PB 口只可选择 8 位为输入或输出,而 PC 口的高 4 位、低 4 位可分别选择为输入或输出。即:PA0 ~ PA7,PB0 ~ PB7,PC0 ~ PC7 均可作为 I/O 线使用,没有限制一定传送什么信号;PA 口、PB 口、PC 口高 4 位和 PC 口低 4 位可以分别设定为输入口或输出口。

2) 工作方式 1

为一种选通输入/输出方式,PA 口和 PB 口仍作为两个独立的 8 位 I/O 数据通道,可单独连接外设,通过编程分别设置它们为输入或输出。而 PC 口则要有 6 位(分成两个 3 位)分别作为 PA 口和 PB 口的应答联络线,其余 2 位仍可工作在方式 0,可通过编程设置为输入或输出。即:PA 口和 PB 口作为数据口可独立编程为输入或输出使用;PC 口分成高 4 位和低 4 位,分别配合 PA 口和 PB 口工作,此时 PC 口高 4 位和 PC 口低 4 位分别作为 PA 口和 PB 口的状态口,PC 口的某些引脚规定为传送状态信号,不能作 I/O 口线使用,传送任意信号。即工作方式 1 可分为两组(A 组和 B 组),每组包含一个 8 位的数据端口和一个 4 位的控制/数据端口,这 8 位的数据端口可定义为输入或输出,4 位的端口用作 8 位数据端口的控制和状态信号线。

工作方式 1 主要用于中断应答式数据传送,也可用于连续查询式数据传送。输入和输出时 8255A 与外围设备的连接方式不同,数据传送过程也不同。

(1) 当 A、B 通道作为工作方式 1 输入通道时,PC0 ~ PC7 的功能分配如图 6-8(a)所示。

- $\overline{STB}$:为外设向 8255 提供的输入选通信号,当外设数据准备好,并稳定在数据线后,输入低电平信号,8255 必须在收到下降沿后,才把数据线上外围设备的信息输入端口锁存器。

- IBF:为端口锁存器满/空标志线。IBF 有效,表明输入缓冲器已满。IBF 是 8255 向外设输出的信号,高电平表示端口缓冲器已满,等待 CPU 读取,只有在 CPU 读取之后,上升沿使 IBF 为低电平,表示数据已读完,才允许外设继续送数。

- INTR:为中断请求信号。高电平有效,由 8255 发出。在中断允许的条件下,当 =1 和 IBF = 1 时,INTR 被置 1,发出中断请求。

(2) 当 A、B 通道作为工作方式 1 输出通道时,PC0 ~ PC7 的分配如图 6-8(b)所示。

- $\overline{OBF}$:为输出缓冲器已满标志,也是 8255 向外设输出的信号,低电平有效,表示 CPU 已将数据装入 8255 端口的输出缓冲器中,通知外设可以取数。CPU 向 8255 写入数据后,在 WR 的上升沿时使 OBF 变为低电平。

- $\overline{ACK}$:为外设向 8255 提供的输入应答信号,外设把端口数据取走之后,为低电平,表示外设已取走数据,CPU 可以再送新的数据。

128

3）工作方式 2

为双向选通输入/输出方式,8255A 只有 PA 口才有此方式。这时,PC 口有 5 根线用作 PA 口的应答联络信号,其余 3 根线可用作工作方式 0,也可用作 PB 口工作方式 1 的应答联络线。

工作方式 2 就是工作方式 1 的输入与输出方式的组合,各应答信号的功能也相同。而 PC 口余下的 PC0～PC2 正好可以充当 PB 口工作方式 1 的应答线,若 PB 口不用或工作于工作方式 0,则这 3 条线也可工作于工作方式 0。

按工作方式 2 工作时,PA 口既可工作于查询方式,又可工作于中断方式。PC0～PC7 的功能分配如图 6-9 所示。图中各功能的含义与工作方式 1 时的含义一样。由于只有 A 通道才能工作于方式 2,所以所有的应答联络线都是与 A 通道配合的。

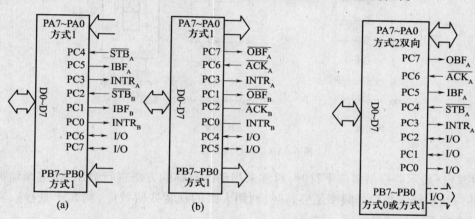

图 6-8　PC0～PC7 的分配图　　　　　图 6-9　PC0～PC7 的功能分配

6.2　人 机 接 口

人机接口是计算机同人机交互设备之间实现信息传输的控制电路。人机接口电路与人机交互设备一起完成两个任务,一个是信息形式的转换,把外界信息转换成计算机能接受、处理的信息,或把计算机处理后的信息转换成外部设备能显现的形式;另一个是计算机与外部设备的速度匹配,也就是完成信息速率与传输速率的匹配——即信息传输的控制问题。

6.2.1　LED 数码显示器的接口与编程

用 LED 显示器来显示各种数字或符号,由于具有显示清晰、亮度高、使用电压低、寿命长的特点,因此使用越来越广泛。

1. LED 显示器工作原理

LED 显示器由 8 段字形排列的发光二极管组合而成。其中 7 段 LED 显示器由 7 个发光段构成,每段均是一个 LED 二极管。这 7 个发光段分别称为 a、b、c、d、e、f 和 g,通过控制不同段的点亮和熄灭,可显示 16 进制数字 0～9 和 A、B、C、D、E、F,也能显示 H、E、L、P 等字符。多数七段 LED 显示器中实际有 8 个发光二极管,除 7 个构成 7 段字形外,另外还有一个小数点 Dp 位段，用来显示小数。因此把这种显示器叫做 8 段 LED 显示器。

LED 显示器有共阳极和共阴极两种结构。对于共阴极显示器，其公共端应接低电平（接地），a~dp 端只要接高电平，其相应线段就发亮。一般情况下，a~dp 端接在数据锁存器的输出线上，这个端口称为字形口或段控口；而几个 LED 显示器的公共端并列在一起，称为字位口或位控口，它决定该 LED 显示器是否能发光。对于共阳极显示器，不同之处是各线段发光的电平要求正好全部与共阴极相反，如图 6-10 所示。

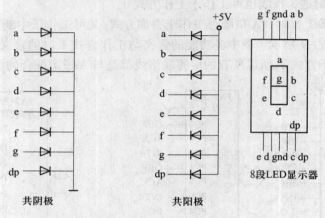

图 6-10 8 段 LED 显示器

用 LED 显示器显示多位字符时，通常采用动态扫描的方法进行显示，即逐个地循环点亮各位显示器。当扫描频率足够高时，利用人眼的视觉残留效应（约几十毫秒），看起来如同全部显示器同时显示一样。

2. LED 显示器显示方式

单片机应用系统中，可利用 LED 显示器灵活地构成所要求位数的显示器。

N 位 LED 显示器就要 N 个 8 位。根据显示方式的不同，位选线和段选线的连接方法有所不同。段选线控制字符选择，位选线控制显示位的亮或暗。

1）LED 静态显示方式

静态显示连接电路的特点为软件编程较简单，显示的亮度大，不占用 CPU 时间，但占用 I/O 口线多，适用于显示位数较少的场合。LED 工作在静态显示方式下，共阴极接地或共阳极接 +5V，每一位的段选线（a~g、dp）与一个 8 位并行 I/O 口相连。如图 6-11 所示，该图表示了一个 3 位静态 LED 显示器电路，显示器的每一位可独立显示，只要在该位的段选线上保持段选码电平，该位就能保持相应的显示字符。由于每一位由一个 8 位

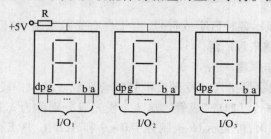

图 6-11 3 位静态 LED 显示器

130

输出口控制段选码,故在同一时刻各位可以显示不同的字符。

静态显示器每位 LED 都需要一个并行接口输出字形代码,N 位静态显示就要求有 $N \times 8$ 根 I/O 口线,占用 I/O 资源较多,故在位数较多时往往采用动态显示方式。

2) LED 动态显示方式

动态显示接口是对多位 LED 显示器采用动态扫描的方法进行显示,即逐个地循环点亮各位显示器。显示器件分时工作,每次只能有一个器件显示,显然在任一瞬间只有一位在显示亮,其他几位暗,同样,在下一瞬间,单独显示下一位,这样依次循环扫描,轮流显示,但由于人眼的视觉滞留效应,实际上看起来与全部显示器持续点亮的效果一样,多位同时稳定显示。动态 LED 可简化电路,常用于智能仪表中。

LED 动态显示是将所有位的段选线并接在一个 I/O 口上,共阴极端或共阳极端分别由相应的 I/O 口线控制。图 6 - 12 就是一个 8 位 LED 动态显示器电路。

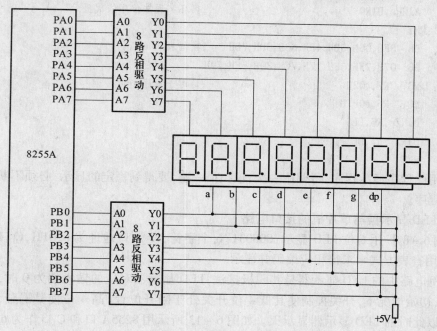

图 6 - 12　LED 动态显示接口电路

【例 6 - 7】 如图 6 - 12 所示的动态显示接口,写出显示缓冲区地址为片内 RAM 的 80H ~ 8FH 单元开始的数据块程序,从低到高依次存放 8 个要显示的数据。

假设 8255A 的命令口地址为 7F00H,PA 口输出字形码信号,PB 口输出位选信号。其动态显示程序如下:

```
MOD:  MOV   A,#00000011B           ;8255A 初始化
      MOV   DPTR,#7F00H            ;使 DPTR 指向 8255A 控制寄存器端口
      MOVX  @ DPTR,A
      MOV   R0,#78H                ;动态显示初始化,使 R0 指向缓冲区首址
      MOV   R3,#7FH                ;取位选字
      MOV   A,R3
DIR0: MOV   DPTR,#7F01H            ;指向 8255A PB 口(位选口)
```

131

```
        MOVX  @ DPTR,A            ;选通显示器低位(最右端一位)
        INC   DPTR               ;使 DPTR 指向 PA 口
        MOV   A,@ R0             ;读要显示的数
        ADD   A,#0DH             ;调整距段选码表首的偏移量
        MOVC  A,@ A + PC         ;查表取得段选码
        MOVX  @ DPTR,A           ;送字形码
        ACALL DL1               ;调用 1ms 延时子程序
        INC   R0                ;指向缓冲区下一单元
        MOV   A,R3              ;位选码送累加器 A
        JNB   ACC.0,DIR1         ;判 8 位是否显示完毕,显示完返回
        RR    A                ;未显示完,把位选字变为下一位选字
        MOV   R3,A             ;修改后的位选字送 R3
        AJMP  DIR0             ;循环实现按位序依次显示
DIR1:RET
TAB:  DB  3FH,06H,5BH,4FH,66H,6DH,7DH   ;段码表
      DB  07H,7FH,6FH,77H,7CH,39H,5EH,79H
DL1:  MOV  R7,#02H                 ;延时子程序
DL:   MOV  R6,#0FFH
DL0:  DJNZ  R6,DL6
      DJNZ  R7,DL
      RET
```

采用此程序显示程序,每调用一次,仅扫描一遍,要得到稳定的显示,必须不断地调用显示子程序。

3. LED 显示器与单片机的接口电路

【例6-8】用6位 LED 显示"008031"6 个字符,设 A 口地址为 0301H,C 口地址为 0303H,用查表方式来求得相应编码并显示。

本例电路中的 LED 显示器是共阴极接法,LED 显示器对应的输入端为 0 时,对应的 LED 亮,初始情况下,开关控制使其低 4 位开关处于断开位置(高 4 位使其屏蔽,不起作用),所以此时的 LED 显示器显示灭。如图 6-13 所示用 8255A 口和 C 口作为 6 位共阴

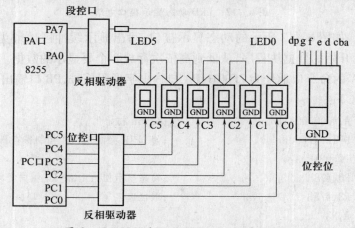

图 6-13 8255 与 6 位 LED 显示器连接电路

极 LED 显示器接口电路。

显示参考程序如下(考虑反相驱动器反相作用):

```
DIS:MOV    R1,     #79H              ;指向显缓区首址
    MOV    R2,     #00000001B        ;从右面第一位开始显示
LD0:MOV    A,      #00H
    MOV    DPTR,   #0303H            ;送字形前先关显示
    MOVX   @ DPTR,A
    MOV    A,      @ R1              ;取显示字符
    MOV    DPTR,#TABLE               ;指向字符代码表首址
    MOVC   A,      @ A + DPTR        ;取字符相应编码
    MOV    DPTR,   #0301H            ;指向段控口
    MOVX   @ DPTR,A                  ;字符编码送 A 口(段控口)
    MOV    A,      R2                ;位控码送 A
    MOV    DPTR,   #0303H            ;指向位控口
    MOVX   @ DPTR,A                  ;位控码送 C 口(位控口)
    ACALL  DELAY                     ;延时
    INC    R1                        ;指向下一显缓单元
    MOV    A, R2                     ;取当前位控码
    JB     ACC.5,LD1,                ;是否扫描到最左边,是,返回
    RL     A                         ;否,左移一位
    MOV    R2,     A                 ;保存位控码
    AJMP   LD0                       ;继续扫描显示
LD1:RET                              ;返回
    ORG    3000H                     ;依次建立字符代码表
TABLE:DB   0C0H                      ;0
    DB     0F9H                      ;1
    DB     0A4H                      ;2
    DB     0B0H                      ;3
    DB     99H                       ;4
    DB     92H                       ;5
    ⋮                               ⋮
```

6.2.2 LCD 显示器的接口与编程

LCD(液晶显示器)是一种被动式显示器,由于它的功耗极低、抗干扰能力强,因此可以在低功耗的单片机系统中大量使用。目前市售的 LCD 显示器都是利用液晶的扭曲向列效应原理制成的,在电的作用下,改变液晶分子的初始排列,从而使液晶盒的光学性质变化,产生光学效应。

在单片机中常用的液晶显示器有段型与点阵型。段型主要用于电子仪表、计算器等。点阵型显示丰富的信息(包括部分汉字)。通常把显示器、控制器、驱动电路做在一起,构成液晶显示模块(LCM),下面以 HD44780 及其兼容电路为例介绍 LCD 的接口电路。

1. LCD 显示模块 HD44780 结构（表 6 - 5）

表 6 - 5　HD44780 引脚介绍

管 脚 号	符 号	输入、输出	功　　能
1	V_{SS}		电源地:0V
2	V_{DD}		电源:5V
3	$V_1 \sim V_5$		驱动电压:0～5V
4	RS	输入	"0"选指令寄存器 1R,"1"选数据寄存器 DR
5	R/$\overline{W}$	输入	"0"写操作,"1"读操作
6	E	输入	"0"使能有效,"1"使能无效
7 ~ 10	DB0 ~ DB3	双向	数据总线,设置 4 位传送时,此 4 位不用
11 ~ 14	DB4 ~ DB7	双向	数据总线,设置 4 位传送时,用此 4 位

2. LCD 显示模块 HD44780 与单片机接口

连接电路如图 6 - 14 所示。8031 单片机与 HD44780 的接口。R/W 接 373 的 A0,也就是用 P0.0 控制。RS 接 373 的 A1,也就是用 P0.1 控制。E 由 P2.7、WR、RD 的逻辑控制选中。P2.7 需为"0"电平才有效。IR 和 DR 读写条件如表 6 -6。

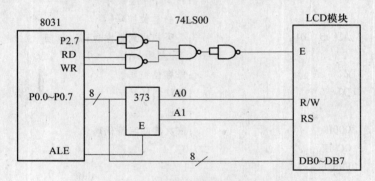

图 6 - 14　显示模块与 8031 的接口电路

表 6 - 6　IR 和 DR 读写条件

RS	R/W	说　　　　明
0	0	将 DB7 ~ DB0 的指令代码写入 IR 寄存器
0	1	读状态 BF 和 AC 到 DB7 ~ DB0
1	0	写入 DR,内部操作将 DR 送入 DD RAM 或 CG RAM
1	1	读 DR 到 DB7 ~ DB0,内部操作将到 DD RAM 或 CG RAM 送入 DR

6.2.3　键盘接口与编程

键盘按照其内部不同电路结构,可分为编码键盘和非编码键盘两种。编码键盘本身除了带有普通按键之外,还包括产生键码的硬件电路。使用时,只要按下编码键盘的某一个键,硬件逻辑会自动提供被按下的键的键码,使用十分方便,但价格较贵。由非编码键盘组成的简单硬件电路,仅提供各个键被按下的信息,其他工作由软件来实现。由于价格便宜,使用灵活,因此广泛应用在单片机应用系统中。本书仅介绍非编码键盘的硬件电路和程序设计方法。非编码键盘按照其键盘排列的结构,又可分为独立式按键和行列式按键两种类型。

1. 按键抖动及消除

目前各种结构的键盘,主要是利用机械触点的合、断作用,产生一个电压信号,然后将这个电信号传送给 CPU。由于机械触点的弹性作用,在闭合及断开的瞬间均有抖动过程。抖动时间长短,与开关的机械特性有关,一般为 5ms ~ 10ms。图 6 – 15 为闭合及断开时的电压抖动波形。

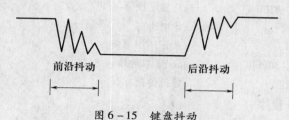

前沿抖动　　　　　后沿抖动

图 6 – 15　键盘抖动

消除抖动的措施有硬件消抖和软件消抖两种。

(1) 硬件消除抖动。可用基本 R – S 触发器、单稳态电路或 RC 滤波电路,RC 滤波电路具有吸收干扰脉冲的作用,只要适当选择 RC 电路的时间参数便可实现。

(2) 软件消除抖动。检测到有键按下时,执行 10ms 左右的延时程序,再确认该键为按下状态,从而消除了抖动影响,再读取稳定的键状态。

2. 独立式按键接口电路应用

独立式按键是指直接用一根 I/O 口线构成的单个按键电路。每个独立式按键单独占有一根 I/O 口线,每根 I/O 口线上的按键的工作状态不会影响其他 I/O 口线的工作状态。

【例6-9】 独立式四按键接口应用,电路如图 6 – 16 所示。

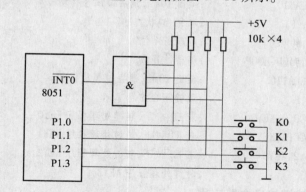

图 6 – 16　独立式四按键接口电路

分析:K0 ~ K3 等 4 个按键在没有按下时,P1.0 ~ P1.3 均处于高电平状态;只要有键按下,则相应的 I/O 口线就变成低电平;一个按键与一根 I/O 口线状态相对应。在图 6 – 16 中,为了使 CPU 能及时处理键盘功能,4 根键盘状态输出线被送到四与门输入端。这样,只要有任一键按下,该四与门输出端便由高电平变成低电平,再通过INT0向 CPU 发出中断请求。显然,在中断服务程序中,应设计键盘去抖动延时程序和读键值程序。等待键释放以后,再退出中断服务程序,转向各键定义的各功能程序。这样可以避免发生一键按

135

下、多次处理的现象。

参考程序如下：

```
        ORG    0000H
        AJMP   MAIN            ;转向主程序
        ORG    0003H
        AJMP   JSB             ;设置键识别中断服务程序入口
        ORG    0030H
MAIN:   MOV    SP, #30H        ;设置堆栈
        SETB   EA              ;开中断
        SETB   EX0             ;允许INT0中断
        MOV    P1, #0FFH       ;设P1口为输入方式
HERE:   SJMP   HERE            ;等待键闭合
```

键识别中断服务程序：

```
        ORG    0120H
JSB:    PUSH   ACC             ;保护现场
        CLR    EA              ;暂时关中断
        MOV    A,P1            ;取P1口当前状态
        ANL    A,#0FH          ;屏蔽高4位
        CJNE   A,#0FH,KEY      ;有键按下,转键处理KEY
        SETB   EA              ;开中断
        POP    ACC             ;现场恢复
        RETI                   ;返回
KEY:    MOV    B, A            ;保存键闭合信息到B
        LCALL  DELAY10         ;延时10ms,消去键闭合抖动
LOOP:   MOV    A, P1           ;取P1口状态
        ANL    A,#0FH          ;屏蔽高4位
        CJNE   A,#0FH,LOOP     ;等待键释放
        LCALL  DELAY10         ;延迟10ms,消去键释放抖动
        MOV    A,B             ;取键闭合信息
        JNB    ACC.0,KEY0      ;若K0按下,转键处理程序KEY0
        JNB    ACC.1,KEY1      ;若K1按下,转键处理程序KEY1
        JNB    ACC.2,KEY2      ;若K2按下,转键处理程序KEY2
        AJMP   KEY3            ;转键处理程序KEY3
```

3. 行列式键盘按键接口电路应用

行列式键盘又叫矩阵式键盘。用I/O口线组成行、列结构,按键设置在行与列的交点上。图6-17所示为一个由8条行线与4条列线组成的8×4行列式键盘,32个键盘只用了12根I/O口线。由此可见,在按键配置数量较多时,采用这种方法可以节省I/O口线。

【例6-10】用一个典型的4行×8列矩阵式键盘说明实际的键盘接口和程序的设计。如图6-18所示,8155的PA口为输出口,接键盘列线;PC为输入口,接键盘的4行线。假定PA口地址为7F01H,PC口地址为7F03H,键盘扫描程序KEY扫描键盘时分两步进行。

136

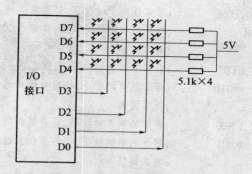

图 6-17　行列式键盘

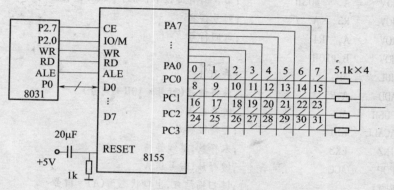

图 6-18　8155 扩展的 I/O 口行列式键盘图

（1）进行粗扫描，即调用 KS1 子程序，判断是否有键按下。

（2）进行键盘细扫描，找出按下的是哪一个键，并求出相应的键码。这部分包括 3 个程序段：逐行扫描程序段 LK2、下一列扫描程序段 NEXT、求键码子程序段 LKP。

程序清单如下：

JSB:	ACALL	KS1	;调用按键判断子程序,判断是否有键按下
	JNZ	LK1	;有键按下时(A≠0),转去抖动延时
	MOV	A,#0FFH	
	AJMP	FH	;无键按下则返回
LK1:	ACALL	DELAY12	;延时 12ms
	ACALL	KS1	;查有无键按下,若有,则为键真实按下
	JNZ	LK2	;键按下(A≠0),转逐列扫描
	MOV	A, #0FFH	
	AJMP	FH	;没有键按下,返回
LK2:	MOV	R2, #0FEH	;首行扫描字送 R2
	MOV	R4, #00H	;首行号送 R4
LK4:	MOV	DPTR,#FE01H	;指向 A 口
	MOV	A, R2	
	MOVX	@DPTR,A	;行扫描字送至 8155PA 口
	INC	DPTR	;指向 8155 PB 口
	MOVX	A,@DPTR	;8155 PB 口读入列状态

137

```
        JB      ACC·0,LONE      ;若第0列无键按下,转查第1列
        MOV     A,#00H          ;第0列有键按下,将列首键号00H送A
        AJMP    LKP             ;转求键值
LONE:   JB      ACC.1,LTWO      ;若第1列无键按下,转第2列
        MOV     A,   #01H       ;第1列有键按下,将列号01H送A
        AJMP    LKP             ;转求键值
LTWO:   JB      ACC.2,LTHR      ;若第2列无键按下,转查第3列
        MOV     A,   #02H       ;第2列有键按下,将列号02H送A
        AJMP    LKP             ;转求键值
LTHR:   JB      ACC.3,NEXT      ;若第3列无键按下,改扫描下一行
        MOV     A,   #03H       ;第3列有键按下,将列号03H送A
LKP:    MOV     R5,  A          ;列号存R5
        MOV     A,   R4         ;取回行号
        MOV     B,#10H
        MUL     AB              ;乘10H
        ADD     A,R5            ;求得键号(行号*10H+列号)
        PUSH    ACC             ;键号进栈保护
LK3:    ACALL   KS1             ;等待键释放
        JNZ     LK3             ;未释放,继续等待
        POP     ACC             ;键释放,键号送A
FH:     RETI                    ;键扫描结束,出口状态为(A)=键号
NEXT:   INC     R4              ;指向下一行,行号加1
        MOV     A,R2            ;判8行扫描完没有?
        JNB     ACC.7,KND       ;8行扫描完,返回
        RL      A               ;未完,扫描字左移一位
        MOV     R2,   A         ;暂存A中
        AJMP    LK4             ;转下一行扫描
KND:    MOV     A,   #0FFH
        JMP     FH
```

按键判断子程序 KS1:

```
KS1:    MOV     DPTR,#FE01H     ;指向PA口
        MOV     A,   #00H       ;全扫描字#00H=00000000B
        MOVX    @DPTR,A         ;全扫描字送PA口
        INC     DPTR            ;指向PB口
        MOVX    A,   @DPTR      ;读入PB口状态
        CPL     A               ;变正逻辑,以高电平判定是否有键按下
        ANL     A,   #0FH       ;屏蔽高4位
        RET                     ;返回
```

6.2.4　显示器/键盘系统

【例6-11】具备定时起闹功能的电脑钟,由6位LED显示器显示时、分、秒,可以直接由0~9数字键设置当前时间进行校准。硬件电路如图6-19所示,LED动态显示。

138

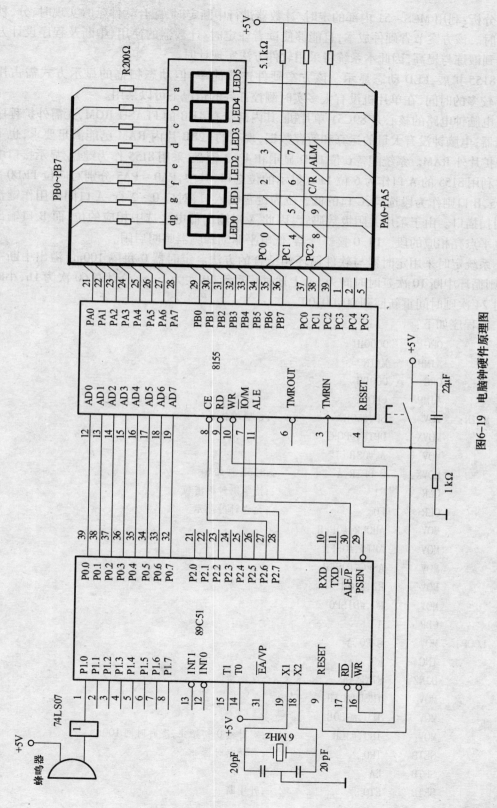

图6-19　电脑钟硬件原理图

139

分析：利用 MCS – 51 内部的定时/计数器进行中断定时，配合软件延时实现时、分、秒的计时。该方案节省硬件成本，且能够使读者在定时/计数器的使用、中断及程序设计方面得到锻炼与提高，因此本系统将采用软件方法实现计时。

8155 扩展，LED 动态显示。该方案硬件连接简单，但动态扫描的显示方式需占用 CPU 较多的时间，在单片机没有太多实时测控任务的情况下可以采用。

电脑钟电路的核心是 89C51 单片机，其内部带有 4KB 的 FLASH ROM，无需外扩程序存储器；电脑钟没有大量的运算和暂存数据，现有的 128B 片内 RAM 已能满足要求，也不必外扩片外 RAM。系统配备 6 位 LED 显示和 4×3 键盘，采用 8155 作为键盘/显示接口电路。利用 8155 的 A 口作为 6 位 LED 显示的位选口，其中，PA0 ~ PA5 分别对应位 LED0 ~ LED5，B 口则作为段选口，C 口的低 3 位为键盘输入口，对应 0~2 行，A 口同时用作键盘的列扫描口。由于采用共阴极数码管，因此 A 口输出低电平选中相应的位，而 B 口输出高电平点亮相应的段。P1.0 接蜂鸣器，低电平驱动蜂鸣器鸣叫启闹。

系统定时采用定时器与软件循环相结合的方法。定时器 0 每隔 100ms 溢出中断一次，则循环中断 10 次延时时间为 1s，上述过程重复 60 次为 1min，分计时 60 次为 1h，小时计时 24 次则时间重新回到 00:00:00。

源程序如下：

```
            ORG     0000H
            AJMP    MAIN
            ORG     000BH
            AJMP    CLOCK
MAIN:       MOV     SP,#50H          ;设置堆栈区
            MOVX    DPTR,#PORT
            MOV     A,#03H
            MOVX    @DPTR,A          ;8155 初始化
            CLR     F1               ;清零闹钟标志位
            CLR     F0               ;允许计时显示
            MOV     AHOUR,#0FFH
            MOV     AMIN,#0FFH
            MOV     ASEC,#0FFH
            MOV     R7,#10H
            MOV     R0,#DISP0
            CLR     A
LOOP:       MOV     @R0,A
            INC     R0
            DJNZ    R7,LOOP          ;设置初值
            MOV     TMOD,#01H
            MOV     TL0,#0B0H
            MOV     TH0,#3CH         ;定时器 0 初始化,定时时间 100ms
            SETB    TR0              ;启动定时器
            SETB    EA
            SETB    ET0              ;开中断
```

140

```
BEGIN:  ACALL    ALARM              ;调用定时比较
        ACALL    KEYSCAN            ;调用键盘扫描
        CJNE     A,#0AH,NEXT1       ;是 CLR/RST 键否?
        CLR      TR0               ;是则暂时停止计时
        MOV      R1,#HOUR          ;地址指针指向计时缓冲区首地址
        AJMP     MOD
NEXT1:  CJNE     A,#0BH,BEGIN      ;是 ALARM 键否?
        JB       F1,NEXT2          ;闹钟正在闹响否?
        MOV      R1,#AHOUR         ;地址指针指向闹钟值寄存区首地址
MOD:    SETBF0                     ;置位时间设置/闹钟定时标志,禁止显示计时时间
        ACALL    MODIFY            ;调用时间设置/闹钟定时程序
        SETB     TR0               ;重新开始计时
        CLR      F0                ;清零时间设置/闹钟定时标志,恢复显示计时时间
        AJMP BEGIN
NEXT2:  SETBP1.0                   ;闹钟正在闹响,停闹
        CLR F1                     ;清零闹钟标志
        AJMP     BEGIN             ;时间设置/闹钟定时模块 MODIFY
MODIFY: ACALL    KEYIN             ;调用键盘设置子程序
        ACALL    COMB              ;调用合字子程序
        RET
CLOCK:  MOV      TL0,#0B7H         ;定时器 0 中断服务子程序 CLOCK
        MOV      TH0,#3CH          ;重装初值,时间校正
        PUSH     PSW
        PUSH     ACC               ;保护现场
        INC      MSEC
        MOV      A,MSEC
        CJNE     A,#0AH,DONE
        MOV      MSEC,#00H
        MOV      A,SEC
        INC      A
        DA A                       ;二—十进制转换
        MOV      SEC,A
        CJNE     A,#60H,DONE
        MOV      SEC,#00H
        MOV      A,MIN
        INC A
        DA A
        MOV      MIN,A
        CJNE     A,#60H,DONE
        MOV      MIN,#00H
        MOV      A,HOUR
        INC A
        DA A
```

```
        MOV      HOUR,A
        CJNE     A,#24H,DONE
        MOV      HOUR,#00H
DONE:   POP      ACC
        POP      PSW                    ;恢复现场
        RETI
```

电脑钟系统也可采用实时时钟芯片。针对计算机系统对实时时钟功能的普遍需求，各大芯片生产厂家陆续推出了一系列的实时时钟集成电路，如 DS1287、DS12887 等。这些实时时钟芯片具备年、月、日、时、分、秒计时功能和多点定时功能，计时数据的更新每秒自动进行一次，不需程序干预。

6.3　MCS‑51 单片机与 A/D、D/A 的接口

在自动检测和自动控制等领域中，经常需要对温度、电压、压力等连续变化的物理量即模拟量进行测量和控制，而计算机只能处理数字量，因此出现了计算机信号的数/模 (D/A)和模/数(A/D)转换以及计算机与 A/D 和 D/A 转换芯片的连接问题。

6.3.1　D/A 转换接口技术

1. D/A 转换器的主要技术参数

1）分辨率

这是 D/A 转换器对微小输入数字量变化的敏感程度的描述，即输入数字的最低有效位(1LSB)所引起的输出模拟的变化，通常用数字量的位数来表示。显然，位数多的分辨率相对高些。

2）精度

D/A 转换器的精度是指其模拟输出电平与理想的输出值之间所存在的偏差的量度，也就是 D/A 转换器实际的转换特性曲线与理想的转换特性曲线之间的最大偏差程度。通常 D/A 转换器的精度都用相对精度来描述。相对精度常用百分数来表示，或用最低位(LSB)的几分之几来表示。

3）输出范围

输出范围是指当 D/A 转换器的所有位全部由“0”变到“1”时所对应的输出电压值。例如 8 位 D/A 转换器，输入基准电压 V_R，则输出电压范围是 $0 \sim 255 * V_R/256$。

4）建立时间

建立时间是指在规定的误差范围内输入数字量变化后，模拟输出量稳定到相应要求数值范围内所需的时间。当 D/A 转换器的输入数字信号发生变化时，输出电压也随着改变，但由于实际器件的工作速度有限，当输出电压达到稳定的时刻已比输入数字信号发生变化时延迟了一段时间，这段时间就是建立时间。

5）线性度

D/A 转换器的线性度用非线性误差的大小来表示，非线性误差是指理想的输入输出特性的偏差与满刻度输出之比的百分数。

2. DAC0832 8 位 D/A 转换器

DAC0832 是 8 位 D/A 转换器,其内部结构框图及引脚图如图 6-20 所示。

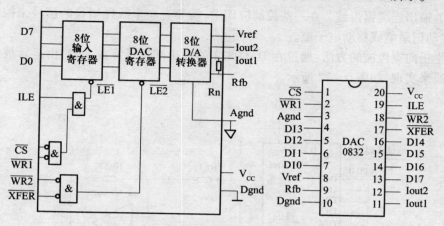

图 6-20　DAC0832 内部结构图及引脚图

当 CPU 发出片选信号和写信号去控制 0832 的$\overline{CS}$和$\overline{WR1}$端子时,使数据线 D0~D7 上的数据送入输入寄存器;当 CPU 发出控制信号去控制 0832 的$\overline{WR2}$和$\overline{XFER}$端子时,会把输入寄存器中数据 D0~D7 传送给 DAC 寄存器,并随即由 D/A 转换器进行转换,变成模拟(电流)信号输出,再由运算放大器变成电压信号。

DAC0832 利用$\overline{WR1}$、$\overline{WR2}$、ILE、$\overline{XFER}$控制信号可以构成 3 种不同的工作方式:直通方式、单缓冲方式、双缓冲方式。

1) 直通方式

这时两个 8 位数据寄存器都处于数据接收状态,即 LE1 和 LE2 都为 1。因此,IEL = 1,而$\overline{CS}$、$\overline{WR1}$、$\overline{WR2}$和$\overline{XFER}$为 0。输入数据直接送到内部 D/A 转换器去转换。这种方式可用于一些不带微机的控制系统中。

2) 单缓冲方式

所谓单缓冲方式是指 DAC0832 中的输入寄存器和 DAC 寄存器,一个处于直通方式,另一个处于受控选通方式。例如为使 DAC 寄存器处于直通方式,可设$\overline{WR2}=0$ 和$\overline{XFER}=0$。单缓冲方式连接如图 6-21 所示。

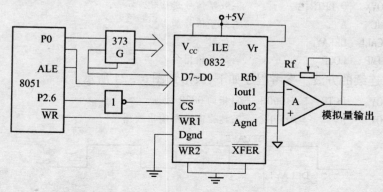

图 6-21　DAC0832 单缓冲方式接口

143

【例 6 - 12】 简易波形发生器、数模转换器可以应用在许多场合,这里介绍用 D/A 转换器来产生各种波形。

(1) 输出连续锯齿波。在一些控制应用中,需要有一个线性增长的信号来控制检测过程、移动记录笔或移动电子束。

产生正向锯齿波的方法:通过在 DAC0832 的输出端接运算放大器,由运算放大器产生锯齿波来实现,如图 6 - 22 所示。

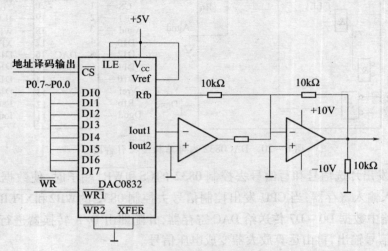

图 6 - 22　用 DAC0832 产生锯齿波电路

参考程序如下,波形如图 6 - 23 所示。

图 6 - 23　D/A 转换产生的锯齿波

DAC0832 的输入寄存器的地址为 4000H:

```
        MOV    DPTR,    #4000H    ;指向 0832 地址
        MOV    A,       #00H      ;初值置零
LOOP:   MOVX   @ DPTR,A           ;数字信号送 0832
        INC    A                  ;数字信号加 1
        LCALL  DELAY              ;延时
        AJMP   LOOP               ;循环输出
```

(2) 输出连续的方波。参考程序如下,波形如图 6 - 24 所示。

```
        MOV    DPTR,    #4000H    ;指向 0832 地址
LOOP:   MOV    A,       #0FFH     ;建立高电平输出数据
```

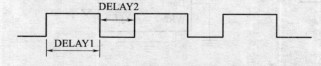

图 6 - 24　D/A 转换产生的方波

144

```
MOVX    @ DPTR,A        ;数字信号送 0832
LCALL   DELAY1          ;高电平延时
MOV     A, #00H         ;建立低电平输出数据
MOV     @ DPTR,A        ;送 0832
LCALL   DELAY2          ;低电平延时
AJMP    LOOP            ;循环输出
```

3. DAC0832 双缓冲方式应用

所谓双缓冲方式是指 DAC0832 中输入寄存器和 DAC 寄存器均处于受控选通方式。为了实现对 DAC0832 内部两个寄存器的控制,可根据 DAC0832 引脚功能,给两个寄存器分配不同地址。双缓冲方式常用于多路模拟信号同时输出的应用场合。

【例 6-13】 单片机控制 X-Y 绘图仪,80C51 与两片 DAC 0832 连接如图 6-25 所示。

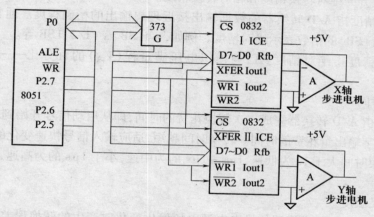

图 6-25 DAC0832 双缓冲方式接口

X-Y 绘图仪由 X,Y 两个方向的步进电机驱动,对 X-Y 两路坐标值需要同步输出。显然,要保证所绘制曲线准确光滑,X 坐标数据和 Y 坐标数据必须同步输出。

以下为 X,Y 方向坐标数据同时从 X-Y 绘图仪步进电机输出的驱动程序。

```
MOV    DPTR, #6FFFH      ;指向Ⅰ号 0832 输入寄存器
MOV    A,    #datax      ;送 X 坐标数据
MOVX   @ DPTR,A
MOV    DPTR, #0AFFFH     ;指向Ⅱ号 0832 输入寄存器
MOV    A,    #datay      ;送 Y 坐标数据
MOVX   @ DPTR,A
MOV    DPTR, #0FFFFH     ;指向Ⅰ,Ⅱ号 DAC 寄存器
MOVX   @ DPTR,A          ;X,Y 坐标数据同步输出
RET
```

6.3.2 A/D 转换接口技术

A/D 转换器就是将连续变化的模拟信号转换为数字信号,以便计算机进行处理、存储、控制和显示。在控制领域和数据采集领域等,A/D 转换接口是一个重要的环节。实现模/数转换的方法很多,采用逐次逼近法设计的逐次逼近型 A/D 转换器应用最广泛。

145

常用的模数转换接口芯片有 ADC0809（8 位）、ADC0804（10 位）、ADC574（12 位）。

1. A/D 转换器的主要技术指标

1）分辨率

分辨率表明 A/D 转换器能够反应模拟输入量微小变化的能力。转换器的分辨率定义为满刻度电压与 2^n 之比值。其中 n 为 A/D 的位数，例如一个 10 位 A/D 转换器，其分辨率为满刻度 $1/2^{10}$，若满刻度电压为 20V，则 10 位 A/D 转换器能分辨最小电压为（$20/2^{10}$）V ≈ 0.02V。通常，我们以 A/D 转换器的位数来表达，显然，12 位 A/D 转换器的分辨率比 8 位 A/D 转换器的分辨率高。

2）转换精度

A/D 转换精度指出一个实际 A/D 转换在量化值与理想 A/D 转换器进行模数转换的差值，转换精度分为绝对转换精度和相对转换精度。

绝对转换精度指 A/D 转换器的数据输出接近理想输出的精确程度。通常用数字量的最小有效值（LSB）的倍数表示绝对精度。例如，± 1LSB、$\pm (1/2)$LSB 等。

相对转换精度指绝对精度（Δ）与模拟电压满量程（V_{FS}）的百分比——（Δ/V_{FS}）$\times$ 100%。

3）转换时间

转换时间指 A/D 转换器完成一次转换花费的时间，即从启动信号开始到转换结束并得到稳定的数字输出量花费的时间。转换时间越短，适应输入信号快速变化的能力越强，通常约定，转换时间大于 1s 为低速，1ms ~ 1μs 的为中速，小于 1μs 的为高速，小于 1ns 的为超高速。

4）电源灵敏度

电源灵敏度指 A/D 转换器的供电电源电压发生变化时产生的转换误差。通常用电源电压变化 1% 时相应模拟量变化的百分数表示。

2. 典型的 A/D 转换芯片

1）A/D 转换器的分类

A/D 转换器芯片种类繁多，但大多为单片集成或模块。按其转换原理，可分为逐次逼近式、双积分式式和 V/F 转换式。

（1）逐次逼近式。逐次逼近式 A/D 属直接 A/D 转换，转换精度高，转换速度快，是目前应用最广泛的 A/D 转换，缺点是抗干扰能力较差。例如 8 位 ADC0809、12 位 ADC574 等。

（2）双积分式。双积分式是一种间接 A/D 转换器，其优点是抗干扰能力强，转换精度高，缺点是转换时间长，速度慢。例如 31/2 位 14433、41/2 位 7135 等。

（3）V/F 转换式。V/F 转换式是将模拟电压信号转换成频率信号，可以代替 A/D 转换，转换精度高，抗干扰能力强。例如 AD650、LM331 等。

2）ADC 0809 8 位 A/D 转换器

ADC 0809 是美国半导体公司生产逐次逼近式 A/D 转换器，8 位，28 端子，外接 CLK 为 640kHz 时，典型的转换速率为 100μs。片内有 8 路模拟开关，可以输入 8 路模拟量。单极性，量程为 0 ~ +5V。片内有三态输出缓冲器（数据输出端可直接与总线相连），如图 6 - 26 所示。

ADC 0809 共 28 条引脚，定义如下。

- IN7～IN0:8 通道模拟量输入信号。
- ADDC,ADDB,ADDA:通道号选择信号。ADDA 是最低位。
- ALE:通道号锁存控制端。当 ALE ＝1 时,将 ADDC,ADDB 和 ADDA 锁存。
- START:A/D 转换启动信号。当 START ＝1 时,A/D 转换启动,转换开始。
- D7～D0:转换结果数据输出端。D0 为最低有效位。
- OE:输出允许信号。当 OE ＝1 时,输出三态门打开,转换结果送至数据总线。
- CLK:外接时钟信号。$f_{CLK} < 1.28MHz$。
- Vref(＋)、Vref(－):正、负参考电压输入。一般接 ＋5V 和地。

ADC 0809 片内有一个 8 路模拟开关,用于切换 8 路 IN7～IN0 模拟输入通道,地址锁存和译码器在 ALE 信号控制下可以锁存 ADDC、ADDB、ADDA 上的地址信号,经译码后控制 IN7～IN0 上的模拟信号的切换。通道号选择与模拟量输入选通关系如表 6－7 所示。

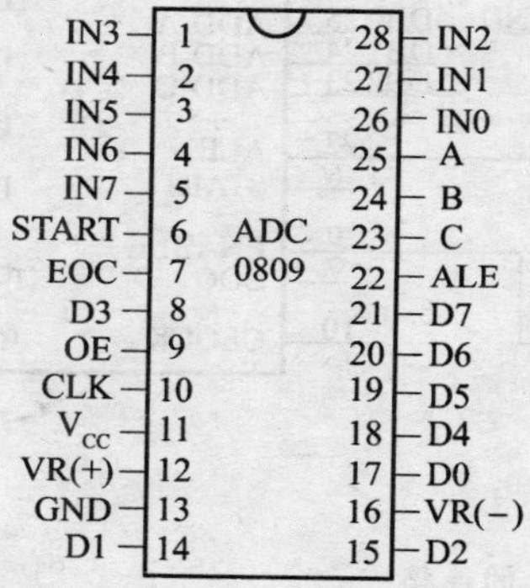

图 6－26　ADC 0809 逻辑结构框图

表 6－7　通道号选择与模拟量输入选通的关系

ADDC	ADDB	ADDA	选择的通道
0	0	0	IN0
0	0	1	IN1
0	1	0	IN2
0	1	1	IN3
1	0	0	IN4
1	0	1	IN5
1	1	0	IN6
1	1	1	IN7

8 位 A/D 转换器由 CLK、START、EOC、Vref(＋)、Vref(－)控制信号作用。

三态输出锁存缓存器用于输出锁存 A/D 转换完成后的数字量。A/D 转换完成,EOC 输出一个负脉冲,而转换结果 8 位数字量锁存在三态输出锁存器中。

3) ADC0809 的接口电路

ADC0809 与 51 单片机的连接方式很多,可采用定时传送方式、查询方式和中断方式。电路连接主要涉及两个问题,一是 8 路模拟信号通道选择(与 DB 连接或与 AB 连接),二是 A/D 转换完成后转换数据的传送,A/D 转换后得到的是数字量的数据,只有确认数据转换完成后,才能进行传送。图 6－27 为定时传送方式连接。

【例 6－14】 ADC 芯片主要用于进行数据采集。用 ADC0809 的 IN7 通道连续采集 40 个数据,存于内 RAM 以 50H 为起始地址的单元中。试编程。

(1) 定时方式单路数据采集参考程序:

```
        ORG   3000H
     MOV    R0,#50H        ;内 RAM 首地址
     MOV    R7,#28H        ;采集 40 个数据
     MOV    R2,#07H        ;通道 IN7 地址号
     MOV    DPTR,#0000H    ;0809 的地址
UP:  MOV    A,R2
     MOVX   @ DPTR,A       ;启动 A/D 转换
```

```
LCALL   D1MS              ;等待 A/D 转换结束
MOVX    A,@ DPTR          ;读取 A/D 转换结果
MOV     @ R0,A            ;存入内 RAM
INC     R0                ;修改内 RAM 单元地址
DJNZ    R7,UP
SJMP    $
```

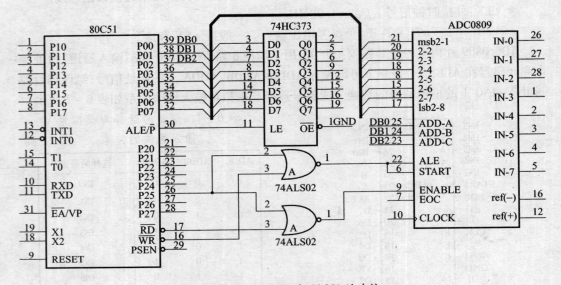

图 6-27 ADC 0809 与 80C51 的连接

（2）查询方式单路数据采集参考程序：

```
        ORG   3000H
MOV     R0,#50H           ;内 RAM 首地址
MOV     R7,#28H           ;采集 40 个数据
MOV     R2,#00H           ;通道 IN7 地址号
MOV     DPTR,#0000H       ;0809 的地址
UP: MOV A,R2
MOVX    @ DPTR,A          ;启动 A/D 转换
JNB     P1.0, $           ;查询 A/D 转换是否结束
MOVX    A,@ DPTR          ;读取 A/D 转换结果
MOV     @ R0,A            ;存入内 RAM
INC     R0                ;修改内 RAM 单元地址
DJNZ    R7,UP
SJMP    $
```

6.4 MCS-51 单片机与功率负载的接口

行程开关、晶闸管、继电器是单片机工控系统中使用较多的器件。行程开关和继电器的触点常用于单片机的输入端，继电器线圈和晶闸管元件常用于单片机的输出端。这些

148

器件一般都连接在高电压、大电流的大功率工控系统中,为了摒除干扰,它们常通过光电耦合器件与单片机连接。采用光电耦合器件后,单片机用的是一组电源,外围器件用的是另一组电源,两者之间完全隔断了电气联系,而通过光的联系来传递信息。

光电耦合器件是由发光二极管(发光源)与受光源(如光敏三极管、光敏晶闸管或光敏集成电路等)封装在一起,构成的电 – 光 – 电转化器件。根据受光源结构的不同,可以将光电耦合器件分为晶体管输出的光电耦合器件和晶闸管输出的光电耦合器件两大类。

6.4.1 开关型功率接口及其应用

行程开关和继电器常开触点与单片机的接口如图 6 – 28 所示。当触点闭合时,光耦器件的发光二极管有电流而发光,使右端光敏三极管导通,从而向单片机的一根 I/O 口线送高电平(即数字"1")。而在触点未闭合的状态时,光耦器件不导通,送向单片机 I/O 引脚的是低电平。图中以按钮开关来代替行程开关、继电器触点,它们的原理是相同的。所以,可用此接口电路的原理来采集输入按钮开关、行程开关、继电器触点的状态信息。

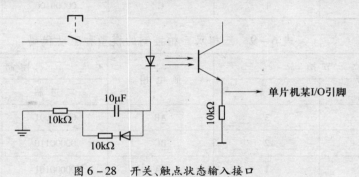

图 6 – 28　开关、触点状态输入接口

6.4.2 步进电机接口及其应用

步进电机是一种将电脉冲转换成为角位移或线位移,并可进行高精度控制的同步电动机,由于启动快速而广泛应用于数控机床、医疗器械、仪器仪表及其他自动控制系统和精密仪器中。打印机、扫描仪、软驱等运动部件的控制都采用了步进电机。

步进电机实际是一种将电脉冲转化为角位移的执行机构。如果给步进电机各绕组有序地加以脉冲电流,就可以控制电机的转动,从而实现数字—角度的转换。以三相步进机为例,设 A、B、C 分别为电机的三相绕组,则电流脉冲的施加共有 3 种方式。

(1)单相三拍方式。对单相绕组施加电流脉冲,步进角为 3°。脉冲顺序及其与转向的关系为:A—B—C 正转,A—C—B 反转。

(2)双相三拍方式。对双相绕组施加电流脉冲,步进角为 1.8°,脉冲顺序及其与转向的关系为:AB—BC—CA 正转,AC—CB—BA 反转。

(3)三相六拍方式。对单相绕组和双相绕组交替施加电流脉冲,步进角为 1.5°,脉冲顺序及其与转向的关系为:A—AB—B—BC—C—CA 正转,A—AC—C—CB—B—BA反转。

用单片机的 P1.0,P1.1,P1.2 分别控制步进电机的 A,B,C 相绕组。如图 6-29 所示。由控制方式找出控制模型,分别列于表 6-8~表 6-10 中。

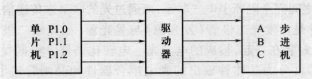

图 6-29　单片机控制三相步进电机硬件电路

表 6-8　三相单三拍控制的模型和驱动代码

| 节拍 | | 通电相 | 控制模型 | |
正　转	反　转		二进制	十六进制
1	3	A	00000001	01H
2	2	B	00000010	02H
3	1	C	00000100	04H

表 6-9　三相双三拍控制的模型和驱动代码

| 节拍 | | 通电相 | 控制模型 | |
正　转	反　转		二进制	十六进制
1	3	AB	00000001	03H
2	2	BC	00000110	06H
3	1	CA	00000101	05H

表 6-10　三相六拍控制的模型和驱动代码

| 节拍 | | 通电相 | 控制模型 | |
正　转	反　转		二进制	十六进制
1	6	A	00000001	01H
2	5	AB	00000011	03H
3	4	B	00000010	02H
4	3	BC	00000110	06H
5	2	C	00000100	04H
6	1	CA	00000101	05H

步进电机的工作频率(转速)由送至步进机三相绕组的脉冲频率决定。

【例 6-15】　由单片机的 P1 端口控制三相步进电机,硬件电路如图 6-30 所示,步序和驱动代码如表 6-11 所列。

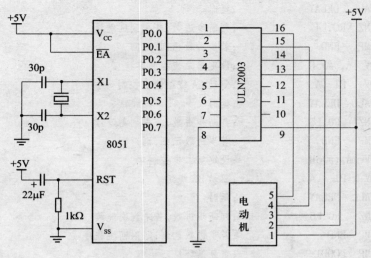

图 6-30　电动机控制电路图

表 6-11　步序和驱动代码

步　序	P1 口输出代码	绕组	控制字
1	00000011	AB	03H
2	00000110	BC	06H
3	00000101	CA	05H

参考程序如下：

```
        ORG   0000H
SUB1:   JB    F0,LOOP2        ;F0 = 0,反转
LOOP1:  MOV   A,#03H          ;正转,设第一步控制字
        MOV   P1, A           ;驱动 AB 绕组
        ACALL DELAY           ;延时
        DJN Z R0,L1           ;判断步进数,若未到则继续
        SJMP  END             ;若步进数已到,返回主程序
L1:     MOV   A,#06H          ;设定第二步控制字
        MOV   P1,A            ;驱动 BC 绕组
        LCALL DELAY           ;延时
        DJNZ      R,L2        ;判断步进数,若未到则继续
        SJMP    END           ;若步进数已到,返回主程序
L2:     MOV   A,#05H          ;设定第三步控制字
        MOV   P1,A            ;驱动 A 绕组
        LCALL   DELAY         ;延时
        DJNZ    R0,L3         ;判断步进数,若未到则继续
L3:     SJMP  LOOP1           ;若步进数已到,返回主程序
LOOP2:  SJMP  LOOP1           ;重复循环
        MOV   A,#03H          ;反转,设定第一步控制字
        MOV   P1,A            ;驱动 AB 绕组
```

```
         ACALL  DELAY                    ;延时
         DJNZ   R0,L4                    ;判断步进数,若未到则继续
L4:      SJMP   END                      ;若步进数已到,返回
         MOV    A,#05H                   ;设定第二步控制字
         MOV    P1,A                     ;驱动 CA 绕组输出控制码
         LCALL  DELAY                    ;延时
         DJNZ   R0,L5                    ;判断步进数,若未到则继续
L5:      SJMP   END                      :若步进数已到,则返回
         MOV    A,#06H                   ;设定第二步控制字
         MOV    P1,A                     ;驱动 BC 绕组
         ACALL  DELAY                    ;延时
         DJNZ   R0,L6                    ;判断步进数,若未到则继续
         SJMP   END                      ;若步进数已到,则返回主程序
L6:      AJMP   LOOP1                    ;重复循环
END:     RET                            ;返回主程序
```

本 章 小 结

本章介绍了 MCS – 51 单片机系统的程序存储器、数据存储器、I/O 扩展及最小系统的设计及应用、LED、LCD、键盘、显示器等人机接口、A/D 转换、D/A 转换等基本知识,应重点掌握常用芯片的端子意义和正确使用方法,为进一步系统的扩展打下基础。

思考题与习题

1. 何谓单片机的最小系统?

2. 画出 80C51 单片机应用系统的原理结构图。

3. 简述单片机系统扩展的基本方法。

4. 叙述 MCS – 51 系统单片机简单 I/O 扩展的基本原则。

5. 在 MCS – 51 系列单片机中,外部程序存储器和数据存储器共用 16 位地址,为什么不会发生数据冲突?

6. 存储器芯片地址引脚数与容量有什么关系?

7. 数据存储器扩展与程序存储器扩展的主要区别是什么?

8. 采用 2764(8K×8)芯片扩展程序存储器,分配的地址范围为 4000H ~ 7FFFH。采用完全译码方式,试确定所用芯片数目,分配地址范围;画出地址译码关系图,设计译码电路,画出与单片机的连接图。

9. 采用 6116(2K×8)芯片扩展数据存储器,分配地址范围为 4000H ~ 47FFH。采用完全译码方式,使用 74LS138 译码器。试确定所用芯片数目,画出译码电路及与单片机的连接图。

10. 某单片机系统用 8255A 扩展 I/O 口,设其 A 口为方式 1 输入,B 口为方式 1 输

出,C 口余下的口线用于输出。试确定其方式控制字;设 A 口允中,B 口禁中,试确定相应的置位/复位字。

11. 用 D/A 转换器 0832 产生三角波,如下图所示,编程实现。

12. 假设系统扩展一片 8255A 供用户使用,请设计一个用 8255A 与 ADC0809 接口的电路连接图,并给出启动转换、读取结果的程序段。为简化设计,可只使用 ADC 0809 的一个模拟输入端,例如 IN0。

第7章　MCS-51 开发环境(Keil C51)

知识目标：熟练运用单片机的开发软件 Keil，了解 Keil C 开发环境具有的功能。

能力目标：能利用 Keil 开发软件编写、调试、下载单片机应用程序，能够完成简单程序的编辑、汇编、连接和调试，能够熟练操作 Keil C 的窗口、菜单和工具条。

本章概述 Keil 软件开发过程、Keil 组件及 Keil 使用的文件和变量。Keil 提供了环境配置、源文件建立、程序调试和分析等工具，可以帮助用户在一个集成环境下完成编辑、编译连接、调试等工作，能够加速开发进程，提高工作效率。

7.1　Keil 集成开发环境简介

单片机开发中除必要的硬件外，同样离不开软件，我们编写的程序要变为 CPU 可以执行的机器码有两种方法，一种是手工汇编，另一种是机器汇编，目前已极少使用手工汇编的方法了。机器汇编是通过汇编软件将程序变为机器码，随着单片机的开发技术的不断发展，从普遍使用汇编语言到逐渐使用高级语言开发，单片机的开发软件也在不断发展，Keil 软件是目前最流行的开发 MCS-51 系列单片机的软件。

Keil 提供了包括 C 编译器、宏汇编、连接器、库管理和一个功能强大的仿真调试器等内在的完整开发方案，通过一个集成开发环境将这些部分组合在一起。运行 Keil 软件需要 Pentium 或以上的 CPU，Windows 98、Windows NT、Windows 2000、Windows XP 等操作系统。掌握这一软件的使用对于使用 51 系列单片机的爱好者来说是十分必要的，其方便易用的集成环境、强大的软件仿真调试工具会让人事半功倍。

Keil C51 是美国 Keil Software 公司出品的 51 系列兼容单片机 C 语言软件开发系统，与汇编相比，C 语言在功能上、结构性、可读性、可维护性上有明显的优势，因而易学易用。Keil C51 软件全 Windows 界面，提供丰富的库函数和功能强大的集成开发调试工具，生成的目标代码效率非常高，多数语句生成的汇编代码很紧凑，容易理解。

μVision 是 Keil 公司提供用于开发 MCS-51 系列单片机的汇编语言与 C 语言程序的集成开发环境，可以完成编辑、编译、连接、调试、仿真等整个开发流程。开发人员可用 IDE 本身或其他编辑器编辑 C 或汇编源文件。

7.2　Keil C51 编译器的使用

7.2.1　Keil C51 工具包的安装

在 Windows 下运行软件包中的 Setup. exe，按照默认安装提示进行安装，这样设置最简单(设安装于 C:/C51 目录下)。如图 7-1 所示选择安装 μVision。

154

安装完成后在桌面上会有 Keil μVision. lnk 快捷方式图标,对应 Keil C51 应用程序。

7.2.2　Keil 工程文件的建立

1. 启动 Keil C51 软件

首先启动 Keil 软件的集成开发环境,可以直接双击 Keil μVision 的图标以启动软件,μVision 启动后,程序窗口的左边有一个工程管理窗口,如图 7 - 2 所示,该窗口有 3 个标签分为 Files,Regs,Books,这 3 个标签分别显示当前项目的文件结构,CPU 的寄存器及部分特殊功能寄存器的值(调试时才显示)和所选 CPU 的附加说明文件,如果是第一次启动 Keil,那么这 3 个标签页是空白的。

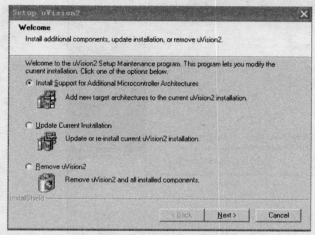

图 7 - 1　选择安装 Keil C51 开发环境

图 7 - 2　工程管理窗口

2. 源文件的建立

使用菜单 File|New 或者单击工具栏的"新建文件"按钮,即可在项目窗口的右侧打开一个新的文本编辑窗口,在该窗口输入以下汇编程序。

【例 7 - 1】

```
        MOV    A,#0FEH
MAIN:   MOV    P1,A
        RL     A
        LCALL  DELAY
        AJMP   MAIN
DELAY:  MOV    R7,#255
D1:     MOV    R6,#255
        DJNZ   R6,$
        DJNZ   R7,D1
        RET
        END
```

保存该文件,注意必须加上扩展名(汇编语言程序用. asm 或 a51 为扩展名),这里假定保存为 test. asm。需要说明的是,源文件就是一般的文本文件,不一定使用 Keil 软件编写,可以使用任意文本编辑器编写,而且 Keil 的编辑器对汉字的支持不好。

3. 建立工程文件

在项目开发中,并不是仅有一个源程序就可以,还要为这个项目选择 CPU,确定编译、汇编、连接的参数,指定调试的方式,有一些项目会由多个文件组成,为管理和使用方便,Keil 使用工程(Project)这一概念,将这些参数设置和所需的所有文件都加在一个工程文件中,只能对工程文件而不能对单一的源程序进行编译和连接等操作,没有工程文件不能进行编译和仿真。

(1) 选择 Project|New Project 菜单命令,如图 7 - 3 所示。

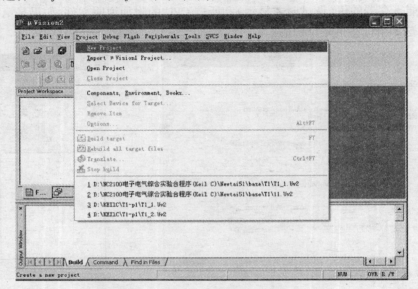

图 7 - 3　生成 New Project

(2) 在出现的对话框中输入名字 test,如图 7 - 4 所示,单击"保存"按钮。

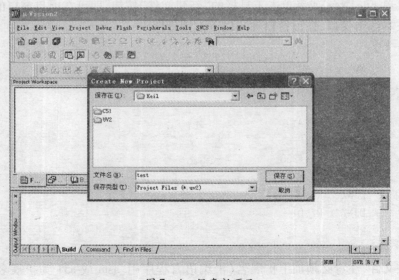

图 7 - 4　保存新项目

（3）弹出对话框,要求选择目标 CPU(即所用芯片的型号),Keil 支持的 CPU 很多,这里选择 Intel 公司的 8051AH 芯片,如图 7 – 5 所示。

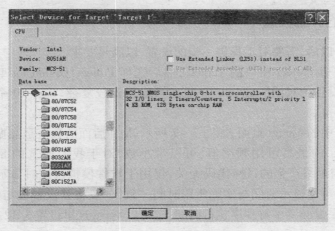

图 7 – 5　选择单片机的型号

（4）单击"确定"按钮回到主界面,此时,在工程窗口的文件页中出现 Target1,前面有 " + "号,单击" + "号展开,可以看到下一层 Source Group1,这时的工程还是一个空的工程,里面什么也没有,需要手动把编写好的源程序加入,单击 Source Group1 使其反白显示,然后单击鼠标右键,从出现的快捷菜单中选择 Add file to Group'Source Group1',如图 7 –6 所示。

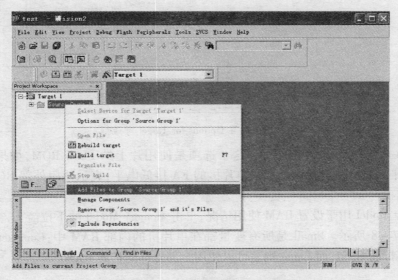

图 7 – 6　选择添加程序的命令

（5）在出现的出现对话框中,要求寻找源文件。注意,要改掉文件类型,单击对话框中"文件类型"的下拉菜单列表,找到并选中 Asm Source File(∗ . a51, ∗ . asm),这样在列表框中就可以找到 test. asm 文件了。

（6）双击 test. asm 文件,将文件加入项目。注意,在文件加入项目后,会出现提示所选文件已在列表的对话框,窗口不会消失,可以添加多个文件,添加完毕后单击"确定"按钮,返回刚刚加入项目的对话框,然后单击 Close 即可返回主界面;单击 Source Group1 前的"＋"号,会发现 test. asm 文件已在其中;双击 test. asm 文件名,即可打开源程序。

7.2.3 工程的详细设置

工程建立好以后,需要对工程进一步的设置,以满足要求。

首先单击左边 Project 窗口的 Target1,然后选择 Project|Option for Target'target1'命令,出现对工程设置的对话框,这个对话框参数设置比较复杂,共有 10 个页面,绝大部分设置取默认值即可。

设置对话框中的 Target 页面,如图 7 - 7 所示,Xtal 后面的数值是晶振频率值,默认值是所选目标 CPU 的最高可用频率值,可以带小数,对于我们所选的 80C51AH 而言是12MHz,该数值与最终产生的目标代码无关,仅用于软件模拟调试时显示程序执行时间。正确设置该数值可使显示时间与实际所用时间一致,一般将其设置成与你的硬件所用晶振频率相同,如果没必要了解程序执行时间,也可以不设,这里设置为12。

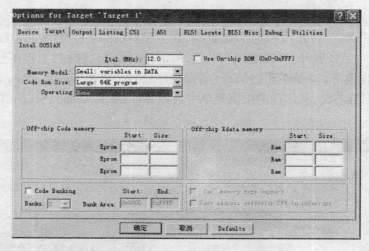

图 7 - 7　设置 Options for Target 对话框

Use On-chip ROM(0x0 - 0xFFF) 这个选项是使用片上的 Flash ROM,如果单片机的 EA 接高电平,请选中这个选项,如果单片机的 EA 接低电平,表示使用外部 ROM,那么不要选中该选项。

Memory Model 用于设置 RAM 使用情况,单击 Memory Model 的下拉箭头,会有 3 个选择项,如图 7 - 8 所示。Small 是所有变量都在单片机的内部 RAM 中;Compact 是可以使用一页外部扩展 RAM,而 Large 则是可以使用全部外部的扩展 RAM。

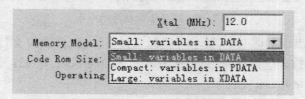

图 7 - 8　Memory Model 选择项

Code Rom Size 用于设置 ROM 空间的使用,同样也有 3 个选择项,即 Small 模式,只用低于 2KB 的程序空间;Compact 模式,单个函数的代码量不能超过 2KB,整个程序可以使用 64KB 程序空间;Large 模式,可以全部使用 64KB 空间。

Operating 项是操作系统的选择,Keil 提供了两种操作系统:Rtx ting 和 Rtx full。Off Chip Code memory 可以确定系统扩展 ROM 的地址范围;Off chip xData memory 组用于确定系统扩展 RAM 的地址范围,这些选择必须根据所用硬件来决定,由于该类是单片应用,未进行任何扩展,所以均不重新选择,按默认值设置。

设置对话框中的 OutPut 页面如图 7-9 所示,这里面也有多个选择项。

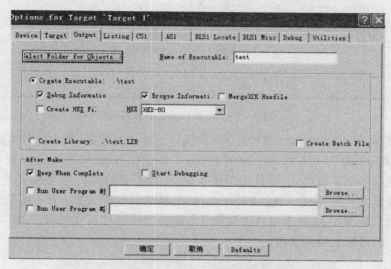

图 7-9 设置 Output 对话框

● Name of Executable 设置生成的目标文件的名字,默认时与工程文件的名字是一样的,目标文件可以生成库或者 obj、hex 的格式。

● Create HEX File 用于生成可执行代码文件,在此特别提醒注意,这个选项一定要选中,默认情况下该项未被选中,这一点是初学者易忽略的。

● Create Executable 生成 OMF 以及 HEX 文件,其中 Debug Information 和 Browse Information 将会产生调试所需的详细信息,一般应当选中这两项。

● Select Folder for Objects 用来选择最终的目标文件所在的文件夹,默认是与工程文件在同一个文件夹中,默认与工程的名字相同,这两项一般不需要更改。

● After Make 中 Beep When Complete 编译完成后发出"咚"的声音,Start Debugging 马上启动调试(软件仿真或硬件仿真),根据需要做设置,一般不选中。

工程设置对话框中的其他各项页面与 C51 编译选项、A51 的汇编选项、BL51 连接器的连接选项等用法有关,这里均取默认值,不作任何修改。以下仅对一些有关页面中常用选项作一个简单介绍。

Listing 标签页用于调整生成的列表文件选项,如图 7-10 所示。在汇编或编译完成后将产生 *.lst 的列表文件,在连接完成后也将产生 *.m51 的列表文件,该页用于对列表文件的内容和形成进行细致的调节,其中比较常用的选项是 C Compiler Listing 下的 Assembly Code 还会生成汇编的代码。

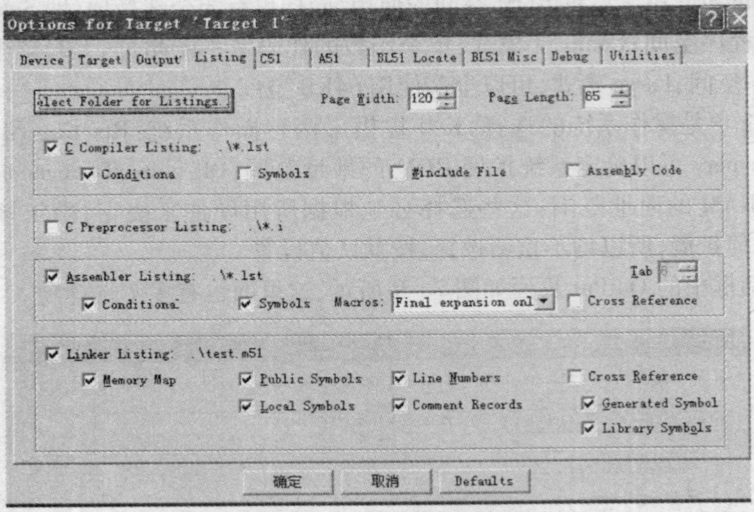

图 7 - 10 设置 Listing 对话框

C51 标签页用于对 Keil 的 C51 编译器的编译过程进行控制,其中比较常用的是 Code Optimization 组,如图 7 - 11 所示。该组中 Level 是优化等级,C51 在对源程序进行编译时,可以对代码多至 9 级优化,默认使用第 8 级,一般不必修改。如果在编译中出现一些问题,可以降低优化级别试一试。Emphasis 是选择编译优先方式,第一项是代码量优化(最终生成的代码量小);第二项是速度优先(最终生成的代码速度快);第三项是默认。默认速度优先,可根据需要更改。

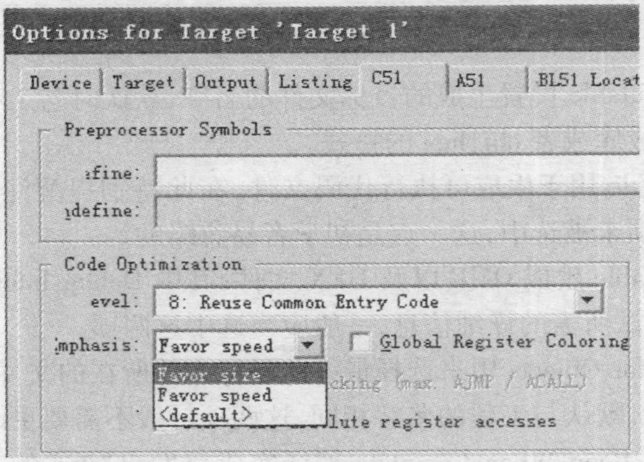

图 7 - 11 代码生成控制

设置完成后单击"确定"按钮返回主界面,工程文件建立、设置完毕。

7.2.4 编译、连接

在设置好工程后,即可进行编译、连接。选择菜单 Project|Build target,对当前工程进行连接,如果当前文件已修改,软件会先对文件进行编译,然后再连接以产生目标代码;如果选择 Rebuild all taget files 将会对当前工程中的所有文件重新进行编译后再连接,确保最终产生的目标代码是最新的,而 Translate 项则仅对该文件进行编译,不进行连接。

160

编译过程中的信息将出现在输出窗口的 Build 页中,如果源程序中有语法错误,会出现错误报告,双击该行,可以定位到出错的位置,对源程序反复修改之后,最终会得到如图 7-12 所示的结果,提示获得了名为 test. hex 的文件,该文件即可被编程器读入并写入到芯片中,同时还产生了一些其他相关文件,可用于 Keil 的仿真与调试,此时可以进行下一步调试工作。

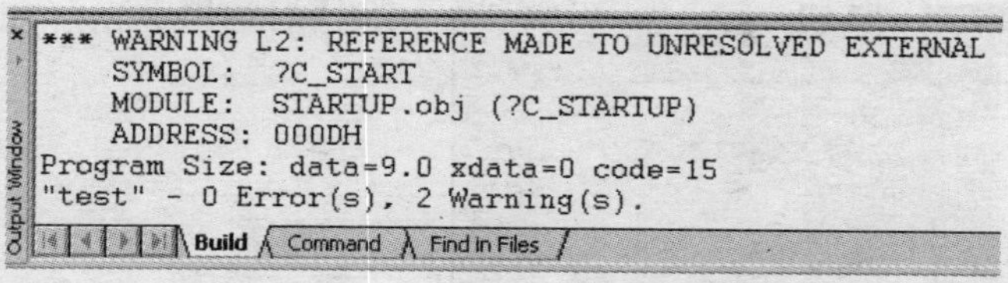

```
*** WARNING L2: REFERENCE MADE TO UNRESOLVED EXTERNAL
    SYMBOL:   ?C_START
    MODULE:   STARTUP.obj (?C_STARTUP)
    ADDRESS: 000DH
Program Size: data=9.0 xdata=0 code=15
"test" - 0 Error(s), 2 Warning(s).
```

图 7-12　正确编译、连接之后的结果

Project 菜单中包括新建、打开、修改、更新、编译、连接等工程处理,具体使用可参考后面的例子。

7.2.5　文件的操作

1. 新建文件

选择主菜单 File|New…命令新建文件。编辑文件并保存文件。文件保存为扩展名为. C 或. ASM 的文件,如图 7-13 所示。

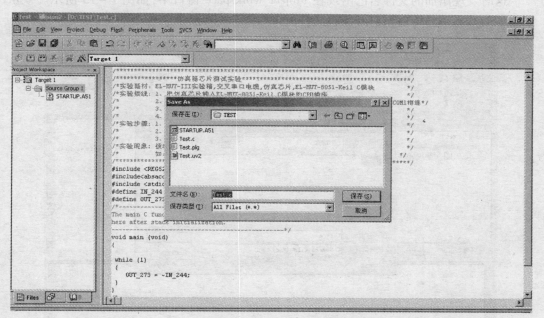

图 7-13　保存新文件

2. 添加文件

在左边的 Project Workspace 窗口中,右击 Source Group 1,在弹出的列表中选择 Add Files to Group ‘Source Group 1’,弹出浏览窗口,如图 7-14 所示。

浏览添加编辑好的 C 或 ASM 文件。添加完毕后单击 Close 按钮,关闭窗口。

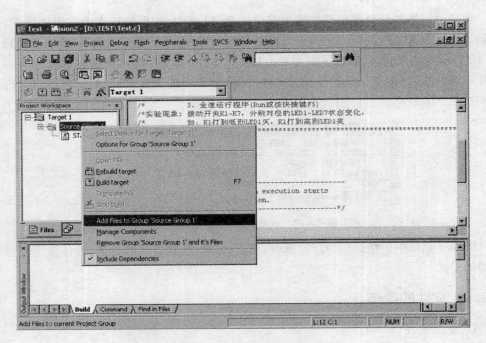

图 7 – 14　添加新文件

这时发现添加的文件名已出现在 Project Workspace 窗口中,如图 7 – 15 所示。双击刚添加的 C 或 ASM 文件,打开编辑文件窗口如图 7 – 16 所示。

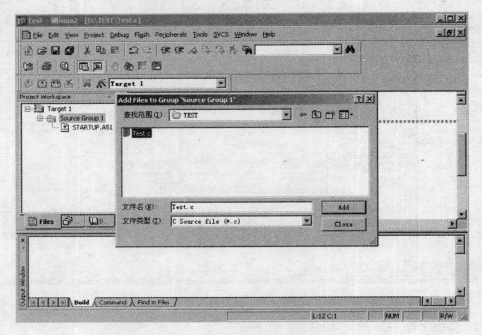

图 7 – 15　新文件生成 Project Workspace 窗口

3. 文件的编译、连接

具体操作步骤如 7.2.4 小节所述,编译、连接正确可以运行验证结果。

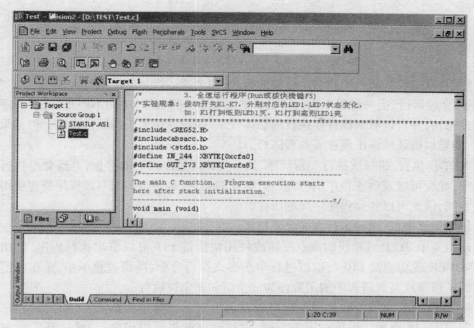

图 7 – 16　新文件编辑窗口

7.3　Keil 的调试命令、在线汇编与断点设置

前面学习了如何建立工程、汇编、连接工程并获得目标代码,但是做到这一步仅仅代表源程序没有语法错误,至于源程序中存在着的其他错误,必须通过调试才能发现解决。事实上,除了极简单的程序外,绝大部分的程序都要通过反复调试才能得到正确的结果,因此,调试是软件开发中重要的一个环节。本节将介绍常用的调试命令,利用在线汇编、各种设置断点来进行程序调试,并通过实例介绍这些方法的使用。

7.3.1　常用调试命令

在对工程成功地进行汇编、连接以后,按 Ctrl + F5 键或者使用菜单 Debug|Start/Stop Debug Session 即可进入调试状态,Keil 内建了一个仿真 CPU 用来模拟执行程序,该仿真 CPU 功能强大,可以在没有硬件和仿真机的情况下进行程序的调试。不过请注意,模拟毕竟是模拟,与真实的硬件执行程序肯定还是有区别的,其中最明显的就是时序,软件模拟是不可能和真实的硬件有相同的时序的,具体的表现就是程序执行的速度和各人使用的计算机速度有关,计算机性能越好,运行速度越快。

进入调试状态后,界面与编辑状态相比有明显的变化,Debug 菜单项中原来不能用的命令现在已经可以使用了,工具栏会多出一个用于运行和调试的工具条,如图 7 – 17 所示,Debug 上的大部分命令可以在此找到对应的快捷按钮,从左到右依次为复位、运行、暂停、单步、过程单步、执行完当前子程序、运行到当前行、下一个状态、打开跟踪、观察跟踪、反汇编窗口、观察窗口、代码作用范围分析、1#串行窗口、内存窗口、性能分析、工具按钮等命令。

学习程序调试,必须明确两个重要的概念,即全速运行与单步执行。

● 全速运行,指一行程序执行完以后紧接着下一行程序,中间不停止,这样程序执行的速度很快,并可以看到该程序执行的总体效果,即最终结果正确还是错误。但如果程序有错,则难以确认错误出现在哪些程序行。

● 单步执行,指每次执行一行程序,执行完该行程序以后即停止,等待命令执行下一行程序,此时可以观察该程序执行完以后得到的结果,是否与我们写该程序所想要得到的结果相同,借此可以找到程序中问题所在。

程序调试中,这两种运行方式都要用到。

使用菜单 STEP 或相应的命令按钮或使用快捷键 F11 可以单步执行程序,使用菜单 STEP OVER 或功能键 F10 可以以过程单步形式执行命令,所谓过程单步,是指将汇编语言中的子程序或高级语言中的函数作为一个语句来全速执行。

按下 F11 键,可以看到源程序窗口的左边出现一个黄色调试箭头,指向源程序第一行。如图 7 - 18 所示。每按一次 F11 键,即执行该箭头所指程序行,然后箭头指向下一行,当箭头指向 LCALL DELAY 行时,在此按下 F11 键会发现,箭头指向了延时子程序 DELAY 的第一行。不断按 F11 键,即可逐步执行延时子程序。

```
IF IDATALEN <> 0
                MOV     R0,#IDATALEN - 1
        CLR     A
IDATALOOP:      MOV     @R0,A
        DJNZ    R0,IDATALOOP
ENDIF

IF XDATALEN <> 0
                MOV     DPTR,#XDATASTART
                MOV     R7,#LOW (XDATALEN)
    IF (LOW (XDATALEN)) <> 0
                MOV     R6,#(HIGH (XDATALEN)) +1
```

图 7 - 18　调试窗口

通过单步执行程序,可以找出一些问题所在,但是仅依靠单步执行来查错有时是困难的,或虽能查出错误但是效率很低,为此必须辅之以其他的方法,如本例中的延时程序是通过将 IDATALOOP:MOV @ R0,A 和 DJNZ R0,IDATALOOP 这两行程序执行 6 万多次来达到延时的目的的,如果用按 F11 键 6 万多次的方法来执行完该程序行,显然不合适,为此,可以采取以下方法:

(1) 用鼠标在子程序的最后一行(RET)点一下,把光标定位于该行,然后选择 Debug |Run to Cursor Line(执行到光标所在行)菜单命令,即可全速执行完黄色箭头与光标之间的程序行。

(2) 在进入该子程序后,使用菜单选择 Debug|Step Out of Current Function(单步执行到该函数外)命令,使用该命令后,即全速执行完调试光标所在的子程序或子函数并指向主程序中的下一行程序。

（3）在开始调试时，按 F10 键而非 F11 键，程序也将单步执行，不同的是，执行到 LCALL DELAY 行时，按下 F10 键，调试光标不进入子程序的内部，而是全速执行完该子程序，然后直接指向下一行 AJMP LOOP。

灵活应用这几种方法，可以大大提高查错的效率。

7.3.2 在线汇编

进入 Keil 的调试环境以后，如果发现程序有错，可以直接对源程序进行修改，但是要使修改后的代码起作用，必须先退出调试环境，重新进行编译、连接后再次进行调试。如果只是需要对某些程序行进行测试，或仅需对源程序进行临时修改，这样的过程未免有些麻烦，为此 Keil 软件提供了在线汇编的能力。

将光标定位于需要修改的程序行上。选择 Deug | Inline Assembly... 菜单命令，出现如图 7-19 所示的对话框，在 Enter New 文本框内直接输入需要更改的程序语句，输入完后按回车键将自动指向下一条语句，继续修改，如果不再需要修改，单击右上角的"关闭"按钮关闭窗口。

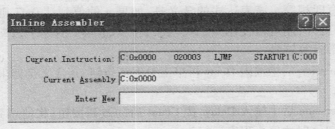

图 7-19 在线汇编窗口

7.3.3 断点设置

程序调试时，一些程序必须满足一定的条件才能被执行，这些条件往往是异步发生或难以预先设定的，这类问题使用单步执行的方法是很难调试的，这时就要使用到程序调试中的另一种非常重要的方法——断点设置。断点设置的方法有多种，常用的是在某一种程序行设置断点，设置好断点后可以全速运行程序，一旦执行到该程序行即停止，可在此观察有关变量值，以确定问题所在。在程序行设置/移除断点的方法是将光标定位于需要设置断点的程序行，使用菜单 Debug | Insert/Remove Breakpoint 设置或移除断点（也可双击该行实现同样的功能）；Debug | Enable/Disable Breakpoint 是开启或暂停光标所在行的断点功能；Debug | Disable All Breakpoint 暂停所有断点；Debug | Kill All Breakpoint 清除所有的断点设置。这些功能也可以用工具条上的快速按钮进行设置。

除了在设置断点这一基本方法以外，Keil 软件还提供多种设置断点的方法，选择 Debug | Breakpoint 即出现一个对话框，该对话框用于对断点进行详细的设置，如图 7-20 所示。

图 7-20 中 Experssion 后的编辑框用于输入表达式，该表达式用于确定程序停止运行的条件，这里表达式的定义功能非常强大，涉及到 Keil 内置的一套调试语法，这里不作详细说明，仅举若干实例，希望读者可以举一反三。

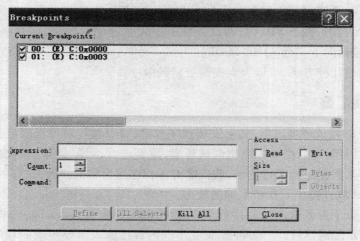

图 7 - 20 "断点设置"对话框

（1）在 Experssion 中输入 a = = 0xf7，再单击 Define 按钮即定义了一个断点，注意，a 后有两个等号，意即相等。该表达式的含义是：如果 a 的值到达 0xf7 则停止程序运行。除使用相等符号之外，还可以使用 > , > = , < , < = , ! = （不等于），&（两值按位与），&&（两值相与）等运算符号。

（2）在 Experssion 后中输入 Delay 再单击 Define 按钮，其含义是如果执行标号为 Delay 的行则中断。

（3）在 Experssion 后中输入 Delay，按 Count 后的微调按钮，将值调到 3，其意义是当第三次执行到 Delay 时才停止程序运行。

（4）在 Experssion 后中输入 Delay，在 Command 后输入 printf（"SubRoutine'Delay' has been Called\n"），主程序每次调用 Delay 程序时并不停止运行，但会在输出窗口 Delay 页输出一行字符。其中"\n"的用途是回车换行，使窗口输出的字符整齐。

（5）设置断点前先在输出窗口的 Command 页中输入 DEFINE int I，然后在断点设置时同（4），但是 Command 后输入 printf（"SubRoutine'Delay' has been Called % d times\n"，＋＋I），则主程序每次调用 Delay 时将会在 Command 窗口输出该字符及调用的次数。如 SubRoutine'Delay' has been Called 8 times。

对于使用 C 语言源程序的调试，表达式中可以直接使用变量名，但必需注意，设置时只能使用全局变量名和调试箭头所指模块中的局部变量名。

7.4 Keil 程序调试窗口

Keil 软件在调试程序时提供了多个窗口，主要包括输出窗口（Output Windows）、观察窗口（Watch&Call Statch Windows）、存储器窗口（Memory Windows）、反汇编窗口（Dissembly Windows）、串行窗口（Serial Windows）等。进入调试模式后，可以通过菜单 View 下的命令打开或关闭这些窗口。

进入调试程序后，输出窗口自动切换到 Command 页。该页用于输入调试命令和输出调试信息。

7.4.1 存储器窗口

存储器窗口中可以显示系统中各种内存的值,通过在 Address 后的编辑内输入"字母:数字"即可显示相应内存值,其中字母可以是 C、D、I、X,分别代表代码存储空间、直接寻址的片内存储空间、间接寻址的片内存储空间、扩展的外部 RAM 空间,数字代表想要查看的地址。例如输入 D:0 即可观察到地址 0 开始的片内 RAM 单元值,输入 C:0 即可显示从 0 开始的 ROM 单元中的值,即查看程序的二进制代码。该窗口的显示值可以以各种形式显示,如十进制、十六制、字符型等,改变显示方式的方法是单击鼠标右键,在弹出的快捷菜单中选择,该菜单用分割条分成三部分,其中的一部分与第二部分的 3 个选项为同一级别,选中的一部分的任意选项,内容将以整数形式显示,而选中第二部分的 Ascii 项将以字符形式显示,选中 Float 项将以相邻 4 字节组成的浮点数形式显示、选中 Double 项将相邻 8 字节组成双精度形式显示。第一部分又有多个选择项,其中 Decimal 项是一个开关,如果选中该项,则窗口的值将以十进制的形式显示,否则按默认的十六进制方式显示。Unsigned 和 Signed 后分别有 3 个选项:Char、Int、Long,分别代表以单字节方式显示、将相邻双字节组成整形数方式显示、将相邻 4 字节组成长整形方式显示,而 Unsigned 和 Signed 则分别代表无符号形式和有符号形式,究竟从哪一个单元开始的相邻单元则与设置有关,以整型为例,如果输入的是 I:0,那么 00H 和 01H 单元的内容将会组成一个整型数,而如果输入的是 I:1,01H 和 02H 单元的内容全组成一个整型数,以此类推。

7.4.2 工程窗口寄存器页

图 7-21 是工程窗口寄存器页的内容,寄存器页包括了当前的工作寄存器组和系统寄存器,系统寄存器组有一些是实际存在的寄存器,如 A、B、DPTR、SP、PSW 等,有一些是实际中并不存在或虽然存在却不能对其操作的,如 PC、Status 等。每当程序中执行到对某寄存器的操作时,该寄存器会以反色(蓝底白字)显示,单击然后按下 F2 键,即可修改该值。

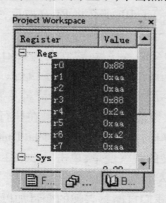

图 7-21　工程窗口寄存器页

7.4.3 观察窗口

观察窗口是很重要的一个窗口,工程窗口中仅可以观察到工作寄存器和有限的寄存器如 A、B、DPTR 等,如果需要观察其他寄存器的值或者在高级语言编程时需要直接观察变量,就要借助观察窗口了。

　　一般情况下,全速运行时,变量的值是不变的,只有在程序停下来之后才会将这些值最新的变化反映出来,但是,在一些特殊场合,也可能需要在全速运行时观察变量的变化,此时可以单击 View|Periodic Window Updata,确认该项处于被选中状态,即可在全速运行时动态地观察有关值的变化。但是,选中该项,将会使程序模拟执行的速度变慢。

7.4.4　程序调试窗口的应用

　　以下通过一个高级语言程序来说明这些窗口的使用。

【例7-2】

```
#include "reg51.h"
sbit P1_0 = P1^0; //定义P1.0
void mDelay(unsigned char DelayTime)
{  unsigned int j = 0;
    for(;DelayTime > 0;DelayTime - - )
    { for(j = 0;j < 125;j + + ) {;} }
}
void main()
{  unsigned int i;
    for(;;){ mDelay(10); //延时10ms
            i + + ;
            if(i = = 10)
            { P1_0 = ! P1_0;
                i = 0; }
} }
```

　　这个程序的工作过程是:不断调用延时程序,每次延时10ms,然后将变量I加1,随后对变量I进行判断,如果I的值等于10,那么将P1.0取反,并将I清0,最终的执行效果是P1.0每0.1s取反一次。

　　输入源程序并以test1.c为文件名存盘,建立名为test1的项目,将test1.c加入项目,编译、连接后按Ctrl+F5键进入调试,按F10键单步执行。注意观察窗口,其中有一个标签页为Locals,这一页会自动显示当前模块中的变量名及变量值。可以看到窗口中有名为I的变量,其值随着执行的次数而逐渐加大,如果在执行到mDelay(10)行时按F11键跟踪到mDelay函数内部,该窗口的变量自动变为DelayTime和j。另外两个标签页Watch #1和Watch #2可以加入自定义的观察变量,单击"type F2 to edit"然后再按F2键即可输入变量,试着在Watch #1中输入I,观察它的变化。在程序较复杂,变量很多的场合,这两个自定义观察窗口可以筛选出我们自己感兴趣的变量加以观察。

　　观察窗口中的变量值不仅可以观察,还可以修改,以该程序为例,I须加10次才能到10,为快速验证是否可以正确执行到P1_0 = ! P1_0行,单击I后面的值,再按F2键,该值即可修改,将I的值改到9,再次按F10单步执行,即可以很快执行到P1_0 = ! P1_0程序行。该窗口显示的变量值可以以十进制或十六进制形式显示,方法是在显示窗口点右键,在快捷菜单中选择如图7-22所示。

168

图 7 - 22 设定观察窗的显示方式

　　单击 View|Dissembly Window 可以打开反汇编窗口,该窗口可以显示反汇编后的代码、源程序和相应反汇编代码的混合代码,可以在该窗口进行在线汇编、利用该窗口跟踪已执行的代码、在该窗口按汇编代码的方式单步执行,这也是一个重要的窗口。打开反汇编窗口,单击鼠标右键,出现快捷菜单,如图 7 - 23 所示,其中 Mixed Mode 是以混合方式显示,Assembly Mode 是以反汇编码方式显示。程序调试中常使用设置断点然后全速运行的方式,在断点处可以获得各变量值,但却无法知道程序到达断点以前究竟执行了哪些代码,而这往往是需要了解的,为此,Keil 提供了跟踪功能,在运行程序之前打开调试工具条上的允许跟踪代码开关,然后全速运行程序,当程序停止运行后,单击查看跟踪代码按钮,自动切换到反汇编窗口,如图 7 - 23 所示,其中前面标有“ - ”号的行就是中断以前执行的代码,可以按窗口边的上卷按钮向上翻查看代码执行记录。

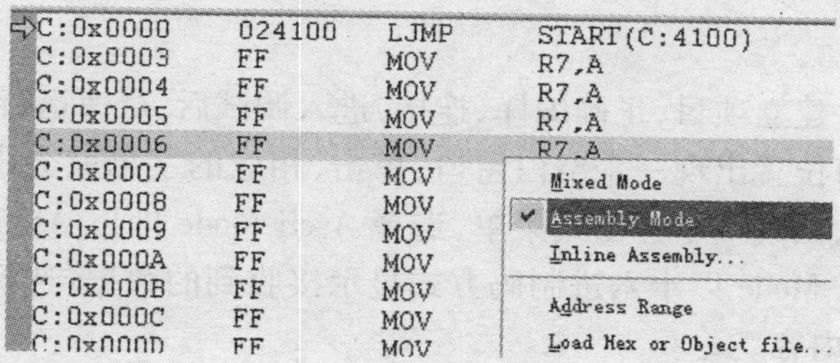

```
→C:0x0000    024100    LJMP    START(C:4100)
 C:0x0003    FF        MOV     R7,A
 C:0x0004    FF        MOV     R7,A
 C:0x0005    FF        MOV     R7,A
 C:0x0006    FF        MOV     R7,A
 C:0x0007    FF        MOV     ┌──────────────────────┐
 C:0x0008    FF        MOV     │   Mixed Mode         │
 C:0x0009    FF        MOV     │ ✓ Assembly Mode      │
 C:0x000A    FF        MOV     │   Inline Assembly... │
 C:0x000B    FF        MOV     ├──────────────────────┤
 C:0x000C    FF        MOV     │   Address Range      │
 C:0x000D    FF        MOV     │   Load Hex or Object file... │
```

图 7 - 23 反汇编窗口

　　利用工程窗口可以观察程序执行的时间,下面观察一下该例中延时程序的延时时间是否满足我们的要求,即是否确实延时 10ms,展开工程窗口 Regs 页中的 Sys 目录树,其中的 Sec 项记录了从程序开始执行到当前程序流逝的秒数。单击 RST 按钮以复位程序,Sec 的值回零,按下 F10 键,程序窗口中的黄色箭头指向 mDelay(10)行,此时,记录下 Sec 值为 0.00038900,然后再按 F10 键执行完该段程序,再次查看 Sec 的值为 0.01051200,两者相减大约是 0.01s,所以延时时间大致是正确的。读者可以试着将延时程序中的 unsigned int 改为 unsigned char 试试看时间是否仍正确。注意,使用这一功能的前提是在项目设置中正确设置晶振的数值。

　　Keil 提供了串行窗口,我们可以直接在串行窗口中输入字符,该字符虽不会被显示出来,但却能传递到仿真 CPU 中,如果仿真 CPU 通过串行口发送字符,那么这些字符会在串行窗口显示出来,用该窗口可以在没有硬件的情况下用键盘模拟串口通信。下面通过一个例子说明 Keil 串行窗口的应用。该程序实现一个行编缉功能,每输入一个字母,会立即回显到窗口中。编程的方法是通过检测 RI 是否等于 1 来判断串行口是否有字符输入,如果有字符输入,则将其送到 SBUF,这个字符就会在串行窗口中显示出来。其中 ser_init 是串行口初始化程序,要使用串行口,必须首先对串行口进行初始化。

【例 7 -3 】

```
            MOV SP,#5FH     ;堆栈初始化
            CALL SER_INIT   ;串行口初始化
LOOP:       JBC RI,NEXT     ;如果串口接收到字符,转
            JMP LOOP        ;否则等待接收字符
NEXT:       MOV A,SBUF      ;从 SBUF 中取字符
            MOV SBUF,A      ;回送到发送 SBUF 中
SEND:       JBC TI,LOOP     ;发送完成,转 LOOP
            JMP SEND        ;否则等待发送完
SER_INIT:   MOV SCON,#50H   ;中断初始化
            ORL TMOD,#20H
            ORL PCON,#80H
            MOV TH1,#0FDH   ;设定波特率
            SETB TR1        ;定时器 1 开始运行
            SETB REN        ;允许接收
            SETB SM2
            RET
            END
```

输入源程序,并建立项目,正确编译、连接,进入调试后,全速运行,单击串行窗口 1 按钮,即在源程序窗口位置出现一个空白窗口,单击,相应的字母就会出现在该窗口中。在窗口中击鼠标右键,出现一个弹出式菜单,选择 Ascii Mode 即以 Ascii 码的方式显示接收到的数据;选择 Hex Mode 以十六进制码方式显示接收到的数据;选择 Clear Window 可以清除窗口中显示的内容。

7.5 Keil 的辅助工具

除了工程的建立方法、常用的调试方法之外,Keil 还提供了一些辅助工具,如外围接口、性能分析、变量来源分析、代码作用分析等,以帮助了解程序的性能、查找程序中的隐含错误、快速查看程序变量信息等。

这部分功能并不是直接用来进行程序调试的,但可以帮助我们进行程序的调试,程序性能的分析。

1. 外围接口

为了能够比较直观地了解单片机中定时器、中断、并行端口、串行端口等常用外设的使用情况,Keil 提供了一些外围接口对话框,通过 Peripherals 菜单选择,该菜单的下拉菜单内容与建立项目时所选的 CPU 有关,如果是选择的 80C51 这一类"标准"的 51机,那么将会有 Interrupt(中断)、I/O Ports(并行 I/O)、Serial(串行口)、Timer(定时/计数器)这 4 个外围设备菜单。如图 7 -24 所示,打开这些对话框,列出了外围设备的当前使用情况、各标志位的情况等,可以在这些对话框中直观地观察和更改各外围设备的运行情况。

下面通过一个简单例子看一看并行端口的外围设备对话框的使用。

```
        MOV  A ,#0FEH
LOOP: MOV  P1 ,A
        RL   A
        CALL DELAY;延时 100ms
        JMPLOOP
```

其中延时 100ms 的子程序请自行编写。

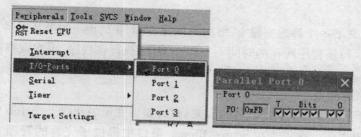

图 7 - 24 外围设备之并行口

编译、连接进入调试后,单击 Peripherals | I/O - Ports | Port0 打开,全速运行,可以看到代表各位的勾在不断变化,这样可以形象地看出程序执行的结果。

单击 Peripherals | I/O - Ports | Timer0 即出现定时/计数器 0 的外围接口界面,可以直接选择 Mode 组中 0 ~ 3 四种工作方式,设定定时初值等,单击选中 TRO,status 后的 stop 就变成了 run,如果全速运行程序,此时 th0,tl1 后的值也快速地开始变化,直观地演示了定时/计数器的工作情况。

2. 性能分析

Keil 提供了一个性能分析工具,利用该工具,可以了解程序中哪些部分的执行时间最长,调用次数最多,从而了解影响整个程序执行速度的瓶颈。

下面通过一个实例来看一看这个工具如何使用,如输入例 7 - 2。编译连接。进入调试状态后使用菜单 View | Performance Analyzer Window,打开性能分析对话框,进入该对话框后,只有一项 unspecified,单击鼠标右键,在快捷菜单中选择 Setup PA 即打开性能分析设置对话框,对于 C 语言程序,该对话框右侧的 Function Symbol 下的列表框给出函数符号,双击某一符号,该符号即出现在 Define Performance Analyzer 下的编辑框中,每输入一个符号名字,单击 Define 按钮,即将该函数加入其上的分析列表框。对于汇编语言源程序,Function Symbol 下的列表框中不会出现子程序名,可以直接在编辑框中输入子程序名,单击 Close 按钮关闭窗口,回到性能分析窗口,此时窗口共有 4 个选项。全速执行程序,可以看到 mDelay 和 mDelay1 后出现一个蓝色指示条,配合上面的标尺可以直观地看出每个函数占整个执行时间的比例,单击相应的函数名,可以在该窗口的状态栏看到更详细的数据,其中各项的含义如下。Min:该段程序执行所需的最短时间;Max:该段程序执行所需的最长时间;Avg:该段程序执行所花平均时间;Total:该段程序到目前为止总共执行的时间;%:占整个执行时间的百分比;count:被调用的次数。

本程序中,函数 mDelay 和 mDelay1 每次被调用都花费同样的时间,看不出 Min、Max、和 Avg 的意义,实际上,由于条件的变化,某些函数执行的时间不一定是一个固定的值,借助于这些信息,可以对程序有更详细的了解。下面将 mDelay1 函数略作修改作一演示。

```
void mDelay1(unsigned char DelayTime)
{   static unsigned char k;
    unsigned int j=0;
    for(;DelayTime>0;DelayTime--)
    { for(;j<k;j++)
        {;}
} k++; }
```

程序中定义了一个静态变量 k,每次调用该变量加 1,而 j 的循环条件与 k 的大小有关,这使每次执行该程序所花的时间不一样。编译、执行该程序,再次观察性能分析窗口,可以看出 Min、Max、Avg 的意义。

3. 变量来源浏览

该窗口用于观察程序中变量名的有关信息,如该变量名在哪一个函数中被定义,在哪里被调用,其出现多少次等。在 Source Browse 窗口中提供了完善的管理方法,如过滤器可以分门别类地列出各种类别的变量名,可以对这些变量按 Class(组)、Type(类型)、Space(所在空间)、Use(调用次数)排序,单击变量名,可以在窗口的右侧看到该变量名的更详细的信息。

4. 代码作用范围分析

在所写的程序中,有些代码可能永远不会被执行到(这是无效的代码),也有一些代码必须在满足一定条件后才能被执行到,借助于代码范围分析工具,可以快速了解代码的执行情况。进入调试后,全速运行,然后按停止按钮,停下来后,可以看到在源程序的左列有 3 种颜色,灰、淡灰和绿,其中淡灰所指的行并不是可执行代码,如变量或函数定义、注释行等,而灰色行是可执行但从未执行过的代码,而绿色则是已执行过的程序行。使用调试工具条上的 Code Coverage Window 可打开代码作用范围分析的对话框,里面有各个模块代码执行情况的更详细的分析。

5. 直接更改内存值

在程序运行中,另一种输入数据的方法是直接更改相应的内存单元的值,例如,某数据采集程序,使用了 30H 和 31H 作为存储单元,采入的数据由这两个单元保存,那么我们更改了 30H 和 31H 单元的值就相当于这个数据采集程序采集到了数据,这可以在内存窗口中直接修改,也可以通过命令进行修改,命令的形式是:_WBYTE,其中地址是指待写入内存单元的地址,而数据则是待写入该地址的数据。例如_WBYTE(0x30,11)会将值 11 写入内存地址十六进制 30H 单元中。

7.6   Keil 的 应 用

前面介绍了 Keil 软件的使用,从中可以看到 Keil 的强大功能,不过,对于初学者来说,还有些不直观,调试过程中看到的是一些数值,并没有看到这些数值所引起的外围电路的变化,例如指示灯变化、数码管发光等。为了让初学者更好地入门,通过具体实例的应用分析加深印象。

【例 7-4】 程序实现可控霓虹灯。接 P3.0 的键为开始键,按此键则灯开始流动(由

172

左而右),接 P3.1 的键为停止键,按此键则停止流动,所有灯暗,接 P3.2 的键为向左键,按此键则灯由左向右流动,接 P3.3 的键为向右键,按此键则灯由右向左流动。

```
        UpDown BIT 00H              ;左右行标志
        StartEnd  BIT 01H          ;起动及停止标志
        LAMPCODE EQU 21H           ;存放流动的数据代码
          ORG 0000H
          AJMPMAIN
          ORG 30H
MAIN:   MOV SP,#5FH
        MOV P1,#0FFH
        CLR UpDown                 ;启动时处于向左的状态
        CLR StartEnd               ;启动时处于停止状态
        MOV LAMPCODE,#01H          ;单灯流动的代码
LOOP:   ACALL KEY                  ;调用键盘程序
        JNB F0,LNEXT               ;如果无键按下,则继续
        ACALL KEYPROC              ;否则调用键盘处理程序
LNEXT:  ACALL LAMP                 ;调用灯显示程序
        AJMP LOOP                  ;反复循环,主程序到此结束
DELAY:  MOV R7,#100                ;延时程序,键盘处理中调用
        D1:MOV R6,#100
          DJNZ R6,$
          DJNZ R7,D1
          RET
KEYPROC:MOV A,B                    ;从B寄存器中获取键值
        JB ACC.2,KeyStart          ;分析键的代码,某位被按下,则该位为1
        JB ACC.3,KeyOver
        JB ACC.4,KeyUp
        JB ACC.5,KeyDown
        AJMP KEY_RET
KeyStart:SETB StartEnd             ;第一个键按下后的处理
        AJMP KEY_RET
KeyOver:CLR StartEnd               ;第二个键按下后的处理
        AJMP KEY_RET
KeyUp:  SETB UpDown                ;第三个键按下后的处理
        AJMP KEY_RET
KeyDown: CLR UpDown                ;第四个键按下后的处理
KEY_RET: RET
KEY:    CLR F0                     ;清F0,表示无键按下
        ORL P3,#00001111B          ;将P3口的接有键的4位置1
        MOV A,P3                   ;取P3的值
        ORL A,#11110000B           ;将其余4位置1
        CPL A                      ;取反
```

173

```
          JZ K_RET               ;如果为 0 则一定无键按下
          CALL DELAY             ;否则延时去键抖
          ORL P3,#00001111B
          MOV A,P3
          ORL A,#11110000B
          CPL A
          JZ K_RET
          MOV B,A                ;确实有键按下,将键值存入 B 中
          SETB F0                ;设置有键按下的标志
;以下的代码是可以被注释掉,如果去掉注释,就具有判断键是否释放的功能,否则没有
  K_RET:  ORL P3,#00001111B      ;此处循环等待键的释放
          MOV A,P3
          ORL A,#11110000B
          CPL A
          JZ K_RET1              ;读取的数据取反后为 0 说明键释放了
          AJMP K_RET
  K_RET1: CALL DELAY            ;消除后沿抖动
          RET
D500MS:MOV R7,#255             ;霓虹灯的延迟时间
  D51:    MOV R6,#255
          DJNZ R6,$
          DJNZ R7,D51
          RET
    LAMP:JB StartEnd,LampStart  ;如果 StartEnd = 1,则启动
          MOV P1,#0FFH
          AJMP LAMPRET          ;否则关闭所有显示,返回
LampStart:JB UpDown,LAMPUP      ;如果 UpDown = 1,则向上流动
          MOV A,LAMPCODE
          RL A                  ;实际就是左移位而已
          MOV LAMPCODE,A
          MOV P1,A
          LCALL D500MS
          LCALL D500MS
          AJMP LAMPRET
  LAMPUP:MOV A,LAMPCODE
          RR A                  ;向右流动实际就是右移
          MOV LAMPCODE,A
          MOV P1,A
          LCALL D500MS
LAMPRET:RET
        END
```

将程序输入并建立工程文件,设置工程文件,汇编、连接文件,按 Ctrl + F5 键开始调试,打开实训板,使用 F5 功能键全速运行,可以看到所有灯均不亮,单击最上面的按钮,立

即会看到灯流动起来了,单击第二个按钮,灯将停止流动,再次单击第一个按钮,使灯流动起来,单击第三个按钮,可以发现灯流动的方向变了,单击第四个按钮,灯的流动方向又变回来了。如果没有出现所描述的现象,可以使用单步、过程单步等调试手段进行调试,在进行调试时实训板会随时显示当前的情况,非常直观、方便。

7.7 C 语言与 MCS – 51

从系统开发的时间来看,采用汇编语言进行单片机应用程序设计的效率不是很高。利用 C 语言设计单片机应用程序已成为单片机应用系统开发设计的一种趋势。使用 C 语言编程更符合人的思维方式和思考习惯,编写代码效率高、维护方便。

用汇编程序设计 MCS – 51 单片机应用程序时,必须考虑其存储器结构,尤其必须考虑其片内数据存储器与特殊功能寄存器正确、合理的使用以及按实际地址处理端口数据。用 C 语言编写 MCS – 51 单片机的应用程序,C 语言是高级程序设计语言,不像用汇编语言那样具体地组织、分配存储器资源和处理端口数据。但在 C 语言编程中,对数据类型与变量的定义,必须要与单片机的存储结构相关联,否则编译器不能正确地映射定位。用 C 语言编写单片机应用程序与编写标准的 C 语言程序的不同之处,就在于根据单片机存储结构及内部资源定义相应的 C 语言中的数据类型和变量,其他的语法规定、程序结构及程序设计方法都与标准的 C 语言程序设计相同。

用 C 语言编写的应用程序必须经单片机的 C 语言编译器(简称 C51),转换生成单片机可执行的代码程序。C51 是 C 语言应用程序开发设计中必不可少的开发工具,C51 的好坏直接影响到生成代码的效率、大小和可靠性。

1. C51 存储器类型与 51 单片机存储空间的对应关系

51 单片机中,程序存储器与数据存储器严格分开。数据存储器又分为片内、片外两个独立的寻址空间,特殊功能寄存器与片内 RAM 统一编址。

C51 编译器支持对 51 存储区的访问。通过声明变量、常量为各种存储类型,将它们准确定位在不同的存储区中,即可在变量定义中为其指定明确的存储空间。对内部数据存储器的访问比对外部数据存储器的访问快许多,因此,应当将频繁使用的变量放在内部数据存储器,而把较少使用的变量放在外部数据存储器中。C51 存储类型与 51 单片机实际存储区的对应关系见表 7 – 1。

表 7 –1 C51 存储器类型与 51 单片机存储空间关系

存储器类型	说　　明
Bdata	可位寻址的单片机内部数据存储器(16B)
Code	程序代码存储区(64KB)
Data	直接寻址的单片机内部数据存储区(64KB)
Idata	间接寻址的单片机内部数据存储区(全部 256B)
Pdata	分页寻址的片外数据存储区(256B)
Xdata	芯片外部数据存储区(64KB)

带存储类型的变量的一般定义格式如下：

数据类型 存储类型 变量名

（1）变量或数据类型。变量的定义包括了存储器类型的指定,指定了变量存放的位置。

- bit：位变量值为 0 或 1。
- sbit：从字节中定义的位变量 0 或 1。
- sfr：sfr 字节地址 0～255。
- sfr16：sfr 字地址 0～65535。
- 其余数据类型如 char,enum,short,int,long,float 等与 ANSIC 相同。

（2）C51 提供以下几种扩展数据类型,见表 7－2。

表 7－2　C51 的基本数据类型及其长度

数 据 类 型	位/bit	字节数/B	值 的 范 围
bit	1		0,1
signed char	8	1	−128～＋127
unsigned char	8	1	0～255
signed short	16	2	−32768～＋32767
unsigned short	16	2	0～65535
signed int	16	2	−32768～＋32767
unsigned int	16	2	0～65 535
signed long	32	4	−2147483648～＋2147483647
unsigned long	32	4	0～4294967295
float	32	4	＋1.175494E−38～＋3.402823E＋38
e	1		0 或 1
sfr	8	1	0～255
sfr16	16	2	0～65535

（3）存储类型是表 7－3 所列的某一种。

表 7－3　C51 存储类型及其数据长度和值域

存 储 类 型	长度/bit	长度/B	值 域 范 围
data	8	1	0～255
idata	8	1	0～255
pdata	8	1	0～255
xdata	16	2	0～65535
code	16	2	0～65535

2. C51 数据类型的扩展

C51 具有 C 语言的所有标准数据类型,此外,增加了专门用于访问 80C51 硬件的数据类型,分别介绍如下。

sfr——声明特殊功能寄存器,地址范围:0～255。

sfr16——声明 16 位特殊功能寄存器,地址范围:0～65536。

bit——声明位变量,其值为 1 或 0。

Sbit——声明可位寻址变量中的某个位变量,其值为 1 或 0。

3. 特殊功能寄存器的定义

51 单片机片内 RAM 区的高 128 字节(80H ~ 0FFH)是 21 个特殊功能寄存器(SFR),对其进行操作,只能用直接寻址方式。C51 提供了 sfr、sfr16 和 sbit 等几个与标准 C 语言不兼容的自主形式的定义方法,仅用于 51 系列单片机的 C 语言汇编。特殊功能寄存器的 C51 定义语法如下:

sfr 寄存器 = 寄存器地址

sfr 是定义语句的关键字,其后必须跟一个 MSC - 51 单片机真实存在的特殊功能寄存器名,“ = ”后面必须是一个整型常数,不允许带有运算符的表达式,这个常数值的范围必须在 SFR 地址范围内,位于 80H ~ 0FFH。

例如:

```
sfr    SCON = 0x98;        /* 串口控制寄存器地址 98H* /
sfr    TMOD = 0x89;        /* 定时器/计数器方式控制寄存器地址 89H* /
```

寄存器位的定义举例。

例如:

```
sfr    PSW = 0xD0;         /* 定义 PSW 寄存器地址为 D0H* /
sfr    IE = 0xA8;          /* 定义 IE 寄存器* /
sbit   OV = PSW^2;         /* 定义 OV 位为 PSW.2,地址为 D2H* /
sbit   CY = PSW^7;         /* 定义 CY 位为 PSW.7,地址为 D7H* /
sbit   EA = IE^7;          /* 指定 IE.7 为 EA* /
```

由上面的例子可见,用 sfr 定义特殊功能寄存器和定义 char、int 等类型的变量相似。

由于在 51 系列单片机产品中特殊功能寄存器的数量与类型不尽相同,因此建议将所有特殊功能寄存器的 sfr 定义放入一个头文件中,该文件应包括 51 单片机机型中的 SFR 定义。C51 编译器的 reg51. h 头文件就是这样的一个文件。

在一些新的 MCS - 51 产品中,特殊功能寄存器在功能上经常组合为 16 位值,当 SFR 的高字节地址直接位于其低字节之后时,对 16 位 SFR 的值可以直接进行访问。为了有效地访问这类特殊功能寄存器,可使用关键字 sfr16 来定义,其定义语句的语法格式与 8 位 SFR 相同,只是“ = ”后面必须用低字节地址,即以低字节地址作为 sfr16 的定义地址。

对于位寻址的 SFR 中的位,C51 的扩充功能支持特殊位的定义,像 SFR 一样不与标准 C 兼容,使用 sbit 来定义位寻址单元。语法格式有以下 3 种:

第一种格式:sbit bit_name = sfr_name^int_constant

sbit 是定义语句的关键字,后跟一个寻址位符号名(该位符号名必须是 MCS - 51 单片机中规定的位名称),“ = ”后的 sfr-name 必须是已定义过的 SFR 的名字,“^”后的整常数是寻址位在特殊功能寄存器 sfr-name 中的位号,必须是 0 ~ 7 范围中的数。例如:

```
sfr    PSW = 0xD0;         /* 定义 PSW 寄存器地址为 D0H* /
sbit   OV = PSW^2;         /* 定义 OV 位为 PSW.2,地址为 D2H* /
sbit   CY = PSW^7;         /* 定义 CY 位为 PSW.7,地址为 D7H* /
```

第二种格式:sbit   bit – name = int constant^int constant;

" = "后的 int constant 为寻址地址位所在的特殊功能寄存器的字节地址,"^"符号后的 int constant 为寻址位在特殊功能寄存器中的位号。例如:

```
sbit      OV = 0XD0^2;          /* 定义 OV 位地址是 D0H 字节中的第 2 位* /
sbit      CY = 0XD0^7;          /* 定义 CY 位地址是 D0H 字节中的第 7 位* /
```

第三种格式:sbit   bit – name = int constant;

" = "后的 int constant 为寻址位的绝对位地址。例如:

```
sbit      OV = 0XD2;            /* 定义 OV 位地址为 D2H* /
sbit      CY = 0XD7;            /* 定义 CY 位地址为 D7H* /
```

特殊功能位代表了一个独立的定义位,不能与其他位定义和位域互换。

4. 芯片内 I/O 口的定义

MCS – 51 单片机并行 I/O 接口芯片上有 4 个 I/O 口(P0 ~ P3),MCS – 51 单片机 I/O 口与数据存储器统一编址,即把一个 I/O 口当作数据存储器中的一个单元来看待。

使用 C51 进行编程时,MCS – 51 片内的 I/O 口与片外扩展的 I/O 可以统一在一个头文件中定义,也可以在程序中(一般在开始的位置)进行定义,其定义方法如下:

对于 MCS – 51 片内 I/O 口按特殊功能寄存器方法定义,用关键字 sfr 定义片内 I/O 口。例如:

```
sfr P0 = 0x80;                 /* 定义 P0 口,地址为 80H* /
sfr P1 = 0x90;                 /* 定义 P1 口,地址为 90H* /
```

5. 芯片外 I/O 口的定义

对于片外扩展 I/O 口,则根据硬件译码地址,将其视作为片外数据存储器的一个单元,使用#define 语句进行定义。例如:

```
#inclde < absacc.h >           /* 头文件 absacc.h 是对外部数据类型 XBYTE 的定义* /
#define XPORT XBYTE[0xffbo]    /* 将 XPORT 定义为外部 I/O 口,其地址为 ffb0H
```

absacc.h 是 C51 中绝对地址访问函数的头文件,将 PORTA 定义为外部 I/O 口,地址为 FFC0H,长度为 8 位。

一旦在头文件或程序中对这些片外 I/O 口进行定义后,在程序中就可以自由使用变量名与其实际地址的联系,以便使程序员能用软件模拟 MCS – 51 的硬件操作。例如,可以这样定义一个 D/A 转换接口的地址,每向该地址写入一个数据即可启动一次 D/A 转换:

```
#include < absacc.h >
#define DAC0832 XBYTE[0x7FFF]  /* 定义 DAC0832 端口地址* /
DAC0832 = 0x80;                /* 启动一次 D/A 转换* /
```

另一个经常定义外部 I/O 口的方法是使用 C51 的扩展关键字"_at_",用"_at_"给 I/O 器件指定变量名非常简单。例如,在 XDATA 区的地址 0xFFC0 处有一个 8 位的扩展输入口,可以这样为它指定变量名:

```
unsigned char xdata inPRT_at_0x FFC0;
```

在头文件或程序中对这些片内外 I/O 口定义后,在程序中就可以利用变量名与其实际地址之间的联系,用软件模拟 51 单片机的硬件操作。

178

6. C51 指针

C51 支持一般指针(Generic Pointer)和存储器指针(Memory_Specific Pointer)。

1)一般指针

一般指针的声明和使用均与标准 C 相同,不过同时还可以说明指针的存储类型,例如:

long * state;为一个指向 long 型整数的指针,而 state 本身则依存储模式存放。

char * xdata ptr;ptr 为一个指向 char 数据的指针,而 ptr 本身放于外部 RAM 区,以上的 long,char 等指针指向的数据可存放于任何存储器中。

一般指针本身用 3 个字节存放,分别为存储器类型、高位偏移、低位偏移量。

2)存储器指针

基于存储器的指针说明时即指定了存储类型,例如:

char data * str;str 指向 data 区中 char 型数据。

int xdata * pow;pow 指向外部 RAM 的 int 型整数。

这种指针存放时,只需 1 个字节或 2 个字节就够了,因为只需存放偏移量。

基于存储器的指针以存储器类型为参量,它在编译时才被确定。因此,为指针选择存储器的方法可以省掉,以便这些指针的长度为 1 个字节(idata * ,data * ,pdata *)或 2 个字节(code * ,xdata *)。编译时,这类操作一般被"行内"(inline)编码,而无需进行库调用。

基于存储器的指针定义举例:

```
char  xdata  * px  ;在 xdata 存储器中定义了一个指向字符型(char)的指针变量 px
char  xdata  * data  pdx;明确定义指针位于 MCS - 51 内部存储区(data)外,其他同上例
data  char  xdata  * pdx;
struct  time
       { char  hour;
         char  min;
         char  sec;
         struct time  xdata * pxtime;
       }
```

在结构 struct time 中,除了其他结构成员外,还包含有一个和 struct time 相同的指针 pxtime,time 位于外部数据存储器(xdata),指针 pxtime 具有 2 个字节长度。

3)通用指针

通用指针的说明和标准 C 指针相同。例如:

```
char * ptr;        /* ptr 为指向 char 型数据的指针* /
int * numptr;      /* numptr 为指向 int 型数据的指针* /
```

C51 使用 3 个字节保存通用指针:第一个字节用于表明存储器类型;第二个字节用于保存偏移量的高字节;第三个字节用于保存偏移量的低字节。通用指针可以访问存储空间任何位置的变量,因此许多库程序使用这种类型的指针,使用这种普通隐式指针可访问数据而不用考虑数据在存储器中的位置。

4)指针转换

即指针在上两种类型之间转化:当基于存储器的指针作为一个实参传递给需要一般

179

指针的函数时,指针自动转化;如果不说明外部函数原形,基于存储器的指针自动转化为一般指针,导致错误,因而请用"#include"说明所有函数原形;可以强行改变指针类型。如表7-4所示。

表7-4 不同指针的代码差异

描　述	idata 指针	xdata 指针	generic 指针
示例程序	Char idata * ip; Char val; Val = * ip;	Char idata * xp; Char val; Val = * xp;	Char idata * p; Char val; Val = * p;

所产生的 80C51 汇编程序代码	MOV R0,ip
	MOV val,@ R0
		MOV DPL,xp + 1
		MOV DPH,xp
		MOV A,@ DPTR
		MOV val,A
			MOV R1,p + 2
			MOV R2,p + 1
			MOV R3,p
			MOV CLDPTR

指针大小	1 字节数据	2 字节数据	3 字节数据
代码大小	4 字节代码	9 字节代码	11 字节代码
执行时间	4 个周期	7 个周期	13 个周期

7. 位变量的 C51 定义

除了通常的 C 数据类型外,C51 编译器还支持"bit"数据类型,这对于记录系统状态是十分有用的,因为它往往需要使用某一位而不是整个数据字节。

(1)位变量 C51 定义。使用 C51 编程时,定义了位变量后,就可以用定义了的变量来表示 MCS-51 的位寻址单元。

位变量的 C51 定义的一般语法格式如下:

位类型标识符(bit)　位变量名;

例如:

```
bit  my_bit;          /* 把 my_bit 定义为位变量* /
bit  look_pointer;    /* 把 look_pointer 定义为位变量* /
```

(2)函数可包含类型为"bit"的参数,也可以将其作为返回值。例如:

```
bit done_flag = 0;    /* 把 done_flag 定义为位变量* /
{
return(flag);         /* flag 是 bit 类型的返回值* /
}
```

注意,使用(#pragma disable)或包含明确的寄存器组切换(using n)的函数不能返回位值,否则编辑器将会给出一个错误信息。

(3)对位变量定义的限制。位变量不能定义成一个指针,原因是不能通过指针访问"bit"类型的数据,如不能定义:bit * bit_pointer。不存在位数组,如不能定义:bit b_array[ ]。

在位定义中,允许定义存储类型,位变量都被放入一个位段,此段总位于 MCS-51 片内的 RAM 区中。因此,存储类型限制为 data 和 idata,如果将位变量的存储类型定义成其他存储类型都将编译出错。

可以先定义变量的数据类型和存储类型,然后使用 sbit 定义可寻址访问的位对象。

```
int bdata ibase;      /* 定义 ibase 为 bdata 整型变量* /
```

```
char bdata bary[4];          /* 定义 bary[4]为 bdata 字符型数组* /
```
然后可使用 sbit 定义可独立寻址访问的对象位：
```
sbit mybit0 = ibase^0;        /* 定义 mybit0 为 ibase 的第 0 位* /
sbit mybit15 = ibase^15;      /* 定义 mybit15 为 ibase 的第 15 位* /
sbit Ary07 = bary[0]^7;       /* 定义 Ary07 为 bary[0]的第 7 位* /
sbit Ary37 = bary[3]^7;       /* 定义 Ary37 为 bary[3]的第 7 位* /
```
对象 ibase 和 bary 也可以字节寻址：
```
ary37 = 0;                    /* bary[3]的第 7 位赋值为 0* /
bary[3] = 'a';                /* 字节寻址,bary[3]赋值为'a'* /
```
sbit 定义要位寻址对象所在字节基址对象的存储类型为"bdata",否则只有绝对的特殊位定义(sbit)是合法的。"^"操作符后的最大值依赖于指定的基类型,对于 char/uchar 而言是 0 ~ 7,对于 int/uint 而言是 0 ~ 15,对于 long/ulong 而言是 0 ~ 31。

8. C51 的中断处理程序的编写

80C51 单片机的 CPU 在响应中断请求时,由硬件自动转向与该中断源对应的服务程序入口地址,称为硬件向量中断。

C51 编译器在编译时对声明为中断函数的函数进行了相应的现场保护、阻断其他中断,返回时恢复现场等处理,因此在中断函数中可以不考虑这些问题。

C51 编译器支持 C 源程序中直接开发中断程序,语法格式定义如下：

函数类型 函数名 interrupt 中断源编号 using 寄存器组号

【例 7 - 5】 定时器 1 的中断服务函数。
```
unsigned int intNum;
unsigned char second;
void timer1(void)interrupt1 using2
{
    If( + + intNum = = 2000)
    {
    Second + + ;
    intNum = 0;
    }
}
```

7.8　模块化程序开发过程

在一个应用程序中,按模块用不同的编程语言编写源程序,最后通过编译/连接器生成一个可执行的完整程序,这种编程方式称为混合编程。基于 C51 的支持,单片机应用程序可采用 C 语言和汇编语言混合编程的方法,一般是用汇编语言编写有关硬件程序,用 C 语言编写主程序及数据处理程序。

高级语言与汇编语言程序的连接,在技术上有两个问题：一个是高级语言程序如何调用汇编语言程序；另一个是高级语言程序和汇编语言程序如何实现互相之间的通信。

在 C 语言和汇编语言混合编程中,必须约定两个规则,即命名规则和参数传递规则。

1. 命名规则

在编译 C 语言程序时,自动地对程序中的函数进行转换。函数的转换如表 7-5 所示。

表 7-5 函数名的转换

说　明	符　号　名	转　换　规　则
void func(void)	FUNC	无参数传递或不含寄存器参数的函数名不作改变转入目标文件中,名字只是简单地转换为大写形式
void func(void)	_FUNC	·带寄存器参数的函数名加入"_"字符前缀,表明这类函数包含寄存器的参数传递
void func(void) reentrant	_? FUNC	对于重入函数加上"_?"字符串前缀,表明这类函数包含栈内的参数传递

在编写汇编语言程序时,应根据规则人工加入相应的字符串前缀。

【例 7-6】 C 语言程序编译过程中的函数转换。

用汇编语言编写函数 supper,参数传递发生在寄存器 R7 中。

```
UPPER      SEGMENT CODE                 ;程序段
PUBLIC     _SUPPER                      ;入口地址
PSEG       UPPER                        ;程序段
_SUPPER:   MOV        A,R7              ;从 R7 中取参数
           CJNE       A,# 'a', $ +3
           JC         UPPERET
           CJNE       A,# 'z' +1, $ +3
           JNC        UPPERET
           CLR        ACC.5
UPPERET:   MOV        R7,A              ;返回值放在 R7 中
           RET                          ;返回到 C
```

2. 参数传递规则

在混合编程中,关键是传递参数和函数的返回值,它们必须有完整的约定,否则传递的参数在程序中取不到。两种语言必须使用同一规则,汇编语言编程当然可以自如地控制。因而,通常情况下,汇编模块服从高级语言。令人遗憾的是,每种编译器使用不同的规则,甚至依赖选择的大、中、小存储模式。并非所有的编译器都可混合不同模式的模块。

利用寄存器最多传递 3 个参数,这种参数传递技术产生高效代码,可与汇编程序相媲美。参数传递的寄存器选择如表 7-6 所示。

表 7-6 参数传递的寄存器选择

参 数 类 型	char	int	Long,float	一 般 指 针
第 1 个参数	R7	R6,R7	R4 ~ R7	R1,R2,R3
第 2 个参数	R5	R4,R5	R4 ~ R7	R1,R2,R3
第 3 个参数	R3	R2,R3	无	R1,R2,R3

下面提供了几个说明参数传递规则的例子。

```
func1(int a)              "a"是第一个参数,在 R6,R7 中传递。
func2(int b,int c,int * d)  "b"是第一个参数,在 R6,R7 中传递;
                          "c"是第二个参数,在 R4,R5 中传递;
```

func3(long e,long f)	"d"是第三个参数,在 R1,R2,R3 中传递。	
	"e"是第一个参数,在 R4~R7 中传递;	
	"f"是第二个参数,不能在寄存器中传递,	
	只能在参数传递段中传递。	
func4(float g,char h)	"g"是第一个参数,在 R4~R7 中传递;	
	"h"是第二个参数,必须在参数传递段中传递。	

参数传递段给出了汇编子程序使用的固定存储区,就像参数传递给 C 函数一样,参数传递段的首地址通过名为"?函数名?BYTE"的 PUBLIC 符号确定。当传递位值时,使用名为"?函数名?BIT"的 PUBLIC 符号。所有传递的参数放在以首地址开始递增的存储区内,函数返回值放入 CPU 寄存器,如表 7-7 所示,这样与汇编语言的接口相当直观。

表 7-7 函数返回值的寄存器

返回值	寄存器	说明
bit	C	进位标位
(unsigned) char	R7	
(unsigned) int	R6,R7	高位字节在 R6,低位字节在 R7
(unsigned) long	R4~R7	高位字节在 R4,低位字节在 R7
float	R4~R7	32 位 IEEE 格式,指数和符号位在 R7
指针	R1,R2,R3	R3 放存储器类型,高位在 R2,低位在 R1

在汇编子程序中,当前选择的寄存器组及寄存器 ACC、B、DPTR 和 PSW 都可能改变。当被 C 调用时,必须无条件地假设这些寄存器的内容已被破坏。如果已在连接/定位程序时选择了覆盖,那么每个汇编子程序包含一个单独的程序段是必要的,因为在覆盖过程中,函数间参量通过子程序各自的段参量计算。

3. 覆盖和共享

覆盖和共享是混合编程及连接/定位器中常采用的两种存储器管理技术。

1)覆盖

单片机片内存储空间有限,连接/定位器通常重新启用程序不再用的位置。这就是说,若一个程序不再调用,也不被其他程序调用(甚至间接调用),那么在其他程序执行完之前,这个程序不再运行。这个程序的变量可以放在与其他程序完全相同的 RAM 空间,很像可重用的寄存器,这种技术就是覆盖。在汇编中通过手工完成的这些空间分配,在 C 中可以由连接器自动管理。当有几个不相关联的程序时,使用连接器完成空间分配所占用的 RAM 单元比手工完成空间分配要少。

2)共享

共享变量前要弄清不同模块之间的变量关系。编译一个模块,而另一模块还没编写时,编译器必须给出另一模块要使用的信息。连接/定位器给共享变量分配相同的地址,字节作为字节,整数/字作为整数/字,数组作为数组,指针作为指针。汇编语言和 C 语言的共享不同,表 7-8 是二者的简要规则。

在文件(模块)中的某函数外定义或说明的变量(全局变量),在此函数后和此函数中使用时可共享。模块要使用另一模块定义的变量必须有 extern(外部)说明而不再定义,重要的是 extern 告诉编译器在其他处查找变量而不分配存储器,因而 extern 停止分配空间。

表 7 - 8　语言的规则

类　型	汇编语言	C 语言
动态变量		y( )\{ int x;\}
静态变量		static int x;
公用变量	PUBLIC X X:ds 2	Int x;
外部变量	EXTERN DATA(X) MOV DPTR,# X	extern int x;
静态子程序/函数	Y:...	static y( )\{ ... \};
公共子程序/函数	PUBLIC Y Y:	y( )\{ ... \}
外部子程序/函数	EXTERN CODE(Y) LCALL Y	y( )

函数外的静态(static)共享变量与模块中的函数共享,但在其他模块中不被识别。这最适用于含有几个相关函数的模块内共享变量,而无关的模块没机会共享,这样就不会搞错同名变量。

　　理解了共享变量后,就很容易过渡到共享函数。C 中函数若是全局的(公用的),则可以放在调用的函数之后。若函数是模块专用的,则它可以定义为静态函数,这样它不能被其他模块调用。C 的 ANSI 标准建议所有函数在主函数前要有原型(进行说明),然后实际函数可在主函数之后或其他模块中,这符合自顶向下编程的概念。其实把实际函数定义放在主函数之前也能运行,而且避免了不必要的程序行。

　　汇编语言中,子程序使用标号可在给定模块的任何位置。汇编器首先扫描得到所有的符号名,然后值就可填入 LCALL 或 LJMP。一个模块或另一模块共享子程序,一个使用 PUBLIC 而另一个使用 EXTERN。当指定为 EXTERN,符号类型(CODE,DATA,XDATA, IDATA,BIT 或 NUMBER)必须特别加以指定,以便连接器可以确定放在一起的正确类型。

4. 程序优化

　　混合编程可用来改善编程的效率,即优化程序。在混合编程中,还需考虑一些能使程序优化的因素。

　　以下选择对提高程序效率有很大影响:

　　(1) 尽量选择小存储模式,以避免使用 MOVX 指令。

　　(2) 使用大模式(COMPACT/LARGE)时,应仔细考虑要放在内部数据存储器的变量(对这些变量要求是经常用的或是用于中间结果的)。访问内部数据存储器要比访问外部数据存储器快得多。

　　(3) 要考虑操作顺序,完成一件事后再做一件事。

　　(4) 注意程序编写细则。例如,若使用 for(;;)循环,DJNZ 指令比 CJNE 指令更有效,可减少重复循环次数。

　　(5) 若编译器不能使用左移和右移完成乘除法,应立即修改,例如,左移为乘 2。

　　(6) 用逻辑 AND/& 取模比用 MOD/% 操作更有效。

　　(7) 因计算机基于二进制,仔细选择数据存储器和数组大小可节省操作。

（8）尽可能使用最小的数据类型，MCS-51 单片机是 8 位机，显然对具有 char 类型的对象的操作比 int 或 long 类型的对象的操作要方便得多。

（9）尽可能使用 unsigned 数据类型。MCS-51 单片机 CPU 并不直接支持有符号数的运算。因而 C51 编译器必须产生与之相关的更多的程序代码以解决这个问题。

（10）尽可能使用局部函数变量。编译器总是尝试在寄存器里保持局部变量。这样，将循环变量（如 for 和 while 循环中的计数变量）说明为局部变量是最好的。使用 unsigned char/int 的对象通常能获得最好的结果。

选择的编译器对效率有很大的影响。Keil C51 可将汇编程序员编制的程序进行优化。用户可选 6 个优化级，另外，用 OPTIMEZE(SIZE)，NOREGPARMS 和 NOAREGS 时会影响生成的代码。

7.9　MCS-51 的 C 语言编程应用

1. 外部扩展的 C 语言编程

【例 7-7】8031 与 DAC0832 接口的数据转换。

（1）DAC0832 双缓冲接口的数据转换程序举例（图 7-25）。

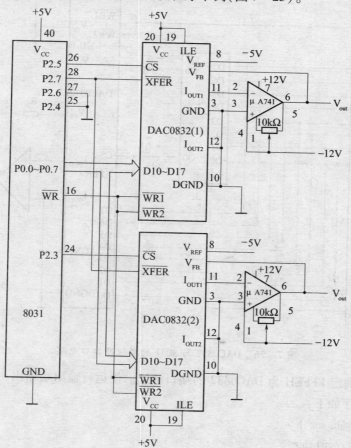

图 7-25　DAC0832 与 8031 的双缓冲接口电路

将 data1 和 data2 数据同时转换为模拟量的 C51 程序如下：

```
# include < absacc.h >
# include < reg51.h >
# define INPUTR1 XBYTE[0x8fff]
# define INPUTR2 XBYTE[0xa7ff]
# define DACR   XBYTE[0x2fff]
# define uchar   unsigned char
void dac2b(data1,data2)
uchar data1,data2;
{
    INPUTR1 = data1;        /* 送数据到一片 0832 */
    INPUTR2 = data2;        /* 送数据到另一片 0832 */
    DACR = 0;               /* 启动两路 D/A 同时转换 */
}
```

（2）DAC0832 单缓冲接口的数据转换程序举例（图 7-26）。

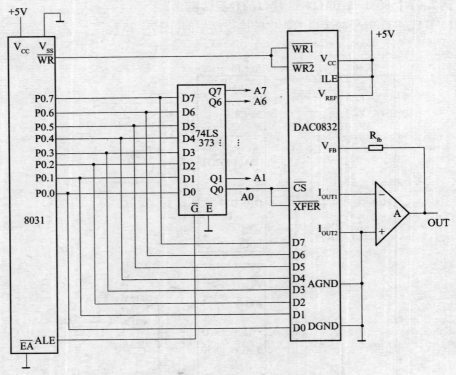

图 7-26　DAC0832 与 8031 的单缓冲接口电路

按片选线确定 FFFEH 为 DAC0832 的端口地址。使运行输出端输出一个锯齿波电压信号的 C51 程序如下：

```
# include < absacc.h >
# include < reg51.h >
# define DA0832 XBYTE[0xfffe]
```

```
# define uchar unsigned char
# define uint unsigned int
void stair(void)
{  uchar i;
   while(1)
     {for(i = 0;i < =255;i = I + + )        /* 形成锯齿波输出值,最大值为255* /
        {DA0832 = i;                        /* D/A 转换输出* /
        }
     }
}
 }
```

【例 7 – 8 】 8255A 控制微型打印机。

图 7 – 27 是 8031 扩展 8255A 与打印机接口的电路。8255A 的片选线为 P0.7,打印机与 8031 采用查询方式交换数据。打印机的状态信号输入给 PC7,打印机忙时 BUSY = 1,微型打印机的数据输入采用选通控制,当 STB 上负跳变时数据被输入。8255A 采用方式 0 由 PC0 模拟产生 STB 信号。

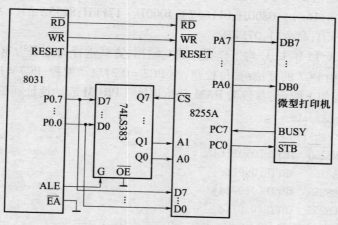

图 7 – 27   8255A 控制微型打印机接口电路

按照接口电路,口 A 地址为 7CH,口 C 地址为 7EH,命令口地址为 7FH,PC7 ~ PC4 输入,PC3 ~ PC0 输出。方式选择命令字为 8EH。

向打印机输出字符串"WELCOME"的程序如下:

```
# include⟨absacc.h⟩
# include⟨reg51.h⟩
# define uchar unsigned char
# define COM8255 XBYTE[0x007f]          /* 命令口地址* /
# define PA8255 XBYTE[0x007c]           /* 口 A 地址* /
# define PC8255 XBYTE[0x007e]           /* 口 C 地址* /
void  toprn(uchar p)                    /* 打印字符串函数* /
{  while(* p! = '\0'){
   while((0x80 & PC8255)! =0);          /* 查询等待打印机的
                 BUSY 状态* /
   PA8255 = * p;                        /* 输出字符* /
```

187

```
    COM8255 = 0x00;                        /* 模拟 STB 脉冲 */
    COM8255 = 0x01;
    p + + ;
    }
  }
void main(void)
  { uchar idata prn[ ] = "WELCOME";        /* 设测试用字符串 */
    COM8255 = 0x8e;                        /* 输出方式选择命令 */
    toprn(prn);                            /* 打印字符串 */
  }
```

【例 7 - 9 】 EPROM 编程器。

由 80C51 扩展 1 片 EPROM 2716、2 片 SRAM 6116 及 1 片 8255A 构成 EPROM 编程器,编程对象是 EPROM 2732。扩展编程系统中 2716 用来存放固化用监控程序,用户的待固化程序放在 2 片 6116 中。8255A 的口 A 作编程器数据口,口 B 输出 2732 的低 8 位地址,PC3 ~ PC0 输出 2732 高 4 位地址,PC7 作 2732 启动保持控制器与 PGM 连接。

译码地址为:6116(1):0800H;6116(2):1000H ~ 17FFH;8255A 的口 A:07FCH;口 B:07FDH;口 C:07FEH;命令口:07FFH。

8255A 的口 A、口 B、口 C 均工作在方式 0 输出,方式选择命令字为 80H;2732 的启动编程和停止编程由 PC7 的复位/置位控制,当 PC7 = 0 时启动编程,PC7 = 1 时,编程无效。

EPROM 编程如下所示,参数为 RAM 起始地址、EPROM 起始地址和编程字节数。

```
# include < absacc.h >
# include < reg51.h >
# define  COM8255   XBYTE[0x07ff]
# define  PA8255    XBYTE[0x07fc]
# define  PB8255    XBYTE[0x07fd]
# define  PC8255    XBYTE[0x07fe]
# define  uchar   unsigned char
# define  uint   unsigned int
void  d1_ms( unit x ) ;
void program(ram, eprom, com)
uchar  xdata* ram ;                        /* RAM 起始地址 */
uint eprom, con ;                          /* EPROM 起始固化地址,固化长度 */
{ int i ;
 COM8255 = 0x08 ;                          /* 送方式选择命令字 */
 COM8255 = 0x0f ;                          /* PC7 = 1 */
 for(i = 0 ; i < con ; i + + )
   { PA8255 = * ram ;                      /* 固化内容口 A 锁存 */
     PB8255 = eprom % 256 ;                /* 2732 地址低 8 位 */
     PC8255 = eprom /256 ;                 /* 2732 地址高 4 位 */
   eprom + + ;
     ram + + ;
     COM8255 = 0x0e ;                      /* PC7 = 0 */
```

```
        d1_ms(50);
        COM8255 = 0x0f;                             /* PC7 = 1* /
      }
    }
  main()
{   progràm( 0x1000,0x0000,0x0100);
}
```

2. 内部资源使用的 C 语言编程

【例 7 – 10】 设单片机的 $f_{osc} = 12MHz$ 晶振,要求在 P1.0 脚上输出周期为 2ms 的方波。

周期为 2ms 的方波要求定时间隔 1ms,每次时间到 P1.0 取反。

机器周期 $= 12/f_{osc} = 1\mu s$

需计数次数 $= 1000/(12/f_{osc}) = 1000/1 = 1000$

由于计数器是加 1 计数,为得到 1000 个计数之后的定时器溢出,必须给定时器置初值为 – 1000(即 1000 的补数)。

(1) 用定时器 0 的方式 1 编程,采用查询方式,程序如下:

```
# include  < reg51.h >
sbit  P1_0 = P1^0;
void main(void)
  {  TMOD = 0x01;                          /* 设置定时器 1 为非门控制方式 1* /
  TR0 = 1;                                /* 启动 T/C0* /
  for(; ;)
      {  TH0 = -(1000/256);              /* 装载计数器初值* /
        TL0 = -(1000% 256);
        do {  } while(! TF0);           /* 查询等待 TF0 置位* /
        P1_0 = ! P1_0;                  /* 定时时间到 P1.0 反相* /
        TF0 = 0;                        /* 软件清 TF0* /
        }
    }
```

(2) 用定时器 0 的方式 1 编程,采用中断方式。程序如下:

```
# include   < reg51.h >
sbit   P1_0 = P1^0;
void  time(void) interrupt 1 using 1     /* T/C0 中断服务程序入口* /
  {  P1_0 = ! P1_0;                        /* P1.0 取反* /
      TH0  =  -(1000/256);                 /* 重新装载计数初值* /
  }
void  main( void)
{   TMOD = 0x01;                           /* T/C0 工作在定时器非门控制方式 1* /
    P1_0 = 0;
    TH0  =  -(1000/256);                   /* 预置计数初值* /
    TL0  =  -(1000% 256);
    EA = 1;                                /* CPU 中断开放* /
```

189

```
        ET0 = 1;                               /* T/C0 中断开放* /
        TR0 = 1;                               /* 启动 T/C0 开始定时* /
        do {  } while(1);                      /* 等待中断* /
    }
```

3. 串行口使用的 C 语言编程

【例 7 – 11 】 单片机 f_{osc} = 11.0592MHz,波特率为 9600,各设置 32 字节的队列缓冲区用于发送接收。设计单片机和终端或另一计算机通信的程序。

单片机串行口初始化成 9600 波特,中断程序双向处理字符,程序双向缓冲字符。背景程序可以"放入"和"提取"在缓冲区的字符串,而实际传入和传出 SBUF 的动作由中断完成。

Loadmsg 函数加载缓冲数组,标志发送开始。缓冲区分发(t)和收(r)缓冲,缓冲区通过两种指示(进 in 和出 out)和一些标志(满 full,空 empty,完成 done)管理。队列缓冲区 32 字节接收缓冲(r_buf)区满,不能再有字符插入。当 t_in = t_out,发送缓冲区(t_buf)空,发送中断清除,停止 UART 请求。具体程序如下:

```
# include <reg51.h>
# define uchar unsigned char
uchar xdata r_buf[32];                                      /* item1* /
uchar xdata t_buf[32];
uchar  r_in,r_out,t_in,t_done;                              /* 队列指针* /
bit  r_full,t_empty,t_done;                                 /* item2* /
code uchar m[] = { " this is a test program \r\n "};
serial() interrupt 4 using 1                                /* item3* /
  {if( RI && ~ r_full)
  {r_buf[r_in] = SBUF ;
  RI =0 ;
   r_in = + +r_in & ox1f ;
   if( r_in = = r_out) r_full =1;
  }
else if(TI && ~t_empty)
  {SBUF = t_buf[t_out];
  TI =0;
  t_out = + + t_out & 0x1f ;
  if( t_out = = t_in) t_empty =1;
  }
else if(TI)
 { TI =0;
 t_done =1 ;
 }
__}
void  loadmsg(uchar code* msg)                              /* item4* /
__{while((* msg ! =0)&&(((( t_in +1)^t_out) & 0x1f) ! =0)) /* 测试缓冲区满 */
   {  t_ buf[t_in] = * msg ;
```

190

```
        msg + + ;
        t_in = + + t_in & 0x1f ;
        if( t_done)
        {TI = 1 ;
         t_empty = t_done = 0 ;                         /* 完成重新开始* /
        }
      }
    }
    void process(uchar ch)  { return ; }                /* item5* /
         /* 用户定义* /
       void processmsg( void)                           /* item6* /
         {while((( r_out +1) ^ r_in) ! =0)
              /* 接收非缓冲区* /
          {process( r_buf[r_out]);
           r_out = + +r_out & 0x1f ;
          }
         }
       main()                                           /* item7* /
         {TMOD = 0x20;                                  /* 定时器1方式2* /
          TH1 = 0xfd;                                   /* 9600 波特 11.0592 MHz* /
          TCON = 0x40;                                  /* 启动定时器1* /
          SCON = 0x50;                                  /* 允许接收* /
          IE = 0x90;                                    /*   允许串行口中断* /
          t_empty = t_done = 1;
          r_full = 0;
          r_out = t_in = 0;
          r_ in = 1;                                    /* 接收缓冲和发送缓冲置空* /
          for(; ;)
          {loadmsg( & m);
           processmsg();
          }
         }
```

item1：背景程序"放入"和"提取"字符队列缓冲区。

item2：缓冲区状态标志。

item3：串行口中断服务程序，从 RI,TI 判别接收或发送中断，由软件清除。判别缓冲区状态(满 full,空 empty)和全部发送完成(done)。

item4：此函数把字符串放入发送缓冲区,准备发送。

item5：接受字符的处理程序,实际应用自定义。

item6：此函数逐一处理接收缓冲区的字符。

item7：主程序即背景程序,进行串行口的初始化,载入字符串,处理接收的字符串。

4. 频率量测量的 C 语言编程

测量频率(周期)方法的最简单的接口电路,可将频率脉冲直接连接到 MCS – 51 的

T1 端,将 8031 的 T/C0 用作定时器,T/C1 用作计数器。在 T/C0 定时时间里,对频率脉冲进行计数。T/C1 的计数值便是单位定时时间里的脉冲个数。

【例 7-12】测量周期的程序举例。

测周期的测量值为计数值乘以 2,如图 7-28 所示,测量周期原理如图 7-29 所示,设 $f_{osc}=6MHz$,机器周期为 $2\mu s$。用 C 语言编写的程序如下:

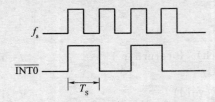

图 7-28　周期与频率对应波形图

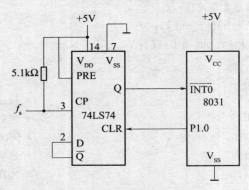

图 7-29　测量周期接口电路

```
#include <reg51.h>
#define uint unsigned int
sbit P1_0 = P1^0;
uint count,period;
bit rflag = 0;                              /* 周期标志* /
void control(void)
{
TMOD = 0x09;                                /* 定时器/计数器 0 为方式 1* /
  ITO = 1;TR0 = 1;
  TH0 = 0;TL0 = 0;
  P1_0 = 0;P1_0 = 1;                        /* 触发器清零* /
  TR0 = 1;ET0 = 1;EA = 1;                   /* 启动 T/C0 开中断* /
}
    void int_0(void)interrupt 0 using 1  /* INT0 中断服务* /
    {
EA = 0;TR0 = 0;
count = TL0 + TH0* 256;                     /* 取计数值* /
rflag = 1;                                  /* 设标志* /
EA = 1;
```

192

```
    }
void main(void)
{
    control();
    while(rflag = =0);        /* 等待一周期* /
    period = count * 2;       /* f_osc =6MHz,2μS 计数增1,周期值单位 μS* /
}
```

5. 键盘和数码显示的 C 语言编程

单片机应用系统经常使用简单的键盘和显示器来完成输入/输出的操作。

1）键盘输入信息的主要过程

（1）单片机判断是否有键按下。

（2）确定按下的是哪一个键。

（3）把此步骤代表的信息翻译成计算机所能识别的代码，如 ASCII 或其他特征码。

以上第（2）、（3）步主要由硬件完成，称为编码键盘；如果主要由软件完成，则称为非编码键盘。单片机应用系统中通常采用的是非编码键盘，如行列式键盘。

键的识别功能就是键盘中是否有按键按下，若有键按下，则确定其所在的行列位置。程序扫描法是一种常用的键识别方法，在这种方法中，只要 CPU 空闲，就调用键盘扫描程序，查询键盘并给予处理。

【例 7 - 13】 4 ×4 键盘的扫描程序。

扫描程序查询的内容为：

（1）查询是否有键按下。首先单片机向行扫描 P1. 4 ～ P1. 7 输出全为"0"扫描码 F0H,然后从列检查口 P1. 0 ～ P1. 3 输入列扫描信号，只要有一列信号不为"1"，即 P1 口不为 F0H,则表示有键按下。接着要查出按下键所在的行、列位置。

（2）查询按下键所在的行列位置。单片机将得到的信号取反，P1. 0 ～ P1. 3 中的为 1 的位便是键所在的列。接下来要确定键所在的行，需要进行逐行扫描。单片机首先使 P1. 7 为"0"，P1. 1 ～ P1. 7 为"1"，即向 P1 口发送扫描码 FEH,接着输入列检查信号，若全为"1"，则表示不在第一行。接着使 P1. 6 为"0"，其余为"1"，再读入列信号……这样逐行发"0"扫描码，直到找到按下键所在的行，将该行扫描码取反保留。当各行都扫描以后仍没有找到，则放弃扫描，认为是键的误动作。

（3）对得到的行号和列号译码，得到键值。

（4）键的抖动处理。当用手按下一个键时，往往出现所按键在闭合位置和断开位置之间跳几下才稳定到闭合状态的情况，在释放一个键时，也会出现类似的情况，这就是键抖动。抖动的持续时间不一，通常不会大于 10ms，若抖动问题不解决，就会引起对闭合键的多次读入。对于键抖动最方便的解决方法就是当发现有键按下后，不是立即进行逐行扫描，而是延时 10ms 后再进行。由于键按下的时间持续几百毫秒，延时后再进行扫描也可以。

下面是按图 7 - 30 所示电路编写的键扫描程序。扫描函数的返回值为键特征码，若无键按下，返回值为 0。程序如下：

```
# include <reg51.h>
# define uchar unsigned char
```

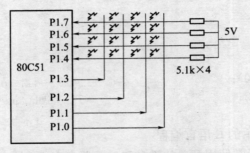

图 7-30 80C51 与行列式键盘接口

```c
# define uint unsigned int
void dlms(void)
void kbscan(void);
void main(void)
{
uchar key;
while(1)
  { key = kbscan();
    dlms();
  }
}
void dlms(void)
{ uchar i;
  for(i = 200;i > 0;i - -)  {  }
}
uchar kbscan(void)                              /* 键扫描函数* /
{ uchar scode,recode;
  P1 = oxf0;
  if((P1 & 0xf0)! = 0xf0)                        /* 若有键按下* /
  { dlms();                                     /* 延时去抖动* /
    if((P1 & 0xf0)! = 0xf0)
    {scode = 0xfe;                              /* 逐行扫描初值* /
      while((scode & 0x10)! = 0)
      {  P1 = scode;                            /* 输出扫描码* /
      if((P1 & 0xf0)! = 0xf0)                    /* 本行有键按下* /
        { recode = (P1 & 0xf0)|0x0f;
          return(( ~scode) + (~recode));        /* 返回特征字节码* /
            }
          else
          scode = (scode < <1)|0x01;            /* 行扫描左移一位* /
          }
        }
      }
```

```
        return(0);
    }
```

2) 51 与显示电路的接口技术

数码显示器有静态显示和动态显示两种显示方式。

数码显示器有发光管的 LED 和液晶的 LCD 两种。

LED 显示器工作在静态方式时,其阴极(或其阳极)点连接在一起接地(或 +5V),每一个的端选线(a,b,c,d,e,f,g,dp)分别与一个 8 位口相连。LCD 数码显示只能工作在静态显示,并要求加上专门的驱动芯片。

LED 显示器工作在动态显示方式时,段选码端口 I/O1 用来输出显示字符的段选码,I/O2 输出位选码。I/O1 不断送出待显示字符的段选码,I/O2 不断送出不同的位扫描码,并使每位显示字符停留显示一段时间,一般为 1ms ~ 5ms,利用眼睛的视觉惯性,从显示器上便可以见到相当稳定的数字显示。

图 7 - 31 是使用 8155 与 6 位 LED 显示器的接口。8155 的 PB0 ~ PB7 作段选信号,经7407 驱动与 LED 的段相连;8155 的 PA0 ~ PA5 作位选码口,经 7406 驱动与 LED 的位选线相连。

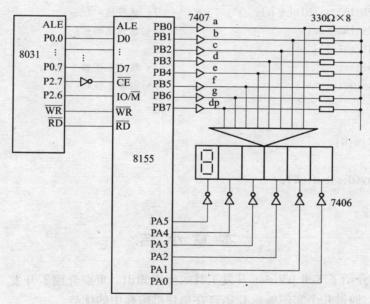

图 7 - 31　经 8155 扩展端口的 6 位 LED 动态显示

图 7 - 31 中 P2.7 反相后作 8155 的片 CE,P2.6 接 8155 的 IO/M 端。这样确定的8155 片内 4 个端口地址如下:

命令/状态口:　　　　　　FFF0H

口 A:　　　　　　　　　 FFF1H

口 B:　　　　　　　　　 FFF2H

口 C:　　　　　　　　　 FFF3H

6 位待显示字符从左到右依次放在 dis_buf 数组中,显示次序从右向左顺序进行。程序中的 table 为段选码表,表中段选码表存放的次序为 0 ~ F 等。以下为循环动态显示 6

195

位字符的程序,8155 命令字位为07H。

```c
# include ⟨absacc.h⟩
# include ⟨reg51.h⟩
# define COM8155  XBYTE[0xfff0]
# define PA8155   XBYTE[0xfff1]
# define PB8155   XBYTE[0xfff2]
# define PC8155   XBYTE[0xfff3]
uchar idata dis_buf[6] = {2,4,6,8,10,12};
uchar code table[18] = {0x3f,0x06,0x5b,0x4f,0x66,0x6d,0x7d,0x07,0x7f,0x6f,0x77,
                        0x7c,0x39,0x5e,0x79,0x71,0x40,0x00};
void dl_ms( uchar d);
void display( uchar idata* p)
    { uchar sel,i;
     COM8155 = 0x07;                        /* 送命令字*/
     sel = 0x01;                            /* 选出右边的 LED* /
     for( i = 0;i <6;i + +)
        {PB8155 = table[* p];               /* 送段码* /
         PA8155 = sel;                      /* 送位选码* /
         dl_ms( 1);
         p - -;                             /* 缓冲区下移 1 位* /
         sel = sel < <1                     /* 左移 1 位* /
         }
    }
void main(void)
  {
   display(dis_buf +5);
  }
```

本 章 小 结

本章主要介绍了 Keil μVision 开发工具的使用知识。重点介绍了开发工具的设置及如何建立工程,通过几个实例展示 C 语言在单片机编程中的优势。

本章还介绍 C 语言在 80C51 编程中的特殊之处及注意事项。对于 C 语言的语法,由于篇幅的限制没有详细介绍,请读者参阅有关书籍。

思考题与习题

1. Keil C51 中单片机的位单元变量如何定义?

2. 如何在 Keil C51 编译器中进行断点设置?

3. 用 C 语言对 80C51 单片机进行编程,实现每隔 0.5s,P1 的 LED 交互闪烁 1 次。

4. C51 中对 51 单片机的特殊功能寄存器如何定义？试举例说明。

5. 采用模块化程序设计，编译时把每个模块独立地编译成目标模块，然后如何把它们生成一个完整的机器代码程序？

6. 设 $f_{osc}=12\text{MHz}$，利用定时器 0 的方式 1 在 P1.7 口产生一串 50Hz 的方波。定时器溢出时采用中断方式处理。

7. 对于频率量的测量，何时采用测频率法，何时采用测周期法？

第8章 MCS-51的应用系统设计开发

知识目标：了解单片机应用系统设计的一般过程和概念。

能力目标：通过几个实例设计，让学生理解单片机应用系统设计的实际内涵，能够独立进行简单应用系统设计。

单片机的应用十分广泛，其中重要的是单片机应用系统设计。单片机应用系统设计是对所学习的单片机知识的综合应用。在理解单片机软件和硬件的基础上把它们结合在一起，构成一个电子应用系统，向智能现代电子系统发展。

8.1　单片机的开发装置与开发步骤

一个单片机应用系统从提出任务到正式投入运行的整个设计和调试过程，称为单片机的开发。开发过程所用的设备称为开发工具。虽然单片机造价低、功能强、简单易学、使用方便，可以用来组成各种不同规模的应用系统，但由于其硬件和软件的支持能力有限，自身无调试能力，因此必须配备一定的开发工具，如编程器、实验板等以此来排除应用系统中的硬件故障和软件错误，生成目标程序。当目标系统调试成功以后，还需要用开发工具把目标程序固化到单片机内部或外部的只读存储器中。

单片机应用系统建立以后，应当判断电路正确与否、程序是否有误，并设法将程序装入机器，这些都必须借助于单片机开发系统装置来完成。单片机开发系统是单片机编程调试的必需工具。目前市场上的单片机开发装置（又称仿真器）厂商和型号比较多，其使用如图8-1所示。

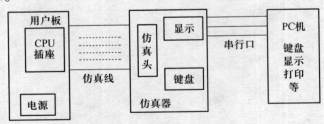

图8-1　单片机的开发系统

仿真器通过串行数据线与PC机相连，充分利用PC机的资源，也可单独使用。不连PC机时，欲运行的程序只能通过仿真器的键盘，将可执行的机器码逐一输入，这种情况不适于大型应用系统的开发。

仿真器通过仿真线，连在用户板的CPU插座上，可以通俗地理解为仿真器将其CPU、程序存储器等资源全部"租借"给了用户系统。用户可以在PC机上编写汇编源序，将源程序汇编成机器码后，通过PC机串行口将机器码传入仿真器内。仿真器也可以不连用户板,仅进行软件运行测试。通过设置断点运行、单步运行等方式,可以"跟踪"程序的执行。仿真器将执行结果再通过串行口回送 PC 机,在显示器上,用户可以很明了地看到程序运行的结果,观察单片机内部资源的变化情况,大大地方便了程序的查错、纠错。

使用仿真器可以更直观地看到每执行一条语句 CPU 内部寄存器、状态位的变化,以及 LED 等外设的变化。发现错误后,又可以很快地在 PC 机上修改、汇编、重新装入、再运行检查,使用非常方便。

8.2 单片机应用系统的设计方法

单片机应用系统的设计是以单片机为核心,配以一定的外围电路和软件,目的是获得实现某种功能的应用系统。单片机应用系统主要包括硬件和软件两大部分。硬件设计以芯片和元器件为基础,目的是要研制出一台完整的单片机应用系统;软件设计是基于硬件的程序设计过程,如图 8−2 所示。

单片机应用系统是为完成某项任务而研发的用户系统,虽然每个系统都有很强的针对性,结构和功能各异,但它们的开发过程和方法大致相同。单片机应用系统开发过程包括总体设计、硬件设计、软件设计、仿真调试、可靠性实验和产品化等几个阶段,但各阶段不是绝对独立的,有时是交叉进行的。

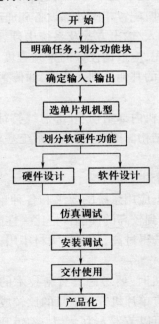

图 8−2 单片机应用系统设计的一般过程

8.2.1 总体设计

单片机应用系统的开发过程是以确定系统的功能和技术指标开始的。首先要细致分析、研究实际问题,明确各项任务与要求,综合考虑系统的先进性、可靠性、可维护性以及成本、经济效益,拟订出合理可行的技术性能指标。

1. 确定系统的功能与性能

系统功能主要有数据采集、数据处理、输出控制等。每一个功能又可细分为若干个子功能。例如数据采集可分为模拟信号采样与数字信号采样。模拟信号采样与数字信号采样在硬件支持与软件控制上是有明显差异的。数据处理可分为预处理、功能性处理、抗干扰等子功能,而功能性处理还可以继续划分为各种信号处理等。输出控制按控制对象不同可分为各种控制功能,如继电器控制、D/A转换控制、数码管显示控制等。

系统性能主要由精度、速度、功耗、体积、重量、价格、可靠性的技术指标来衡量。系统研制前,要根据需求调查结果给出上述各指标的定额。一旦这些指标被确定下来,整个系统将在这些指标限定下进行设计。系统的速度、体积、重量、价格、可靠性等指标会决定系统软、硬件的功能的划分。系统功能尽可能用硬件完成,这样可提高系统的工作速度,但系统的体积、重量、功耗、硬件成本都相应地增大,而且还增加了硬件所带来的不可靠因素。用软件功能尽可能地代替硬件功能,可使系统体积、重量、功耗、硬件成本降低,并可提高硬件系统的可靠性,但是可能会降低系统的工作速度。因此,在进行系统功能的软、硬件划分时,一定要依据系统性能指标综合考虑。

2. 确定系统基本结构

在对应用系统进行总体设计时,应根据应用系统提出的各项技术性能指标,拟订出性价比最高的一套方案。单片机应用系统结构一般是以单片机为核心的。在单片机外部总线上要扩展连接相应功能的部件,配置相应外部设备和通道接口。因此,系统中单片机的选型、存储器分配、通道划分、输入/输出方式及系统中硬、软件功能划分等都对单片机应用系统结构有着直接影响。首先,应根据任务的繁杂程度和技术指标要求选择机型。选定机型后,再选择系统中要用到的其他外围元器件,如传感器、执行器件等。

1)单片机选型

不同系列、不同型号的单片机内部结构、外部总线特征均不同,而应用系统中的单片机系列或型号直接决定其总体结构。因此,在确定系统基本结构时,首先要选择单片机的系列或型号。

选择单片机应考虑以下几个主要因素:

(1)单片机性价比。应根据应用系统的要求和各种单片机的性能,选择最容易实现产品技术指标的机型,而且能达到较高的性能价格比。性能选得过低,将给组成系统带来麻烦,甚至不能满足要求;性能选得过高,就可能大材小用,造成浪费,有时还会带来问题,使系统复杂化。

(2)开发周期。选择单片机时,要考虑具有新技术的新机型,更应考虑应用技术成熟、有较多软件支持、能得到相应单片机开发工具的比较成熟的机型。这样可借鉴许多现成的技术,移植一些现成软件,可以节省人力、物力,缩短开发周期,降低开发成本,使所开发的系统具有竞争力。

在选择单片机芯片时,一般选择内部不含ROM的芯片比较合适,如8031,通过外部扩展EPROM和RAM即可构成系统,这样不需专门的设备即可固化应用程序。但是当设计的应用系统批量比较大时,则可选择带ROM、EPROM、OTPROM或EEPROM等的单片机,这样可使系统更加简单。通常的做法是在软件开发过程中采用EPROM型芯片,而最终产品采用OTPROM型芯片(一次性可编程EPROM芯片),这样可以提高产品的性能价格比。

200

2）存储空间分配

存储空间分配既影响单片机应用系统硬件结构，也影响软件的设计及系统调试。

不同的单片机具有不同的存储空间分布。MCS-51单片机的程序存储器与数据存储器空间相互独立，工作寄存器、特殊功能寄存器与内部数据存储器共享一个存储空间，I/O端口则与外部数据存储器共享一个空间。而8098单片机的片内RAM程序存储区、数据存储区、I/O端口全部使用同一个存储空间。总的来说，大多数单片机都存在不同类型的器件共享同一个存储空间的问题。因此，在系统设计时就要合理地为系统中的各种部件分配有效的地址空间，以便简化译码电路，并使CPU能准确地访问到指定部件。

3）I/O通道划分

单片机应用系统中通道的数目及类型直接决定系统结构。设计中应根据被控对象所要求的输入/输出信号的数目及类型，确定整个应用系统的通道数目及类型。

4）I/O方式的确定

采用不同的输入/输出方式，对单片机应用系统的硬、软件要求是不同的。在单片机应用系统中，常用的I/O方式主要有无条件传送方式（程序同步方式）、查询方式和中断方式。这三种方式对硬件要求和软件结构各不相同，而且存在着明显的优缺点差异。在一个实际应用系统中，选择哪一种I/O方式，要根据具体的外设工作情况和应用系统的性能技术指标综合考虑。一般来说，无条件传送方式只适用于数据变化非常缓慢的外设，这种外设的数据可视为常态数据；中断方式处理器效率较高，但硬件结构稍复杂一些；而查询方式硬件价格较低，但处理器效率比较低，速度比较慢。在一般小型的应用系统中，由于速度要求不高，控制的对象也较少，此时，大多采用查询方式。

5）软、硬件功能划分

同一般的计算机系统一样，单片机应用系统的软件和硬件在逻辑上是等效的。具有相同功能的单片机应用系统，其软、硬件功能可以在很宽的范围内变化。一些硬件电路的功能可以由软件来实现，反之亦然。在应用系统设计中，系统的软、硬件功能划分要根据系统的要求而定，多用硬件来实现一些功能，这样可以提高速度，减少存储容量，减轻软件研制的工作量，但会增加硬件成本，降低硬件的利用率和系统的灵活性与适应性。

在总体方案设计过程中，对软件和硬件进行分工是一个首要的环节。原则上，能够由软件来完成的任务就尽可能用软件来实现，以降低硬件成本，简化硬件结构。同时，还要求大致规定各接口电路的地址、软件的结构和功能、上下位机的通信协议、程序的驻留区域及工作缓冲区等。总体方案一旦确定，系统的大致规模及软件的基本框架就确定了。

8.2.2　硬件设计

一个单片机应用系统的硬件电路设计包括两部分内容：一是单片机系统扩展，即单片机内部的功能单元（如程序存储器、数据存储器、I/O、定时器/计数器、中断系统等）的容量不能满足应用系统的要求时，必须在片外进行扩展，选择适当的芯片，设计相应的扩展连接电路；二是系统配置，即按照系统功能要求配置外围设备，如键盘、显示器、打印机、A/D转换器、D/A转换器等，要设计合适的接口电路。

系统扩展和配置设计应遵循下列原则：

（1）尽可能选择典型通用的电路，并符合单片机的常规用法。为硬件系统的标准化、模块化奠定良好的基础。

（2）系统的扩展与外围设备配置的水平应充分满足应用系统当前的功能要求，并留有适当余地，便于以后进行功能的扩充。

（3）硬件结构应结合应用软件方案一并考虑。硬件结构与软件方案会产生相互影响，考虑的原则是：软件能实现的功能尽可能由软件实现，即尽可能地用软件代硬件，以简化硬件结构，降低成本，提高可靠性。但必须注意，由软件实现的硬件功能，其响应时间要比直接用硬件来得长。因此，某些功能选择以软件代硬件实现时，应综合考虑系统响应速度、实时要求等相关的技术指标。

（4）整个系统中相关的器件要尽可能做到性能匹配，例如，选用晶振频率较高时，存储器的存取时间就短，应选择允许存取速度较快的芯片；选择 CMOS 芯片单片机构成低功耗系统时，系统中的所有芯片都应该选择低功耗产品。如果系统中相关的器件性能差异很大，系统综合性能将降低，甚至不能正常工作。

（5）可靠性及抗干扰设计是硬件设计中不可忽视的一部分，它包括芯片、器件选择、去耦滤波、印制电路板布线、通道隔离等。如果设计中只注重功能实现，而忽视可靠性及抗干扰设计，到头来只能是事倍功半，甚至会造成系统崩溃，前功尽弃。

（6）单片机外接电路较多时，必须考虑其驱动能力。驱动能力不足时，系统工作不可靠。解决的办法是增加驱动能力，增强总线驱动器或者减少芯片功耗，降低总线负载。

硬件设计是指应用系统的电路设计，包括主机、控制电路、存储器、I/O 接口、A/D 和 D/A 转换电路等。硬件设计时，应考虑留有充分余量，电路设计力求正确无误，因为在系统调试中不易修改硬件结构。下面讨论 MCS – 51 单片机应用系统硬件电路设计时应注意的几个问题。

1. 程序存储器

一般可选用容量较大的 EPROM 芯片，如 2764（8KB）、27128（16KB）或 27256（32KB）等。尽量避免用小容量的芯片组合扩充成大容量的存储器。程序存储器容量大些，则编程空间宽裕些，价格相差也不会太多。

2. 数据存储器和 I/O 接口

根据系统功能的要求，如果需要扩展外部 RAM 或 I/O 口，那么 RAM 芯片可选用 6116（2KB）、6264（8KB）或 62256（32KB），原则上应尽量减少芯片数量，使译码电路简单。I/O 接口芯片一般选用 8155（带有 256KB 静态 RAM）或 8255。这类芯片具有口线多、硬件逻辑简单等特点。若口线要求很少，且仅需要简单的输入或输出功能，则可用不可编程的 TTL 电路或 CMOS 电路。

A/D 和 D/A 电路芯片主要根据精度、速度和价格等来选用，同时还要考虑与系统的连接是否方便。

3. 地址译码电路

通常采用全译码、部分译码或线选法，应考虑充分利用存储空间和简化硬件逻辑等方面的问题。MCS – 51 系统有充分的存储空间，包括 64KB 程序存储器和 64KB 数据存储器，所以在一般的控制应用系统中，主要是考虑简化硬件逻辑。当存储器和 I/O 芯片较多时，可选用专用译码器 74S138 或 74LS139 等。

4. 总线驱动能力

MCS－51 单片机的外部扩展功能很强，但 4 个 8 位并行口的负载能力是有限的。P0 口能驱动 8 个 TTL 电路，P1～P3 口只能驱动 3 个 TTL 电路。在实际应用中，这些端口的负载不应超过总负载能力的 70%，以保证留有一定的余量。如果满载，会降低系统的抗干扰。在外接负载较多的情况下，如果负载是 MOS 芯片，因负载消耗电流很小，所以影响不大。如果驱动较多的 TTL 电路，则应采用总线驱动电路，以提高端口的驱动能力和系统的抗干扰能力。

数据总线宜采用双向 8 路三态缓冲器 74LS245 作为总线驱动器，地址和控制总线可采用单向 8 路三态缓冲区 74LS244 作为单向总线驱动器。

5. 系统速度匹配

MCS－51 单片机时钟频率可在 2MHz～12MHz 之间任选。在不影响系统技术性能的前提下，时钟频率选择低一些为好，这样可降低系统中对元器件工作速度的要求，从而提高系统的可靠性。

6. 抗干扰措施

单片机应用系统的工作环境往往都是具有多种干扰源的现场，抗干扰措施在硬件电路设计中显得尤为重要。

根据干扰源引入的途径，为了克服电网以及来自系统内部其他部件的干扰，可采用隔离变压器、交流稳压、线滤波器、稳压电路各级滤波等防干扰措施，进一步提高系统的可靠性。

8.2.3 软件设计

单片机应用系统的软件设计是研制过程中任务最繁重的一项工作，难度也比较大。对于某些较复杂的应用系统，不仅要使用汇编语言来编程，有时还要使用高级语言。

应用系统中的应用软件是根据系统功能设计的，应可靠地实现系统的各种功能。应用系统种类繁多，应用软件各不相同，但是一个优秀的应用系统的软件应具有以下特点：

（1）软件结构清晰、简捷，流程合理。

（2）各功能程序实现模块化，系统化。这样，既便于调试、连接，又便于移植、修改和维护。

（3）程序存储区、数据存储区规划合理，既能节约存储容量，又能给程序设计与操作带来方便。

（4）运行状态实现标志化管理。各个功能程序运行状态、运行结果以及运行需求都设置状态标志以便查询，程序的转移、运行、控制都可通过状态标志条件来控制。

（5）经过调试修改后的程序应进行规范化，除去修改"痕迹"。规范化的程序便于交流、借鉴，也为今后的软件模块化、标准化打下基础。

（6）实现全面软件抗干扰设计。软件抗干扰是计算机应用系统提高可靠性的有力措施。

（7）为了提高运行的可靠性，在应用软件中设置自诊断程序，在系统运行前先运行自诊断程序，用以检查系统各特征参数是否正常。

单片机应用系统的软件主要包括两大部分:用于管理单片机微机系统工作的监控程序和用于执行实际具体任务的功能程序。对于前者,应尽可能利用现成微机系统的监控程序。为了适应各种应用的需要,现代的单片机开发系统的监控软件功能相当强,并附有丰富的实用子程序,可供用户直接调用,例如键盘管理程序、显示程序等。因此,在设计系统硬件逻辑和确定应用系统的操作方式时,就应充分考虑这一点。

这样可大大减少软件设计的工作量,提高编程效率。后者要根据应用系统的功能要求来编程序。例如,外部数据采集、控制算法的实现、外设驱动、故障处理及报警程序等。

单片机应用系统的软件设计千差万别,不存在统一模式。开发一个软件的明智方法是尽可能采用模块化结构。根据系统软件的总体构思,按照先粗后细的方法,把整个系统软件划分成多个功能独立、大小适当的模块。应明确规定各模块的功能,尽量使每个模块功能单一,各模块间的接口信息简单、完备,接口关系统一,尽可能使各模块间的联系减少到最低限度。这样,各个模块可以分别独立设计、编制和调试,最后再将各个程序模块连接成一个完整的程序进行总调试。

8.2.4　系统调试

在系统样机的组装和软件设计完成以后,就进入系统的调试阶段。应用系统的调试步骤和方法是相同的,但具体细节与采用的开发系统(即仿真器)及选用的单片机型号有关。最好能在方案设计阶段考虑系统调试问题,如采取什么调试方法,使用何种调试仪器等,以便在系统方案设计时将必要的调试方法综合进软、硬件设计中,或提早做好调试准备工作。

系统调试包括软件调试,硬件调试及软、硬件联调。根据调试环境的不同,系统调试又分为模拟调试与现场调试。各种调试所起的作用是不同的,它们所处的时间段也不一样,但它们的目标是一致的,都是为了查出用户系统中潜在的错误。

调试的过程就是系统的查错过程,分为硬件调试和软件调试两个方面。

1. 硬件调试

硬件调试是指利用开发系统、基本测试仪器(万用表、示波器等),通过执行开发系统的有关命令或运行适当的测试程序(也可以是与硬件有关的部分用户程序段),来检查用户系统硬件中存在的故障。

硬件调试可分静态调试与动态调试。

静态调试是在用户系统未工作时的一种硬件检查。主要分为4个步骤。

(1) 目测。单片机应用系统中的大部分电路安装在印制电路板上,因此对每一块加工好的印制电路板要进行仔细的检查。检查印制线是否有断线,是否有毛刺,是否与其他线或焊盘粘连,焊盘是否脱落,过孔是否有未金属化现象等。如印制板无质量问题,则将集成芯片的插座焊接在印制板上,并检查其焊点是否有毛刺,是否与其他印制线或焊盘连接,焊点是否光亮饱满无虚焊。对单片机应用系统中所用的器件与设备,要仔细核对型号,检查它们对外连线(包括集成芯片引脚)是否完整无损。通过目测查出一些明显的器件、设备故障并及时排除。

(2) 万用表测试。目测检查后,可进行万用表测试。先用万用表复核目测中认为可疑的连接或接点,检查它们的通断状态是否与设计规定相符。再检查各种电源线与地线之间是否有短路现象,如有再仔细查出并排除。短路现象一定要在器件安装及加电前查出。如果电源与地之间短路,系统中所有器件或设备都可能被毁坏,后果十分严重。所以,对电源与地的处理,在整个系统调试及今后的运行中都要相当小心。如有现成的集成芯片性能测试仪器,此时应尽可能地将要使用的芯片进行测试筛选,其他的器件、设备在购买或使用前也应当尽可能做必要的测试,以便将性能可靠的器件、设备用于系统安装。

（3）加电检查。当给印制板加电时,首先检查所有插座或器件的电源端是否有符合要求的电压值(注意,单片机插座上的电压不应该大于 5V,否则联机时将损坏仿真器),接地端电压值是否接近于零,接固定电平的引脚端是否电平正确。然后在断电状态下将芯片逐个插入印制板上的相应插座中。每插入一块做一遍上述的检查,特别要检查电源到地是否短路,这样就可以确定电源错误或与地短路发生在哪块芯片上。全部芯片插入印制板后,如均未发现电源或接地错误,将全部芯片取下,把印制板上除芯片外的其他器件逐个焊接上去,并反复做前面的各电源、电压检查,避免因某器件的损坏或失效造成电源对地短路或其他电源加载错误。

（4）联机检查。因为只有用单片机开发系统才能完成对用户系统的调试,而动态测试也需要在联机仿真的情况下进行。因此,在静态检查印制板、连接、器件等部分无物理性故障后,即可将用户系统与单片机开发系统用仿真电缆连接起来。联机检查上述连接是否正确,是否连接畅通、可靠。静态调试完成后,接着进行动态调试。

动态调试是在用户系统工作的情况下发现和排除用户系统硬件中存在的器件内部故障、器件间连接逻辑错误等的一种硬件检查。由于单片机应用系统的硬件动态调试是在开发系统的支持下完成的,故又称为联机仿真或联机调试。动态调试的一般方法是由近及远、由分到合。

由分到合指的是,首先按逻辑功能将用户系统硬件电路分为若干块,如程序存储器电路、A/D 转换电路、继电器控制电路,再分块调试。当调试某块电路时,与该电路无关的器件全部从用户系统中去掉,这样,可将故障范围限定在某个局部的电路上。当各块电路调试无故障后,将各电路逐块加入系统中,再对各块电路功能及各电路间可能存在的相互联系进行试验。此时若出现故障,则最大可能是在各电路协调关系上出了问题,如交互信息的联络是否正确,时序是否达到要求等。直到所有电路加入系统后各部分电路仍能正确工作为止,由分到合的调试即告完成。在经历了这样一个调试过程后,大部分硬件故障基本上可以排除。

动态调试借用开发系统资源(单片机、存储器等)来调试用户系统中单片机的外围电路。利用开发系统友好的人机界面,可以有效地对用户系统的各部分电路进行访问、控制,使系统在运行中暴露问题,从而发现故障。典型有效的访问、控制各部分电路的方法是对电路进行循环读或写操作(时钟等特殊电路除外,这些电路通常在系统加电后会自动运行),使得电路中主要测试点的状态能够用常规测试仪器(示波器、万用表等)测试出,依次检测被调试电路是否按预期的工作状态进行。

单片机应用系统的软硬件调试是分不开的,通常先排除明显的硬件故障后再和软件结合起来进行调试。接下来再借助仿真器进行联机调试,分别测试扩展的 RAM、I/O 口、I/O 设备、程序存储器以及晶振和复位电路,改正其中的错误。

2. 软件调试

软件调试就是检查系统软件中的错误。常见的软件错误有程序失控、中断错误、输入输出错误和处理结果错误等类型。通常是把各个程序模块分别进行调试，调试通过后再组合到一起进行综合调试，达到预定的功能技术指标后即可将软件固化。应当指出的是，系统的调试过程是结合具体的仿真器件进行的，采用不同的仿真器时调试的过程各不相同，而且经验在其中占据很重要的作用。

1）先独立后联机

从宏观来说，单片机应用系统中的软件与硬件是密切相关、相辅相成的。软件是硬件的灵魂，没有软件，系统将无法工作；同时，大多数软件的运行又依赖于硬件，没有相应的硬件支持，软件的功能便荡然无存。因此，将两者完全孤立开来是不可能的。然而，并不是用户程序的全部都依赖于硬件，当软件对被测试参数进行加工处理或作某项事务处理时，往往是与硬件无关的，这样，就可以通过对用户程序的仔细分析，把与硬件无关的、功能相对独立的程序段抽取出来，形成与硬件无关和依赖于硬件的两大类用户程序块。这一划分工作在软件设计时就应充分考虑。

2）先分块后组合

如果用户系统规模较大、任务较多，即使先行将用户程序分为与硬件无关和依赖于硬件两大部分，但这两部分程序仍较为庞大，采用笼统的方法从头至尾调试，既费时间又不容易进行错误定位，所以常规的调试方法是分别对两类程序块进一步采用分模块调试，以提高软件调试的有效性。在调试时所划分的程序模块应基本保持与软件设计时的程序功能模块或任务一致。除非某些程序功能块或任务较大才将其再细分为若干个子模块。但要注意的是，子模块的划分与一般模块的划分应一致。

3）先单步后连续

调试好程序模块的关键是实现对错误的正确定位。准确发现程序（或硬件电路）中错误的最有效方法是采用单步加断点运行方式调试程序。单步运行可以了解被调试程序中每条指令的执行情况，分析指令的运行结果可以知道该指令执行的正确性，并进一步确定是由于硬件电路错误、数据错误还是程序设计错误等引起了该指令的执行错误，从而发现、排除错误。

3. 系统联调

系统联调主要解决以下问题：软、硬件能否按预定要求配合工作？如果不能，那么问题出在哪里？如何解决？系统运行中是否有潜在的设计时难以预料的错误？如硬件延时过长造成工作时序不符合要求，布线不合理造成有信号串扰等；系统的动态性能指标（包括精度、速度参数）是否满足设计要求。

4. 现场调试

一般情况下，通过系统联调后，用户系统就可以按照设计目标正常工作了。但在某些情况下，由于用户系统运行的环境较为复杂（如环境干扰较为严重、工作现场有腐蚀性气体等），在实际现场工作之前，环境对系统的影响无法预料，只能通过现场运行调试来发现问题，找出相应的解决方法；或者虽然已经在系统设计时考虑到抗干扰的对策，但是否行之有效，还必须通过用户系统在实际现场的运行来加以验证。另外，有些用户系统的调试是在用模拟设备代替实际监测、控制对象的情况下进行的，这就更有必要进行现场调试,以检验用户系统在实际工作环境中工作的正确性。

8.3 系统应用

8.3.1 警报器系统

本系统的硬件采用模块化设计,以80C51单片机为核心,与按键接口电路、音频报警电路组成控制系统。硬件主要包括以下几个模块:80C51主控模块、按键模块、音频报警模块等。其中80C51主要完成外围硬件的控制以及一些运算功能;按键模块主要完成外部中断功能;音频报警模块主要完成报警音频信号的输出,如图8-3所示。

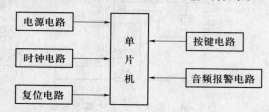

图8-3 报警产生器系统组成方框图

1. 音频警报模块

蜂鸣器是一种一体化结构的电子讯响器,采用直流电压供电,广泛应用于计算机、打印机、复印机、报警器、电子玩具、汽车电子设备、电话机、定时器等电子产品中作发声器件。蜂鸣器主要分为压电式蜂鸣器和电磁式蜂鸣器两种类型。

(1)压电式蜂鸣器压电式蜂鸣器主要由多谐振荡器、压电蜂鸣片、阻抗匹配器及共鸣箱、外壳等组成。有的压电式蜂鸣器外壳上还装有发光二极管。多谐振荡器由晶体管或集成电路构成。当接通电源后(1.5V~15V直流工作电压),多谐振荡器起振输出1.5kHz~2.5kHz的音频信号,阻抗匹配器推动压电蜂鸣片发声。压电蜂鸣片由锆钛酸铅或铌镁酸铅压电陶瓷材料制成。在陶瓷片的两面镀上银电极,经极化和老化处理后,再与黄铜片或不锈钢片粘在一起。

(2)电磁式蜂鸣器由振荡器、电磁线圈、磁铁、振动膜片及外壳等组成。接通电源后,振荡器产生的音频信号电流通过电磁线圈,使电磁线圈产生磁场。振动膜片在电磁线圈和磁铁的相互作用下,周期性地振动发声。

本项目中,选用无源电磁式蜂鸣器来实现报警发声。

蜂鸣器和普通扬声器相比,最重要的一个特点是,只要按照极性要求加上合适的直流电压,就可以发出固有频率的声音。

电磁式蜂鸣器发声原理是电流通过电磁线圈,使电磁线圈产生磁场来驱动振动膜发声的,因此需要一定的电流才能驱动它。单片机I/O引脚输出的电流较小,单片机输出的TTL电平基本上驱动不了蜂鸣器,因此需要增加一个电流放大的电路。单片机通过一个三极管C8550放大电流来驱动蜂鸣器,电路原理图如图8-4所示。

如图8-4所示,蜂鸣器的正极接到V_{CC}(+5V)电源上面,蜂鸣器的负极接到三极管的发射极E,三极管的基级B经过限流电阻R1后由单片机的P3.5引脚控制,当T1(P3.5

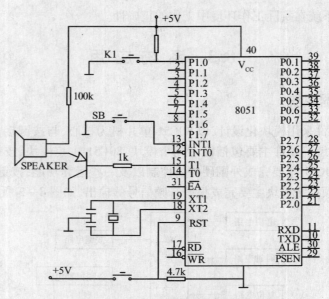

图 8-4　警报产生器电路原理图

脚)输出高电平时,三极管 C8550 截止,没有电流流过线圈,蜂鸣器不发声;当 T1(P3.5脚)输出低电平时,三极管 C8550 导通,这样蜂鸣器的电流形成回路,发出声音。因此,可以通过程序控制 T1(P3.5 脚)的电平来使蜂鸣器发出声音和关闭。

2. 软件设计

当按键 SB 未按下时,P3.3 口(INT1,外部中断 1 请求输入端)为高电平;当按键 SB 按下时,P3.3 口为低电平;单片机在相继的两个周期采样过程中,一个机器周期采样到该引脚为高电平,接着的下一个机器周期采样到该引脚为低电平时,则使外部中断 1 中断请求标志 IE1 置 1,产生中断。

改变单片机 P3.5 引脚输出波形的频率,就可以调整控制蜂鸣器音调,产生各种不同音色、音调的声音。另外,改变 P3.5 输出电平的高低电平占空比,则可以控制蜂鸣器的声音大小。

在中断服务程序中,调用延时子程序并对 P3.5 引脚取反来实现特定频率的报警音频信号的产生。

报警音频信号产生的方法:500Hz 信号的周期为 1/500Hz = 2ms,信号电平为每 2ms/2 = 1ms 取反 1 次;1kHz 的信号周期为 1/1kHz = 1ms,信号电平每 1ms/2 = 500μs 取反 1 次。1ms 正好为 500μs 的 2 倍,可以利用延时 500μs 的延时子程序来实现延时,1ms 正好调用 2 次延时子程序。

3. 中断服务程序模设计

CPU 响应了外部中断 1 的中断请求后转至中断服务程序执行。其主要功能就是将 P3.5 的值取反、延时、再取反、再延时;从而实现 P3.5 口线交替输出 1kHz 和 500Hz 的音频信号驱动蜂鸣器报警。

4. 汇编语言源程序

;项目名称:报警产生器

;功能:利用外部中断 1,产生 1kHz 和 500Hz 的音频报警信号

208

```
        ORG       0000H
        AJMP      MAIN
        ORG       0013H
        AJMP      INT_1
    ;功能:主程序
        ORG       0100H
MAIN:MOV       SP,#60H              ;堆栈指针初始化
    SETB IT1                        ;边缘触发方式
    SETB EA                         ;打开中断总开关
    SETB EX1                        ;外部中断1允许控制位
    SJMP  $                         ;等待外部1中断
    ;功能:外部中断1服务子程序
        ORG       0200H
INT_1: MOV P3.5, #00H
START:MOV R2,#200
DV1:        CPL  P3.5               ;输出500Hz音频信号
    LCALL DELY500us
    LCALL DELY500us
    DJNZ R2,DV1
    MOV R2,#200
DV2:        CPL  P3.5               ;输出1kHz的音频信号
    LCALL DELY500us
    DJNZ R2,DV2
    RETI
    ;功能:延时子程序(延时500μs)
    DELY500us:MOV R7,#250
LOOP:        NOP
    DJNZ R7,LOOP
    RET
    END
```

8.3.2 "高层建筑警示灯"控制器系统

使用80C51单片机设计一个"高层建筑警示灯"控制器。要求当"黑夜"降临时,"警示灯"自动启动,亮2s,灭2s,指明建筑。当"白天"来时,"警示灯"自动熄灭,不发光。

1. 分析题意

其原理如图8-5所示,"黑夜"时,由于沿江有光线,光敏管截止,INT0低电平,向单片机发出中断请求。CPU进入外部中断处理程序,启动定时器工作,利用定时中断控制"警示灯"闪闪发光。在"黑夜"结束之前,一直处在外部中断过程中,INT0引脚一直是低电平。因此可以利用软件查询INT0引脚,只要INT0=0定时器就继续工作,"高层建筑警示灯"就维持闪烁。

"白天"时,光敏管导通,INT0高电平,软件查询到INT0=1时,则立即关闭定时器,结束外部中断处理,回到主程序,等待下一次"黑夜"的降临。在INT0申请的外部中断处理

过程中,又用软件查询引脚,这种用法比较灵活,要特别注意。此外,这时选用了两种中断,外部中断与定时中断相结合的方法,并将定时中断设为最高优先级的中断。

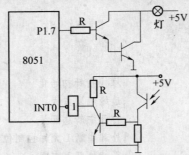

图 8-5 "高层建筑警示灯"控制器图

2. 定时器工作方式选择

由于定时间隔比较长,必须采用定时和软件计数相结合的方法。若定时间隔选择为10ms,计数次数为200次,总的定时就是2s。

设 T1 模式 0,为 13 位计数器。若时钟频率为 6MHz,一个机器周期为 $2\mu s$,当定时间隔为 10ms 时,要计数 5000 次,则计数初值为

$$X = 2^{13} - 5000 = 3192D = 0000 \quad 1100 \quad 0111 \quad 1000B$$

则　　　　　　$TH1 = 0110 \quad 0011B = 63H, TL1 = \times\times\times1 \quad 1000B = 18H$

软件计数:　　　　　　　　　　　$200 = 0C8H$

3. 程序清单

	ORG	0000H	;主程序
	AJMP	MAIN	;跳过中断服务程序区,转主程序
	ORG	0003H	;外部中断0(INT0)中断服务程序入口
	AJMP	INT0	;转外部中断0服务程序
	ORG	001BH	;定时器T1中断服务程序入口
	AJMP	T1INT	;转T1中断服务程序
	ORG	0000H	;主程序入口地址
MAIN:	MOV	SP,#30H	;设堆栈指令
	CLR	P1.7	;灭灯
	CLR	IT0	;选择外部中断0为电平触发
	CLR	PX0	;选择外部中断0为低优先级中断
	SETB	EA	;CPU中断允许
	SETB	EX0	;外部中断0中断允许
HERE:	SJMP	HERW	;等待外部中断请求
	ORG	0160H	;外部中断0中断处理子程序入口
INT0:	MOV	TMOD,#00H	;设T1为定时方式0
	MOV	TL1,#18H	;T1定时计数初值
	MOV	TH1,#63H	
	SETB	PT1	;T1为最高优先级中断
	SETB	TR1	;启动定时器T1
	SETB	ET1	;T1中断允许

210

```
           MOV      R7,#08H              ;设软件计数初值
HERE1:     JNB      P3.2,HERE1           ;查询 INT0 引脚,为 0(黑夜)时,等待定时中断
           CLR      ET1                  ;当 INT0=1 时,(白天)关 T1 中断
           CLR      TR1                  ;关定时器 T1
           CLR      P1.7                 ;熄灯
           RETI                          ;返回
           ORG      0200H                ;定时器 T1 中断处理子程序入口
INT0:      MOV      TL1,#18H             ;重置 T1 计数初值
           MOV      TH1,#63H
           DGNZ     R7,EXPORT
           MOV      R7,#08H              ;计数时间到(即 2s 时间到),重设初值
           CPL      P1.7                 ;输出位求反,控制闪烁
EXPORT:    RETI                          ;中断返回
           END
```

本 章 小 结

本章从单片机应用系统开发的步骤入手,着重介绍总体设计、硬件设计、软件设计与系统调试等技术环节要完成的任务和实际开发中应注意的问题。内容贴近实际,注意对自上而下的任务逐级分解过程的介绍,力图按工程的要求,使开发进程有条不紊,有理有据,由浅入深。最后以音频产生器和高层建筑警示灯为例介绍了单片机系统任务硬件和软件设计工程。

思考题与习题

1. 单片机开发的目的是什么?主要有哪些开发手段及步骤?
2. 通用单片机开发系统由哪些部分组成?各部分作用是什么?
3. 单片机开发系统的主要功能是什么?
4. 以交通灯系统为例阐述系统设计步骤及方法。

附录1 常用集成电路引脚排列

74 系列 TTL 集成电路

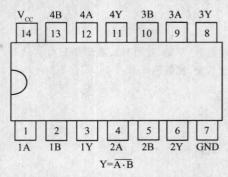

图 A.1　74LS00 - 2 输入端 4 与非门

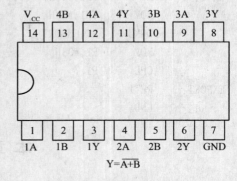

图 A.2　74LS02 - 2 输入端或非门

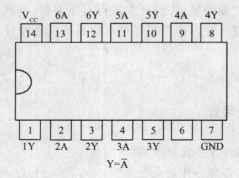

图 A.3　74LS04 - 6 反向器

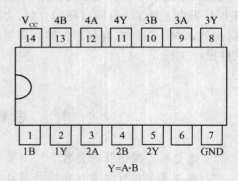

图 A.4　74LS32 - 2 输入端 4 或门

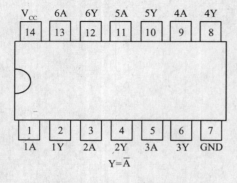

图 A.5　74LS14 - 六反相施密特反向器

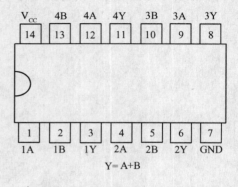

图 A.6　74LS32 - 2 输入端 4 或门

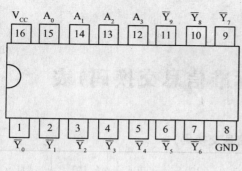

图 A.7　74LS372,74LS145 – 4
线 – 10 线译码器

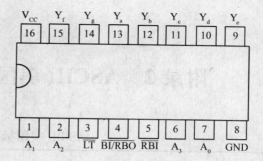

图 A.8　74LS46,47,48,246,
247,24BCD 段译码器

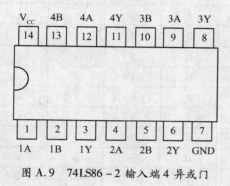

图 A.9　74LS86 – 2 输入端 4 异或门

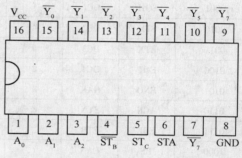

图 A.10　75LS138 – 3 线 – 8 线译码器

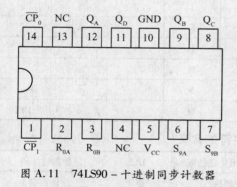

图 A.11　74LS90 – 十进制同步计数器

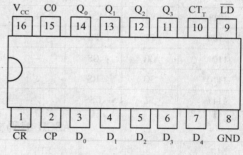

图 A.12　74LS160 – 十进制同步计数器

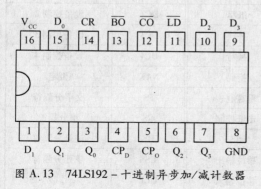

图 A.13　74LS192 – 十进制异步加/减计数器

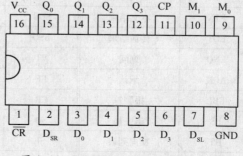

图 A.14　74LS194 – 4 位双向移位寄存

附录2 ASCII（美国标准信息交换码）表

ASCII（美国标准信息交换码）

位654→ ↓3210	000	001	010	011	100	101	110	111
0000	NUL	DLE	SP	0	@	P	`	P
0001	SOH	DC1	!	1	A	Q	a	q
0010	STX	DC2	"	2	B	R	b	r
0011	ETX	DC3	#	3	C	S	c	s
0100	EOT	DC4	$	4	D	T	d	t
0101	ENQ	NAK	%	5	E	U	e	u
0110	ACK	SYN	&	6	F	V	f	v
0111	EBL	ETB	'	7	G	W	g	w
1000	BS	CAN	(	8	H	S	h	x
1001	HT	EM	)	9	I	Y	i	y
1010	LF	SUB	*	:	J	Z	j	z
1011	VT	ESC	+	;	K	[	k	{
1100	FF	FS	´	<	L	\	l	|
1101	CR	GS	−	=	M	]	m	}
1110	SO	RS	.	>	N	^	n	~
1111	SI	USS	/	?	O	—	o	DEL

ASCII 编码文字字符的含义

NUL	空	ETB	信息组传送结束	DLE	数据链换码
SOH	标题开始	CAN	中断执行	DC1	设备控制1
STX	正文结束	EM	纸尽	DC2	设备控制2
ETX	本文结束	SUB	替换	DC3	设备控制3
EOT	传输结果	ESC	换行	DC4	设备控制4
ENQ	询问	VT	换码	NAK	否定
ACK	承认	FF	垂直制表	FS	文字分隔符
EBL	报警符	CR	走纸控制	GS	组分隔符
BS	退一格	SO	回车	RS	记录分隔符
HT	横向列表	SI	移位输出	USS	单元分隔符
LF	换行	SP	移位输入	DEL	作废
SYN	空转同步		空格		

参 考 文 献

［1］ 胡汉才.单片机原理及其接口技术(第二版).北京:清华大学出版社,2004.

［2］ 佟云峰.单片机原理及应用.北京:机械工业出版社,2007.

［3］ 李刚,林凌,姜苇.51 系列单片机系统设计与应用技巧.北京:北京航空航天大学出版社,2004.

［4］ 周坚.单片机轻松入门.北京:北京航空航天大学出版社,2007.

［5］ 李全利,迟荣强.单片机原理及接口技术.北京:高等教育出版社,2004.

［6］ 马淑华,王凤文,张美金.单片机原理与接口技术.北京:北京邮电大学出版社,2005.

［7］ 范立南,李雪飞.单片微型计算机控制系统设计.北京:人民邮电出版社,2004.

［8］ 王守中.51 单片机开发入门与典型实例.北京:人民邮电出版社,2007.

［9］ 赵建领.51 系列单片机开发宝典.北京:电子工业出版社,2007.

［10］ 张志良.单片机原理与控制技术.北京:机械工业出版社,2006.

［11］ Intel. MCS – 51 Family of Single Chip Microcmputers User's Manual,1990.

［12］ 马忠梅,等.单片机的 C 语言应用程序设计.北京:北京航空航天大学出版社,2007.

［13］ 求是科技.单片机典型模块设计实例导航.北京:人民邮电出版社,2007.

［14］ 刘大茂.单片机原理及其应用.上海:上海交通大学出版社,2001.

［15］ 金炯泰.如何使用 Keil 8051 C 编译器.北京:北京航空航天大学出版社,2002.